陆战装备科学与技术·坦克装甲车辆系统丛书

装甲车辆机电复合传动系统综合控制理论与技术

Comprehensive Control Theory and Technology of the
Electro-mechanical Transmission System of Armored Vehicles

王伟达　盖江涛　项昌乐　著

北京理工大学出版社
BEIJING INSTITUTE OF TECHNOLOGY PRESS

版权专有　侵权必究

图书在版编目（CIP）数据

装甲车辆机电复合传动系统综合控制理论与技术 / 王伟达，盖江涛，项昌乐著. -- 北京：北京理工大学出版社，2021.4

ISBN 978-7-5682-9732-5

Ⅰ. ①装… Ⅱ. ①王… ②盖… ③项… Ⅲ. ①装甲车 - 机电系统 - 控制系统 - 研究 Ⅳ. ①TJ811

中国版本图书馆 CIP 数据核字（2021）第 065371 号

出版发行 /	北京理工大学出版社有限责任公司
社　　址 /	北京市海淀区中关村南大街 5 号
邮　　编 /	100081
电　　话 /	（010）68914775（总编室）
	（010）82562903（教材售后服务热线）
	（010）68944723（其他图书服务热线）
网　　址 /	http://www.bitpress.com.cn
经　　销 /	全国各地新华书店
印　　刷 /	保定市中画美凯印刷有限公司
开　　本 /	710 毫米 × 1000 毫米　1/16
印　　张 /	21.75
彩　　插 /	6
字　　数 /	342 千字
版　　次 /	2021 年 4 月第 1 版　2021 年 4 月第 1 次印刷
定　　价 /	98.00 元

责任编辑 /	孙　澍
文案编辑 /	孙　澍
责任校对 /	周瑞红
责任印制 /	李志强

图书出现印装质量问题，请拨打售后服务热线，本社负责调换

前　言

陆军是以占领及控制人类赖以生存的陆地为目的的武装力量。诞生于第一次世界大战烽火中的坦克装甲车辆具备强大的直射火力、高度越野机动性和强大的装甲防护力，是陆军实施战场突击、占领和控制等作战的核心装备和决胜力量，被誉为"陆战之王"。

进入 21 世纪后，体系化作战、信息化作战和多域作战等新的作战模式对坦克装甲车辆的全域作战能力提出更高的要求。新一代陆战装备平台，集火力、机动、防护和信息四位一体，具有强大的近距离突击能力和中程超视距打击能力，高速平顺的越野机动能力，主被动防护相结合的综合防护能力，指挥控制感知高度融合的电气化、网络化信息战能力。上述目标的实现，需要大功率电能作为支撑。传统的坦克装甲车辆传动系统仅具有机械能输出能力，无法满足新一代坦克装甲车辆更高机动性要求以及对大功率电能的全新需求。大功率机电复合传动可以同时输出机械能和电能，推动坦克实施以电能利用为核心的性能变革，实现全地域机动、高毁伤火力、强生存防护和智能网联信息等全新特征，从而颠覆现有作战模式，重塑未来陆战战场形态。

装甲车辆大功率机电复合传动是以多段行星变速技术为基础，通过行星机构和发电机、电动机的协调实现功率分流或汇流传递和换段调速，减小对电机功率需求的同时获得大功率机电无级传动性能，为车辆提供理想的动力输出特性和发电特性，并且获得高功率密度和提高传动效率。机电复合传动技术的应用为装备带来以下巨大优势：

（1）坦克装甲车辆全地域机动性能的大幅提高。通过机械、电能复合能源的支持和发动机、发电机及电动机等多动力的协调控制，坦克装甲车辆在平原、高原、山地与戈壁等全地域机动作战性能大幅提升，战术机动性指标如加速性能、转向性能、最大爬坡度和制动性能等指标倍增，全面超过现役第三代主战装备。

大功率供电不仅为武器和信息系统提供所需电能，同时也可为坦克的主动悬挂系统供电，从而实现平均越野速度的提升，坦克车辆遂行战役包围、机动迂回、纵深突击的快速性大幅提高；利用动力电池的负载均衡和储能功能，通过机电多功率流的精确调控，调节内燃机工作在最佳经济区，并可有效回收车辆制动能量，提升能量转换与传递效率，发动机燃油经济性提高 20% 以上，从而实现坦克装甲车辆作战半径的显著延长，同时降低后勤补给压力和作战成本，全面提高了坦克装甲车辆的战役机动性。

大功率机电复传动通过提升输入转速和高紧凑机电融合设计，可达到更高的体积功率密度，从而为降低整车质量和体积作出贡献，使陆军主战装备具有更优的全球战略投送能力，实现战略机动性的跨越式提高。

（2）推动坦克装甲车辆火力性能的变革。机电复合传动提供的大功率电能使得电热化学炮、电磁炮等电能武器以及激光、微波等定向能武器的应用成为可能，大幅提升武器的毁伤威力和精确可控程度，推动下一代装甲装备火力性能的变革。

（3）提升坦克装甲车辆防护能力。大功率机电复合传动技术的应用，使得装备既能实现寒区快速起动，又能在战场关闭发动机，由电池供电完成战车静默值守、作战和行驶等各项任务，降低车辆可见特征和红外特征，提高全天候作战性能。此外，机械动力设备的减少，能够弱化作战平台的噪声特征，有利于提高隐蔽性。同样，大功率电能供给也为电磁防护技术的应用奠定了基础，全面提升坦克车辆的防护能力。

（4）提升坦克装甲车辆信息化、网络化和无人作战的能力。机电复合传动具有丰富的底层状态信息以及巨大的实时优化控制能力,为车辆内部设备和车际之间信息共享、高可用性和高可靠性无人化平台自主运行控制、实现无人驾驶奠定了基础。机电复合传动目前正在成为信息化、网络化和无人作战装备的首选动力传动技术。

总之,机电复合传动可实现大功率机电能量的高效转换与供给,同时输出用于车辆驱动的机械能以及武器、信息和防护所需电能,从而成为新一代坦克装甲车辆的核心技术,也是世界各坦克强国竞相角逐的前沿制高点。

机电复合传动综合控制策略是系统的核心部分,涉及的系统部件多样,受到广泛关注,科研成果也最为集中。机电复合传动综合控制策略包括整车能量管理、模式内多动力转矩协调控制以及模式间切换转矩协调控制等内容。

机电复合传动车辆能量管理的目标是在保证转矩分配合理、满足各种约束的前提下,最大限度地降低油耗,提高车辆的能源利用效率。能量管理是机电复合传动综合控制的重要部分,包括基于逻辑规则和模糊逻辑规则的策略、基于随机动态规划(SDP)的策略、基于等效燃油消耗最小化的策略(ECMS)以及基于模型预测控制(MPC)的策略等。

机电复合传动系统由于其多动力转矩耦合特征,在同一模式内发动机和多电机转矩调节过程中,由于发动机和电机动态特性失配、固有的功率耦合特性、时变效率特性等,可能会导致发动机或电机转速或转矩状态大幅偏离预期,甚至出现熄火、超速、振荡等失稳,因此即使没有进行模式切换,也需要进行模式内的多动力转矩协调控制。

在机电复合传动系统进行模式切换,包括挡位切换或纯电驱动、混合驱动、反拖起动等工况切换时,为减少切换过程中转矩冲击、保持机电动力元件状态稳定、缩短切换时间、降低切换功率损失、保持系统转矩输出连续,需要进行模式间切换的动态协调控制。

本书重点针对装甲车辆机电复合传动系统综合控制理论与相关技术,围绕以下内容进行论述:

(1)精确的数学模型是机电复合传动系统控制和能量管理的基础,而系统准确的试验测试与数据分析是精确建模的前提。针对机电复合传动系统不同工作模式的动力学特性，建立准确描述系统特性的数学模型，并通过对不同模式内系统特性的分析，为能量管理和动态协调策略设计提供基础。

（2）车辆行驶工况预测对增强机电复合传动控制系统能量管理策略的前瞻性有重要作用。本书介绍了几种常见的车辆未来工况预测方法，主要包括指数预测方法、马尔可夫链预测方法、神经网络预测方法和支持向量机预测方法。

（3）如何根据多个能量源的状态和特性协调分配各自的瞬时功率和长时能量，是能量管理的核心。能量管理策略可以分为基于规则的策略和基于优化的策略，本书分别介绍了这两类能量管理方法，并以基于模型预测控制的能量管理策略为例详细阐述混合动力车辆能量管理策略优化设计方法。

（4）系统模式内状态切换以及系统的协调控制问题是影响机电复合传动系统安全平顺运行的关键。本书阐述了机电复合传动系统模式内状态切换的特性分析，状态切换控制问题的描述，基于模型预测控制的协调控制方法设计，以及模式内状态切换仿真与试验研究。

（5）对模式切换过程相关问题——操纵元件的动作时序问题、电机调速问题以及操纵元件的油压控制问题展开论述，阐述其动态特性、转矩协调控制策略，介绍如何实现机电复合传动多动力源转矩的协调和解耦，完成快速平稳的模式切换。最后，分析了不同控制参数对系统控制效果的影响。

（6）建立机电复合传动系统仿真测试平台和实车平台具有重要意义。围绕机电复合传动系统的控制策略验证，对硬件在环、台架试验、整车试验的原理进行介绍。采用自动代码生成技术进行硬件在环仿真和台架试验，最后通过整车试验验证综合控制策略的有效性。

机电复合传动系统综合控制是混合动力坦克装甲车辆动力性、燃油经济性以及作战性能的关键。作者力图将该领域国内外最新的研究成果和北京理工大学、北方车辆研究所团队的相关成果与研究心得体会奉献给同人和读者，以促进我国在该领域的技术创新和产品研发。受作者水平所限，而且机电复合传动技术仍在不断高速发展、快速迭代，本书虽经多次易稿修改，仍然难以尽如人意，谬误在所难免。望读者体谅作者初衷，欢迎提出批评和修改意见，共同推动我国坦克装甲车辆机电复合传动技术的研究与开发工作快速发展。

本书是车辆传动国防科技重点实验室北京理工大学分部机电复合传动项目组与北方车辆研究所传动技术部集体智慧的结晶。参与本书部分内容撰写和资料整理的还有马越教授、杨超副教授、刘辉教授、赵玉龙博士、王暮遥同学、陈寅聪同学、彭祎然同学和杜雪龙同学等。

感谢北京理工大学"十四五"（2021年）规划教材项目对本书出版的资助。

王伟达，盖江涛，项昌乐
2021年于车辆传动国防科技重点实验室

目　　录

第1章　绪论 ····· 1
1.1　研究背景及意义 ····· 1
1.2　混合动力/机电复合传动发展现状 ····· 2
1.2.1　混合动力系统常见分类 ····· 2
1.2.2　民用混合动力/机电复合传动系统发展概况 ····· 5
1.2.3　军用混合动力/机电复合传动系统发展概况 ····· 9
1.3　机电复合传动综合控制的内涵 ····· 16
1.3.1　机电复合传动系统能量管理策略研究现状 ····· 17
1.3.2　机电复合传动系统协调控制策略研究现状 ····· 21
1.3.3　机电复合传动模式切换控制研究现状 ····· 23
1.3.4　机电复合传动系统控制策略发展趋势 ····· 27

第2章　机电复合传动系统建模与特性分析 ····· 30
2.1　机电复合传动系统建模 ····· 33
2.1.1　发动机动态特性建模 ····· 33
2.1.2　电池动态特性建模 ····· 46
2.1.3　电机动态特性建模 ····· 47
2.2　机电复合传动系统特性分析 ····· 51

2.2.1　转速特性分析 ……………………………………………………… 51
　　2.2.2　转矩特性分析 ……………………………………………………… 53
　　2.2.3　功率流特性研究 …………………………………………………… 54
　　2.2.4　动态功率的影响因素分析 ………………………………………… 68
　　2.2.5　综合效率特性研究 ………………………………………………… 78
本章小结 ……………………………………………………………………… 85

第3章　机电复合传动车辆行驶工况预测方法研究 …………………………… 86
　3.1　指数预测方法 ……………………………………………………………… 86
　3.2　基于马尔可夫链的工况预测 ……………………………………………… 87
　　3.2.1　一阶马尔可夫链工况预测 ………………………………………… 87
　　3.2.2　多阶马尔可夫链工况预测 ………………………………………… 90
　3.3　基于径向基神经网络的工况预测 ………………………………………… 96
　3.4　支持向量机工况预测方法 ………………………………………………… 98
　　3.4.1　K-means 特征提取 ………………………………………………… 99
　　3.4.2　支持向量机介绍 …………………………………………………… 103
　　3.4.3　支持向量机分类结果 ……………………………………………… 106
　　3.4.4　基于支持向量回归机的速度预测方法 …………………………… 106
　　3.4.5　仿真结果 …………………………………………………………… 113
本章小结 ……………………………………………………………………… 115

第4章　机电复合传动能量管理优化策略研究 ………………………………… 116
　4.1　基于规则的能量管理策略 ………………………………………………… 116
　　4.1.1　基于规则的控制参数 ……………………………………………… 117
　　4.1.2　仿真结果 …………………………………………………………… 121
　4.2　基于瞬时优化的能量管理策略 …………………………………………… 124
　　4.2.1　分支定界多目标优化方法 ………………………………………… 124
　　4.2.2　仿真结果 …………………………………………………………… 139

4.3 基于有限时域优化的模型预测的能量管理策略 …………………… 144
    4.3.1 线性模型预测能量管理 ……………………………………… 144
    4.3.2 非线性模型预测能量管理 …………………………………… 156
    4.3.3 显式模型预测能量管理 ……………………………………… 162
4.4 能量管理优化求解方法 …………………………………………… 188
    4.4.1 动态规划算法求解优化问题 ………………………………… 188
    4.4.2 改进的动态规划算法实时求解方法 ………………………… 192
本章小结 ………………………………………………………………… 194

第5章 机电复合传动模式内状态快速切换控制研究 ……………… 195

5.1 模式内状态切换问题描述 ………………………………………… 195
5.2 基于鲁棒控制理论的模式内状态切换方法 ……………………… 196
    5.2.1 增广系统构建 ………………………………………………… 196
    5.2.2 控制器求解 …………………………………………………… 200
5.3 基于 LEMPC 理论的模式内状态切换方法 ……………………… 206
    5.3.1 经济性模型预测控制（EMPC）概述 ……………………… 206
    5.3.2 基于 Lyapunov 函数的 EMPC ……………………………… 207
    5.3.3 基于 Lyapunov 稳定性定理的控制器设计 ………………… 211
    5.3.4 协调控制目标的改进 ………………………………………… 213
    5.3.5 基于 LEMPC 的协调控制流程 ……………………………… 215
    5.3.6 基于 LEMPC 的协调控制稳定性与性能分析 ……………… 216
    5.3.7 仿真结果及对比分析 ………………………………………… 220
5.4 基于模型参考自适应控制的模式内状态切换方法 ……………… 228
    5.4.1 机电复合传动转矩协调控制模型 …………………………… 229
    5.4.2 转矩协调控制目标函数 ……………………………………… 240
    5.4.3 模型参考自适应转矩协调控制器设计 ……………………… 243
本章小结 ………………………………………………………………… 253

第6章 机电复合传动模式间切换控制技术研究 254
6.1 模式间切换问题描述 254
6.2 换段规律 259
6.2.1 换段过程问题描述 259
6.2.2 基于切换系统的机电复合传动系统复杂模型 261
6.3 基于模型预测和控制分配的模式间切换转矩协调控制策略 267
6.3.1 过驱动系统控制分配 267
6.3.2 模式切换参考模型建立 270
6.3.3 模型预测控制器设计 270
6.3.4 控制量最小化的控制分配方法 272
6.3.5 仿真结果分析 273
6.4 基于模型参考自适应的模式间切换控制策略 275
6.4.1 模型参考自适应控制 275
6.4.2 线性补偿器设计 277
6.4.3 自适应反馈控制器设计 278
6.4.4 仿真结果分析 280
6.5 模型预测控制与模型参考自适应控制的对比 282
6.5.1 模式切换时间对比 282
6.5.2 车辆纵向加速度对比 283
6.5.3 车辆纵向冲击度对比 283
6.5.4 仿真结果分析 284
本章小结 285

第7章 机电复合传动系统综合控制策略试验研究 286
7.1 硬件在环仿真平台 286
7.2 台架试验平台 291
7.2.1 台架的结构 291
7.2.2 发动机与电机 294

7.2.3 耦合机构 …………………………………………………………… 294
7.2.4 综合控制台 …………………………………………………………… 295
7.3 整车试验平台 …………………………………………………………… 298
7.3.1 试验要求 …………………………………………………………… 298
7.3.2 整车综合控制器 …………………………………………………… 298
7.3.3 试验数据监视采集程序 …………………………………………… 300
7.4 台架试验与硬件在环仿真结果 ………………………………………… 301
7.5 整车道路试验结果 ……………………………………………………… 314
7.5.1 动力性测试试验 …………………………………………………… 314
7.5.2 综合行驶工况试验 ………………………………………………… 317
本章小结 …………………………………………………………………… 320

参考文献 ………………………………………………………………… 321

第 1 章 绪论

1.1 研究背景及意义

近年来，随着环境污染日益严重，能量资源逐渐匮乏，节能减排在世界范围内受到极为广泛的关注。汽车作为能源、排放的消、产大户，成为各行各业关注的重点，如何使汽车更加环保、节能，是所有车辆研究者持续探讨的话题。日本丰田公司率先推出了量产的混合动力车辆（1997 年），凭借其在能量资源方面的贡献，受到业界的一致好评。特斯拉（2003 年）等公司在纯电动汽车领域有着长足的进展，但受困于电池这一基础化学领域的限制，始终无法与传统车辆抗衡。

目前市场上新能源车辆主要有纯电动汽车、燃料电池汽车和混合动力汽车。纯电动汽车由于在电池技术上仍未取得重大突破，较短的续航里程、较长的充电时间以及昂贵的制造成本，使其在短期内无法大规模推广应用；燃料电池汽车因系统抗振能力差、存储燃料技术不成熟、供应燃料辅助设备复杂和使用成本过高等因素，在现阶段尚不具备商业化条件。

相比之下，混合动力车辆（Hybrid Electric Vehicle，HEV）包含电力、机械多种传动方式，即机电复合传动（Electro-Mechanical Transmission，EMT），通过协调控制内燃机和电动机，可大幅提高车辆的燃油经济性和续航里程。因此，在目前的技术水平和应用条件下，混合动力汽车是新能源车辆中最具有产业化和市场化前景的车型之一。

在军用领域，随着激光武器、电磁武器、电化学武器等的发展，军用车辆对用电功率的需求明显增加，传统车辆难以满足这样的特殊任务。而在混合动力车辆中，有可作为电力源的电机存在，极端情况下，可以令发动机全部动力带动电机发电，产生大量的电能，供给车辆完成任务。因此，混合动力车辆在军用车辆领域得到高度关注。

由此可见，无论在民用还是军用领域，混合动力技术已经成为车辆技术研究的重点。与传统车辆相比，混合动力车辆优良的节能与供电能力主要依赖其传动系统，即由电传动部分和机械传动部分共同组成的机电复合传动系统。机电复合传动系统借助电传动部分的储能与驱动特性，在系统综合控制策略的控制下，可以实现发动机始终工作在高效率区域的目的，从而提升混合动力车辆的综合效率。另外，电传动部分的驱动特性也可以辅助发动机对车辆进行驱动，从而提升混合动力车辆的动力性能。总之，机电复合传动系统相较于传统的单一机械传动系统有着明显的优势，对该系统的深入研究对于提升车辆性能有着深远的意义。

1.2 混合动力/机电复合传动发展现状

1.2.1 混合动力系统常见分类

根据机械动力总成连接和功率流分布，混合动力主要分为三种结构形式：串联式、并联式和混联式，如图1.1所示。

图1.1（a）是串联式混合动力结构简图。其工作原理是发动机带动发电机发电，然后再由电动机驱动车辆行驶。其优点是整车布置灵活、控制系统简单，发动机和车轮之间的机械解耦可保证发动机始终工作在最佳燃油经济区域。但由于电机作为唯一的动力源驱动车辆行驶，电机的设计尺寸必须足够大才能保证车辆的行驶需求；此外，机械能与电能之间的二次能量转换也导致较低的整车工作效率。

图1.1（b）是并联式混合动力结构简图。其工作原理是发动机和电机既可分开独立工作，也可共同驱动车辆行驶。其优点是发动机通过机械机构直接驱动车辆，能量利用率相对串联式较高；发动机功率、电机功率以及电池容量可适当减小。但由于动力分配机构的引入，整车结构和控制系统较复杂；此外，发动机和车轮之间没有实现机械解耦，车辆的行驶工况会极大地影响发动机的工作状态。

图1.1（c）是混联式混合动力结构简图，由发动机、功率耦合机构和两个电机组成。其工作原理是发动机的部分机械功率经过功率耦合机构直接驱动车辆行驶；剩下的机械功率通过发电机转化成电功率并由电池存储起来，或者用来提供给电动机工作，与发动机协同驱动车辆行驶。因此，混联式兼具串联式和并联式的优点，但由于系统结构和控制策略复杂，增加了动力源协调控制的难度。随着控制技术与制造技术的发展，加工装配和控制难度的降低，混联式混合动力逐渐展示出系统最佳使用性能的潜力。

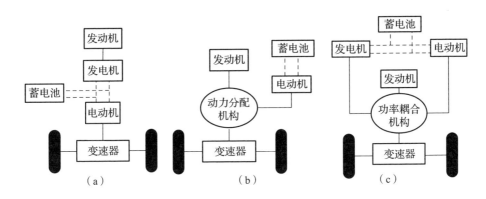

图1.1　混合动力车辆的结构形式

(a)串联式；(b)并联式；(c)混联式

混联式混合动力的功率耦合机构可装配单组或者多组行星齿轮排，用来实现机械功率与电功率分汇流的作用。当采用单组行星齿轮机构时，电机的工作模式通常保持固定，称为单模混联式，如图1.2所示；双模混联式是在单模混联式的基础上增加一组行星齿轮机构和两个操纵元件（离合器/制动器），如图1.3所示。对比单模混联式，双模混联式通过改变电机的工作模式可实现电机转速的转折,两个电机的转速配合使输出转速持续提高,以获得更大的调速范围来满足车辆的行驶需求。基于以上特点,双模混联式可满足重型与非道路车辆(如重型牵引车、采矿车、军用车辆等)变速范围宽、传递功率大、辅助系统用电功率大等特殊要求。

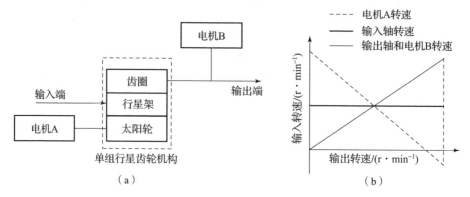

图 1.2　单模混联式混合动力车辆

(a) 单模混联式传动简图；(b) 单模混联式转速关系

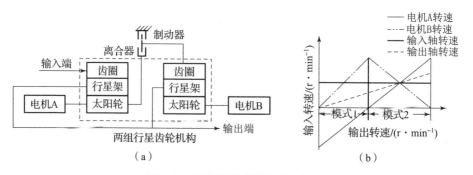

图 1.3　双模混联式混合动力车辆

(a) 双模混联式传动简图；(b) 双模混联式转速关系

相比于其他型式的混合动力系统,双模混联式的综合控制更加复杂,对稳定性及其控制策略的要求更高。为获得优异的车辆行驶性能,非常有必要开展综合控制理论与技术方面的研究,这也是目前混合动力车辆关键技术研发的重要环节之一。

1.2.2 民用混合动力/机电复合传动系统发展概况

从 20 世纪 70 年代开始，混合动力技术作为一项崭新的车辆技术受到日本、美国及欧洲等许多国家和地区的高度重视，相继开展了对民用混合动力车辆技术的探索与研发，并相继推出了混合动力车辆产品。

1. 日本

日本丰田公司在民用混合动力车辆技术研发中一直处于世界前列，早在 1997 年便成功研发出丰田混合动力系统（Toyota Hybrid System，THS），并在北美与欧洲市场上推出了第一代搭载 THS 的混合动力车型普锐斯（Prius）。迄今为止，丰田普锐斯车型已经发展到第四代，传动结构与车型实物如图 1.4 所示。第四代 THS 是目前最新的丰田混合动力系统，和前三代 THS 相比，第四代 THS 最大的区别就是将原来两个电机的串联机构变成现在的平行轴结构。这样变速箱整体尺寸更短，部件更少，摩擦更低，整体能效提升。

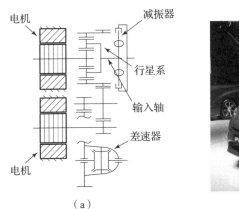

(a)　　　　　　　　　　　　　　　　(b)

图 1.4　日本丰田普锐斯混合动力汽车

(a) 第四代 THS 原理；(b) 丰田普锐斯第四代实物

1999 年日本本田公司也研发出了自己的混合动力系统：整体式电机辅助混合动力系统（Integrated Motor Assist system，IMA），并相继推出了搭载 IMA 的混动车型 Insight，其传动系统结构及车型实物如图 1.5 所示。

进入 21 世纪以来，随着混合动力车辆技术的快速发展，日本日产、三菱等公司相继研发出自己的混合动力车型。

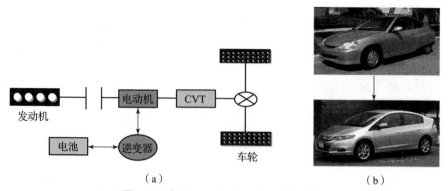

图 1.5 本田 Insight 混合动力系统结构

(a) 日本本田 Insight 结构简图；(b) 日本本田 Insight 一代、二代实物

2. 美国

美国通用汽车公司的 Allison 混合动力系统（AHS）是一种典型的双模式功率分流系统，如图 1.6 所示，通过离合器与制动器的分离与接合操作可以得到输入功率分流模式和复合功率分流模式，最初是为混合动力公交车和重型车辆开发的。车辆低速时采用输入功率分流模式，可以保证车辆大功率需求；车辆高速时采用复合功率分流模式，保证发动机和电机等动力元件工作在高效区。由于双模式功率分流混合动力系统的这种特点，其性能优于其他混合动力车辆。

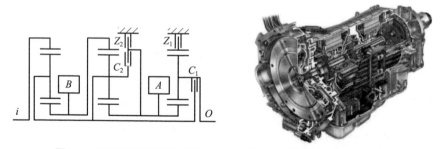

图 1.6 美国通用汽车公司的 Allison 混合动力系统（AHS）结构

3. 欧洲

欧洲的英国、法国、德国等汽车厂商也积极开发混合动力车辆，相继研发出捷达混合动力版、新途锐混合动力版、保时捷卡宴混合动力版、奔驰 S300 BLUETEC 混合动力版、奔驰 E300 BLUETEC 和 C300T BLUETEC 混合动力版、宝马 X5 混合动力版、奥迪 Q5 混合动力版等。

4. 国内

面对能源和环保的巨大压力，我国非常重视包括混合动力电动汽车在内的新能源汽车的研究和开发。

国内在混合动力技术方面的发展起步较晚，随着我国将发展新能源汽车定为汽车产业升级的新起点后，中国的汽车厂商加快了对混合动力车辆的研发，并取得了一定的研究成果。

中国第一汽车集团公司于 2004 年自主研发出红旗混合动力轿车，如图 1.7（a）所示。该车型采用发动机和电机并搭配传统的机械自动变速器（Automatic Mechanical Transmission，AMT）的混合动力系统，可实现百公里加速时间 14 s 和百公里油耗 4.9 L 的综合性能；2008 年又研发出采用双电机方案的奔腾 B70 混合动力轿车，如图 1.7（b）所示。该车型利用发动机通过功率耦合机构与调速电机和驱动电机进行耦合，可实现百公里加速时间 12 s 和百公里油耗 6 L 的综合性能。

(a)　　　　　　　　　　　　　　(b)

图 1.7　第一汽车集团公司自主研发的混合动力轿车

(a) 红旗混合动力轿车；(b) 奔腾 B70 混合动力轿车

上海交通大学提出了一种基于双行星排功率耦合机构的混联式混合动力系统，如图 1.8 所示。发动机和两个电机通过行星排的机械耦合可实现无级变速，利用离合器和制动器的接合或断开，可实现车辆不同的工作模式。

申沃客车推出了一款 SWB6116HEV 混联式混合动力客车，配备了康明斯 ISBE180 30 发动机、集成式起动机和发电机（Integrated Starter and Generator，ISG）、单片离合器和 AMT 变速器，如图 1.9 所示。通过调节发动机工作点和 ISG 电机实现快速起停以及制动回馈，可使整车的燃油经济性提高 30%。

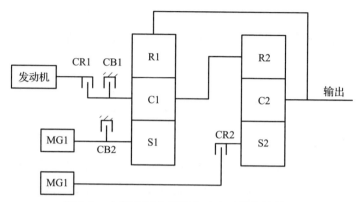

图1.8 上海交通大学混合动力系统结构简图

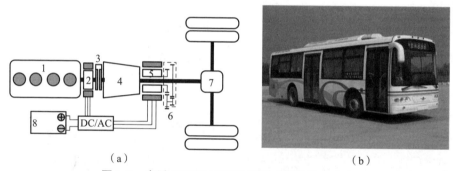

图1.9 申沃SWB6116HEV混联式混合动力客车

(a) 申沃SWB6116HEV混合动力客车传动简图；(b) 申沃SWB6116HEV混合动力客车实物

1—发动机；2—ISG；3—离合器；4—变速箱（1挡改造）；

5—驱动电机；6—扭矩耦合器；7—驱动桥；8—电池

此外，长安汽车公司推出了杰勋和志祥两款混合动力轿车，比传统汽车节油20%，排放满足国Ⅳ标准；奇瑞汽车公司开发了A5 BSG和A3两款混合动力轿车；比亚迪汽车公司研发了F3和F6两款混合动力轿车；东风汽车公司推出了EQ6110混合动力客车；上海汽车集团公司研发了荣威550混合动力轿车。

综合国内外民用车辆的研究现状，以日本丰田汽车公司THS系统和美国通用汽车公司双模混联式为代表的HEV已实现商业化和市场化，是当前国际汽车行业的主流混合动力车型。虽然近些年国内在混合动力系统技术上不断取得进步，但受限于汽车制造技术和电控技术，以及国际汽车公司设置的专利封锁，国内针对混合动力系统的研究主要集中在串联式和并联式的机构方案上，在具有

EVT 功能的混联式混合动力系统研究上与国外研究水平相比还存在较大的差距。因此，我国的科研人员只有在多模式机电复合传动系统关键技术上进行深入研究和集成创新，才能提高我国混合动力汽车行业的整体水平以及在国际上的竞争力。

1.2.3 军用混合动力/机电复合传动系统发展概况

国外美国和德国等国家很早就开展了多个混合动力装甲车辆项目，并相继进行了大量的研究和试验工作。各个时期混合动力电传动军用车辆代表车型如表 1.1 所示。20 世纪 50 年代以前，世界各国研发的混合动力电传动军用车辆，其动力系统主要由"柴油发动机 - 直流发电机 - 直流电动机"组成，以串联结构为主，受到电子电力技术水平的限制，混合动力电传动系统一般质量较大、机械和电力传动效率低、造价昂贵、可靠性较差。从 20 世纪 50 年代到 20 世纪末或者 21 世纪初，混合动力电传动技术有了较大发展，动力系统主要由"汽油（柴油或燃气）发动机 - 交流发电机 - 交流电动机"组成，构型也呈现多样化，串联式和并联式混合动力电传动军用车辆等相继出现，电传动系统体积变小，质量变轻，传动效率提高。进入 21 世纪以来，混合动力电传动军用车辆技术趋于成熟，各国相继开展了大量试验，研制了多款可投入使用的混合动力电传动军用车辆。

表 1.1 各个时期混合动力电传动军用车辆代表车型

时间	国家	车型
1916 年	法国	"圣沙蒙"电传动装甲车辆
1918 年	德国	K 坦克电传动系统试制
	法国	ZC 重型坦克
1940 年	英国	TOG 重型坦克
	德国	"象"式 88 mm 自行火炮
1943 年	德国	"鼠"式超重型坦克电传动系统试制
	美国	T1E1 重型坦克电传动系统试制

续表

时间	国家	车型
1944 年	美国	T23 中型坦克
1960 年	美国	M113 装甲车试载电力变速箱
1965 年	美国	TACM 的试验台架安装电力变速箱
1970 年	比利时	M24 上试验安装电力变速箱
1979 年	比利时	"眼镜蛇"电传动载甲车
1986 年	德国	4×4 电传动试验台架试制
	美国	8×8 EVTB 电传动车辆试制
1989 年	德国	8×8 电传动试验台试制
1991 年	法国	VCE 电传动试验车
1992 年	美国	AAV 试验台架
1986 年	美国	LVPT7 两栖履带装甲车
1993 年	美国	ATR 车试制
1996 年	德国	LLX 试验车
1997 年	美国	"悍马"电传动车
2001 年	荷兰	4×4&12 t 全电战车研究
	美国	8×8 高级混合电驱动演示车 AHED
	美国	未来战斗系统混合传动履带样车 M113
2003 年	美国	Smartruck IIMWV 电传动样车
2004 年	美国	RST-V 混合动力样车
	瑞典	SEP 电传动样车
2007 年	美国	未来战斗系统车辆使用的混合电传动系统
2008 年	美国	混合动力"非直瞄火炮"(NLOS-C)车
	美国	混合电传动中型战术车替代车(MTVR)
2011 年	美国	柴电混合电传动静默增程车辆(CERV)
	美国	"悍马"混合动力车型"阿尔法"和"布莱沃"

续表

时间	国家	车型
2012 年	美国	混合电传动技术"地面战车"（GCV）项目启动
2014 年	美国	混合电驱动技术——未来技术演示车（FTD）
	法国	6×6 VAB Mk3 装甲输送车
2016 年	美国	"悍马"ZH2 燃料电池车"雪佛兰–科罗拉多"
2018 年	法国	"圣甲虫"（Scarabee）轻型混合动力战术车

下面详细介绍几款世界上最具代表性的混合动力电传动军用车辆。

1. 美国

1997 年 12 月 2 日，美国 PEI 公司研发的首辆"悍马"混合动力车型在亚拉巴马州的亨特斯维尔展出，该车采用 4×4 轮边电机驱动，总驱动功率为 320 hp（235 kW），0~80.45 km/h 加速时间为 7 s，平坦路面上的行驶速度为 128.72 km/h，每加仑（3.785 L）燃油行程为 28.96 km。与常规燃油"悍马"车相比，加速性能、行驶车速和燃油经济性分别提高 1 倍、3 倍和 2 倍。

2001 年 10 月，美国在华盛顿陆军装备展上推出由美国通用动力公司先进计划组和德国磁电动机公司合作研制生产的混合电传动新型 8×8 先进技术演示装甲车（AHED），如图 1.10（a）所示。该车采用串联结构，动力系统为每个轮毂上安装的 80 hp（59 kW）电动机、SAFT 锂电池和梅赛德斯公司生产的 199B 柴油机。同年，美国研发出 M113 坦克演示样车，如图 1.10（b）所示。

（a） （b）

图 1.10　先进技术演示装甲车 AHED 和 M113

(a) 8×8 轮式 AHED；(b) M113 混合动力坦克

美国 BAE 系统公司于 2007 年 8 月 15 日演示了完整的 MGV 混合电传动系统，该技术并没有首先用在美国未来战斗系统（FCS）履带车辆上，而在 2008 年率先用在"非直瞄火炮"（NLOS – C）履带车辆上，如图 1.11 所示。2008 年 5 月，美国奥什科什公司与海军陆战队成功演示了采用混合电传动技术开发的装备车载式车辆发电（OBVP）系统的中型战术车替代车（MTVR），如图 1.12 所示。演示结果表明，该车在保持静止和机动行驶时可分别输出 120 kW 和 21 kW 功率，足够为海军陆战队的各种系统、武器装备甚至小型机场供电。

图 1.11　混合电传动"非直瞄火炮"履带车辆　　图 1.12　混合电传动中型战术车替代车

2011 年，美国昆腾（Quantum）燃料系统技术公司与美国陆军坦克机动车辆研究、开发和工程中心（TAREREC）联合演示了搭载昆腾公司 Q – Force 全轮驱动柴电混合电传动技术的静默增程车辆（CERV）。结果表明，最大扭矩超过了 6 775 N·m，最大行驶速度为 128.7 km/h，最大爬坡度为 31°，与常规燃油车相比，燃油经济性提高约 25%。同年，美国陆军研制出两款名为"阿尔法"（Alpha）和"布莱沃"（Bravo）的混合动力"悍马"车型，如图 1.13 所示。"布莱沃"采用前轴电动机驱动、后轴机械驱动的并联式混合动力驱动系统，搭载 4.4 L 双涡轮增压 V8 柴油机、智能型停止/起动系统、一体化起动电机、联合型液压制动系统和转向系统以及 4×4 型驱动系统等。"阿尔法"动力传动系统由 147 kW 的"康明斯"4 缸涡轮增压柴油机、6 速变速箱以及向电气系统供电的安装在尾舱的太阳能电池板组成。与同性能的传统燃油"悍马"车相比，该车燃油经济性提高 70%。

(a) (b)

图 1.13 美国陆军研制的两款混合动力"悍马"车

(a) "阿尔法"（Alpha）；(b) "布莱沃"（Bravo）

2012 年 12 月，BAE 系统公司提出了双发动机的混合动力方案，即包括两条相同的驱动路线："6 缸 6.6 L 柴油机 – 发电机 – 电动机"，两台发动机总功率 1 103 kW，每个发电机为 1 个电池组提供电能，研制方案如图 1.14 所示。而通用动力公司则采用"高效能 GD883V12 柴油机 – 自动传动装置 – 主减速器系统"的传统方案。BAE 系统公司的混合电传动坦克样车与传统动力的"艾布拉姆斯"机械传动坦克相比，经过 180 天的试验，油耗分别为 2 320 L 和 2 772 L，在停车状态下，BAE 系统公司的混合电传动坦克样车油耗为 1.22 L/h，通用动力公司的机械传动坦克油耗为 1.59 L/h，"艾布拉姆斯"坦克的油耗为 2.64 L/h。BAE 系统公司的混合电传动坦克样车与传统动力的"艾布拉姆斯"机械传动坦克相比，0~32 km/h 的加速时间分别为 7.8 s 和 10.5 s。

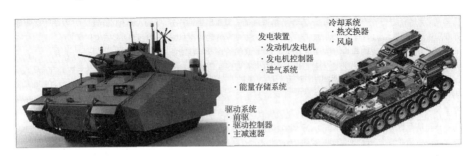

图 1.14 BAE 系统公司的美国陆军 GCV 项目设计概念图

2014 年 10 月，BAE 系统公司在美国陆军协会年会展览中展示了未来技术演示车（FTD），如图 1.15（a）所示，这是最新研制的混合电驱动技术，其驾驶舱如图 1.15（b）所示。未来技术演示车采用了串联式混合电驱动方案，搭载一台英国奎尼蒂克公司的 E-X 混合电传动装置，如图 1.15（c）所示，两台 MTU6R890 发动机，如图 1.15（d）所示。BAE 系统公司指出，未来技术演示车即使有一台发动机受损，也能保持一定的机动能力，具有很高的生存力。利用发动机-发电机组和车载电池组能够产生高达 1 400 kW 的电功率输出，满足了车上安装各种电子和武器系统的用电需求。

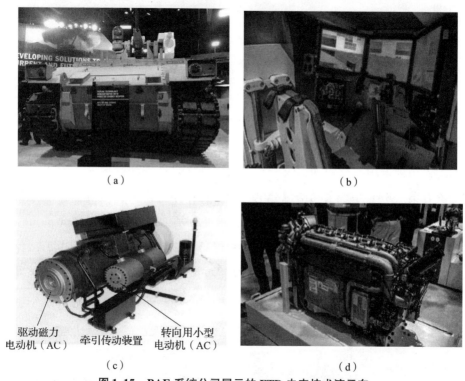

图 1.15　BAE 系统公司展示的 FTD 未来技术演示车

(a) 未来技术演示车外观；(b) 未来技术演示车的驾驶舱；
(c) 未来技术演示车的 E-X 混合电传动装置；(d) 未来技术演示车上搭载的 MTU6R890 发动机

2. 德国

2006 年 7 月，德国伦克公司研发出了电力机械复合传动装置 REX，如图 1.16 所示，该装置兼具机械传动与电传动的双重优点。而后，德国莱茵金属公司研制出一款代号 GeFas 的柴电混合驱动模块化装甲车，如图 1.17 所示，可拆解、组装和维修不同模块。柴油机采用 MTU 公司排量 4 L 的第四代 4R890

高功率密度发动机，该车还采用辅助电池组件，以在动力组件失效时提供备用动力。

图 1.16　德国伦克电传动装置 REX　　图 1.17　德国 GeFas 柴电混合驱动模块化装甲车

3. 法国

法国是世界上第一个研究电传动坦克的国家，1916 年，法国 GEC 奥尔瑟姆公司研发出了世界上第一辆名为"圣沙蒙"的电传动坦克，如图 1.18 所示。车重 22 t，动力传动驱动系统采用"90 hp（67 kW）汽油发动机 – 发电机 – 左右两台电动机 – 左右侧减速器 – 左右主动轮"的串联方案。2014 年 10 月在美国陆军协会年会展览中，法国雷诺卡车防务公司展示了安装一体式起动和交流发电/电动机（I – SAM）的 6×6 并联混合电驱动装甲输送车。2018 年 5 月中旬，法国 Arquus 公司完成"圣甲虫"轻型混合动力战术样车研发，如图 1.19 所示，并进行了车辆试用试验，该车战斗全重约 8 t。

图 1.18　世界第一辆电传动坦克"圣沙蒙"　图 1.19　新型"圣甲虫"轻型混合动力战术样车

4. 国内

国内，北京理工大学、中国北方车辆研究所、装甲兵工程学院、湖南湘潭电机集团等均开展了军用混合动力技术的研究。在机电复合传动系统参数匹配与优化技术、多能源控制技术、最优功率分配技术、电池能量管理技术、动态协调控制技术、模式切换控制技术、发动机－发电机组集成控制技术等关键技术领域取得了重大突破。北京理工大学研制的军用机电复合传动车辆样车如图 1.20 所示。

（a）　　　　　　　　　　　　　　　（b）

图 1.20　北京理工大学军用机电复合传动车辆样车

（a）轻型履带式装甲车辆；（b）20 t 级轮式装甲车辆

1.3　机电复合传动综合控制的内涵

机电复合传动综合控制策略是系统的核心部分，涉及的系统部件多样，受到广泛关注，科研成果也最为集中。机电复合传动综合控制策略包括整车能量管理、模式内多动力转矩协调控制以及模式间切换转矩协调控制等内容。

机电复合传动车辆能量管理的目标是在保证转矩分配合理、满足各种约束的前提下，最大限度地降低油耗，提高车辆的能源效率。近年来，学者们提出了许多混合动力车辆能量管理策略，包括基于逻辑规则和模糊逻辑规则的策略、基于动态规划（DP）的策略、基于随机动态规划（SDP）的策略、基于等效燃油消耗最小化的策略（ECMS）、基于庞特亚金最小原理（PMP）的策略以及基于模型预测控制（MPC）的策略等。

机电复合传动系统由于其多动力转矩耦合特征，在同一模式内发动机和多电机转矩调节过程中，由于发动机和电机动态特性失配、固有的功率耦合特性、时变效率特性等，可能会导致发动机或电机转速或转矩状态大幅偏离预期，甚至出现熄火、超速、振荡等失稳，因此即使没有进行模式切换，也需要进行模式内的多动力转矩协调控制。

在机电复合传动系统进行模式切换，包括挡位切换或纯电驱动、混合驱动、反拖起动等工况切换时，为减少切换过程中转矩冲击、保持机电动力元件状态稳定、缩短切换时间、降低切换功率损失、保持系统转矩输出连续，需要进行模式间切换的动态协调控制。

为了改善机电复合传动系统的动态响应品质和保持系统稳定，模式内/模式间转矩协调控制技术也是机电复合传动系统综合控制的重要内容。协调控制策略位于能量管理策略与部件控制器之间，起到一种将能量管理策略优化得到的控制量进一步转换为部件控制器控制指令，映射到部件控制器的作用。

当前模式切换动态控制的研究主要集中在并联式混合动力车辆纯电驱动到机电驱动的转矩协调控制，通过降低输出轴的转矩波动和避免动力输出的突变，实现模式切换品质和车辆驾驶性能的提升。针对引入功率耦合机构的混联式机电复合传动，多功率传递通路的存在导致发动机、电机和操纵机构等关键部件形成复杂的耦合关系，加大了模式切换过程动态控制的难度，是本书重点讨论的内容之一。

1.3.1　机电复合传动系统能量管理策略研究现状

有关机电复合传动系统能量管理策略方面的研究最为集中，成果最多，并且呈现逐年递增的态势。机电复合传动系统的能量管理策略大致可以分成两大类，一类为基于规则的能量管理策略，另一类为基于优化的能量管理策略。二者可以继续细分为逻辑门限控制策略、模糊逻辑控制策略以及全局最优控制策略和实时最优控制策略，如图 1.21 所示。

1. 基于规则的能量管理策略

目前，在工业界使用最多的是基于规则的能量管理策略，其最大的优势就是计算量小，设计简单，易于实现，能够实时在线使用。这些规则的设计大都来源于直觉、启发式发现和工程师经验，或是在对相关部件工作特性分析和系统数学模型分析的基础上设计的。其主要思路是定义一系列系统运行的规则来决定每一时刻系统中各个部件的工作状态，主要包含确定性规则控制和模糊性规则控制两种控制算法。

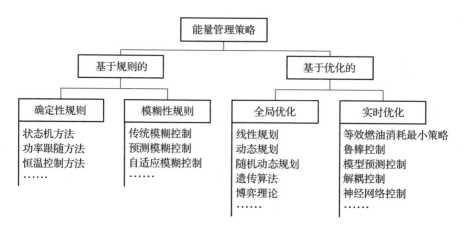

图 1.21 能量管理策略分类

1）确定性规则

确定性规则是最为常见的能量管理策略控制方法，在工业界得到最为普遍的应用。其原理为通过离线设计出一系列确定的逻辑门限控制值，并在实时控制中通过采集车辆车速、发动机工作状态以及电池荷电状态等信息，在满足驾驶员行驶需求的基础上，以预设的确定性规则完成各个动力源的能量分配以及各个执行元件的操作，将发动机工作点控制在预设的理想位置附近，以达到较优的系统工作效率。

Marco Sorrentino 等人针对串联式混合动力车辆，提出了一种依据电池 SOC 起停发动机的规则，当电池 SOC 低于下限值时，起动发动机给电池充电，当电池 SOC 高于上限值时关闭发动机，电池放电驱动车辆，其控制策略简单易实施，能够很好地应用于实际过程。Titina Banjac 等人根据循环工况车速设计了起停发动机规则并在串联式和并联式混合动力车辆上得到应用。王伟达等人开发了状态机模型，通过预设的逻辑门限值确定系统各部件的工作状态。王光平针对插电式混合动力车辆，设计出了在不同工作模式下基于行驶里程和工况信息的扭矩分配规则，在近郊工况下得到良好的燃油经济性，但在城市上下班工况中却表现不佳。

2）模糊性规则

由于确定性规则控制效果在很大程度上依赖于规则的设定和实际车辆行驶工况，其对不同的车辆行驶环境适应性较差，难以在实际运行中很好地发挥混合动力系统的性能，所以人们通过将预设的确定性控制规则模糊化，基于专家经验建立模糊推理规则的控制方法。其原理主要为先将输入量模糊化，再确立模糊规则，最后将输出量解模糊。这是一种更为接近模拟人类推理决策行为的过程，相较于确定性规则，其具有更好的自校正性和自适应性，能够更好地适用于不同车辆行驶工况。

Hanane Hemi 等人通过将输入量需求转矩与电池 SOC 的比值模糊化为高、中、低，建立模糊规则控制器，通过控制电池功率来确定整车运行状态，并在多种工况下得到良好的应用。Abdelsalam Ahmed 等人通过将车速、电池 SOC、回收因子等多个输入量模糊化，建立起模糊性规则控制器来控制发动机起停。Yanzi Wang 等人针对多混合动力车辆的混合储能装置功率分配设计了模糊规则控制器，依据模糊化的车速和需求功率，将能量需求分配给电池和超级电容。虽然模糊规则控制具有较好的适应性，但是其很难获得最优的控制结果，同时由于模糊性规则控制器自身设计原因，其很难处理多目标优化问题，当优化目标多于两个时，开发者就很难设计出合理有效的控制规则。

2. 基于优化的能量管理策略

为了追求更好的控制效果，学术界做了大量的科研工作探索基于优化的能量管理策略。其主要思路是建立系统控制目标成本函数，在满足约束条件的情况下，通过优化算法对成本函数求解，得到最优控制或次优控制，以进行较优的能量分配，主要包括基于全局优化的控制和基于实时优化的控制。

1）全局优化

全局优化一般是指在已知车辆循环工况的前提下，通过全局优化算法求解得到整个循环工况下的最优控制，因为其计算量较大，又需要提前获知循环工况，所以无法运用于车辆实时运行中。但是又因为其结果是最优的，所以常被用于离线仿真并作为基准用来评价其他控制策略。常用的优化算法有动态规划（Dynamic Programming，DP）、极小值原理、模拟退火、遗传算法等。

动态规划是一种典型的全局优化算法，Liang Li 等人针对混合动力城市公交车，提出利用动态规划算法求得平衡燃油经济性和车辆行驶性能的最优控制量。Mehdi Ansarey 等人提出运用动态规划算法分配能量需求与不同能量源，以达到在加速和制动过程中燃油消耗最小。Shuo Zhang 等人将车辆行驶工况划分为几种典型工况，并离线用动态规划求出各典型工况最优控制，再运用于实际过程中。模拟退火算法是一种常用的随机搜索算法，其模仿热力学中的退火过程，在给定某初始温度的条件下，缓慢下降温度系数，使算法给出一个近似最优解，其虽然不像动态规划能够得到稳定最优解，但是计算速度却大大提升。Zheng Chen 等人运用模拟退火算法将需求功率分配给电池和发动机。遗传算法是一种模拟生物进化过程的全局最优搜索算法，其被广泛应用于系统优化、参数估计、神经网络训练等领域。Weiwei Xiong 等人应用遗传算法对混联式混合动力车辆控制参数进行了优化。极小值原理是苏联学者庞特里亚金（Pontryagin）从变分法引申而来提出的，其通过构造哈密尔顿函数并在最优轨线上求得最优控制量来解决最优控制问题。Chunhua Zheng 等人采用极小值原理来优化车速和燃油经济性。

2）实时优化

实时优化是指在车辆运行过程中实时求解控制目标成本函数，在线得到最优控制量，并作用于车辆。其要求优化算法的计算量不能过大，能够实时求解，又要优化效果好，尽量贴近全局优化效果。常用的优化算法有等效燃油消耗最小策略（Equivalent Consumption Minimization Strategy，ECMS）、模型预测控制（Model Predictive Control，MPC）、鲁棒控制、神经网络（Neural Network）等。

ECMS 控制方法一般是通过引入等效转换因子，将电池的能量消耗转化为等效的燃油消耗，然后将发动机燃油消耗与电池等效燃油消耗之和定义为等效燃油消耗，从而在每一时刻迅速计算出最佳的等效燃油经济性，并得到系统控制量。孙超采用 ECMS 的方法实时优化需求功率的分配，取得了较好的燃油经济性，但也提出了在复杂多变工况下 ECMS 等效转换因子难以设定的弊端。神经网络是一种模拟人类形象化思维的优化算法，其通过构造由大量结构简单、功能有限的神经元组成的神经网络系统来得到输入 – 输出之间的关系，其具有大规模并行处理、分布式信息存储、良好的自组织自学习能力等特点。Yi Lu Murphey 等人提出离线训练 13 种典型路况下的最优神经网络控制,并在线调用神经网络。Zheng Chen 等人提出用动态规划求得的最优控制来离线训练神经网络,再在线调用使系统可以得到实时优化。模型预测控制是近年来发展起来的一种新型计算机控制算法,其在每一个采样时刻搜索有限时域内的最优控制动作,采用多步测试、滚动优化、反馈校正的思路,兼顾控制的实时性和最优性,适用于不易建立精确数学模型的复杂系统,由于其良好的控制效果,其在混合动力车辆能量管理策略上应用前景广泛。Liang Li 等人利用模型预测控制在线优化功率分配,以达到实时优化的效果。

1.3.2 机电复合传动系统协调控制策略研究现状

如图 1.22 所示,能量管理策略与协调控制策略共同构成车辆的综合控制策略,协调控制策略位于能量管理策略与部件控制器之间,起到进一步对优化的状态点进行面向部件控制的重新映射的作用,协调控制策略对提升车辆的真实性能起到至关重要的作用。

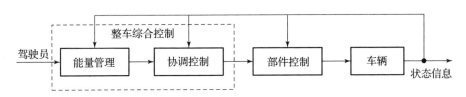

图 1.22 机电复合传动车辆控制结构示意图

协调控制策略主要指各动力源转矩之间的互相协调,因此,又可以称为转矩协调控制策略。截至目前,国内外主要采用的方法可以归结为两大类,一类为不基于模型控制的转矩协调控制;另一类为基于模型控制的转矩协调控制。二者的主旨思想都是利用电机的快速响应性能对发动机的慢响应特性进行补偿,实现系统对目标状态量(发动机转矩、系统输出转矩等)进行快速跟踪的目的。

1. 不基于模型的转矩协调控制

不基于模型的转矩协调控制是指:在控制器设计过程中,不需要代入系统数学模型进行控制器求解的设计方法。典型的不基于模型的转矩协调控制主要有基于规则的协调控制、"发动机转矩观测 + 电机转矩补偿协调控制"。基于规则的协调控制是指在系统动态响应过程中，人为地设定电机转矩修正因子，使得电机转矩一直处于促进发动机调节的状态，直至动态调节过程结束。该控制策略的优点为鲁棒性较强，适应性较广，不需要大量的运算，可以保证系统稳定，因此较容易应用到实际控制中；缺点为难以实现协调过程的最优控制，在工况变化较为明显的情况下，会有较大的超调等不利影响。国内外学者们对该方法的研究主要集中在电机补偿的设计过程，Stefano Cordiner 等人（2014）采用模糊逻辑控制的方法设计了电机补偿策略，使得发动机可以更加快速地到达目标转速值。"发动机转矩观测 + 电机转矩补偿协调控制"主要针对并联式混合动力车辆进行研究，当并联式混合动力车辆处于混合驱动模式时，发动机与电机共同驱动车辆，输出轴上的转矩等于发动机转矩与电机转矩之和，因此只需实时估计发动机实际转矩，就可以根据当前驱动转矩需求计算电机目标转矩，进而实现电机转矩补偿的目的。童毅（2004）最早提出该控制思想，采用基于发动机曲轴瞬时转速的转矩估计算法对发动机转矩进行实时估计，然后利用电机转矩补充输出转矩的缺失部分，通过试验证明了该方法的有效性。秦大同等人（2012）采用遗传算法结合BP神经网络建立了发动机转矩模型，在对离合器接合与分离前后发动机输出转矩准确估计的基础上，通过离合器接合压力的模糊控制和电机输出转矩对发动机转矩波动的补偿控制，减小了不同模式切换过程的输出转矩波动，提高了模式切换过程的平顺性。

2. 基于模型的转矩协调控制

基于模型的转矩协调控制是指：在控制器设计过程中，需要代入系统数学模型进行控制器求解的设计方法。该控制方法是当前的研究热点，涌现出了较多的科研成果。Li Chen 等人（2012）将模式切换前的系统模型作为参考模型，利用前馈补偿以及反馈自适应补偿的双自由度控制器，控制实际系统输出对参考模型输出进行跟踪，使得切换过程以模式切换前的系统状态为标准进行，从而保证了系统输出转矩的平稳。Sajjad Fekri 等人（2012）对协调控制的多种方法进行了总结，经过对比，提出了基于鲁棒控制设计的协调控制策略，采用简化的混合动力系统模型，对模型中的某些参数进行了不确定性界限给定，针对这样的带有参数不确定性能的模型，进行鲁棒控制器设计，通过仿真，证明了该方法的有效性。Subudhi 等人（2012）将发动机实际转速与目标转速差设定为滑模因子，分为发动机转矩与电机转矩两个滑模层，利用滑模控制方法，得到了鲁棒性较好的滑模协调控制器。由于协调控制过程对系统动态过程建模有着较高要求，同时系统动态建模却存在或多或少的模型不准确性，因此，协调控制的鲁棒性受到研究者的广泛关注。进而，具有良好鲁棒性的鲁棒控制器设计方法受到协调控制研究者的青睐，该方法为进一步提升车辆性能提供了理论基础。

1.3.3　机电复合传动模式切换控制研究现状

目前国内外学者对机电复合传动车辆关键技术的研究主要集中在能量管理策略及效率优化等稳态过程方面，对模式切换动态过程的研究相对较少。原因在于能量管理策略是针对车辆低频动态特性，而影响车辆驾驶性能和 NVH（噪声，振动，不平顺性）特性的模式切换过程则与车辆高频动态特性有关。模式切换品质主要以切换时间、加速度和纵向冲击度等具有瞬态特性的参数作为评价指标，能量管理策略往往不需要考虑这些因素。图 1.23 展示了车辆不同频谱区域的概念框图。

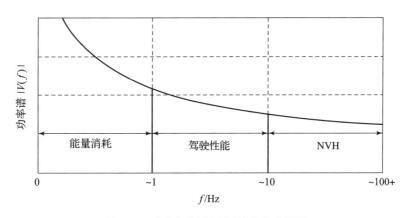

图 1.23　车辆不同频谱区域的概念框图

目前模式切换动态控制的研究主要集中在并联式纯电驱动到机电驱动的转矩协调控制，通过降低输出轴的转矩波动和避免动力输出的突变，实现模式切换品质和车辆驾驶性能的提升。归纳总结现阶段所提出的转矩协调控制策略，可分为以下三类：

1. 第一类协调算法

第一类协调算法是基于发动机和电机动态响应特性的差异，通过"发动机转矩观测＋电机转矩补偿"协调控制，减小输出端的转矩波动和车辆的冲击度。该协调算法多用于并联式机电复合传动系统的模式切换过程，最大优势是控制器的求解过程不基于系统的数学模型，设计方法简单且易于实现。

美国密歇根大学的 Roy I Davis 等采用"发动机转矩观测＋发动机转速反馈＋电机转矩补偿"的原理，提出了"输入扰动解耦"的控制算法，利用电机可产生与发动机转矩波动相反的转矩，抵消发动机的转矩脉动；清华大学的童毅等提出了"发动机转矩开环＋发动机动态转矩估计＋电机转矩补偿"的控制算法，该算法基于发动机曲轴瞬时转速可实时估计发动机的转矩，并利用电机转矩补偿输出轴的转矩，在保证动力传递平稳性的前提下优化了系统效率；重庆大学的杜波等提出了"发动机节气门开度变化率限制＋发动机转矩估计＋电机转矩补偿"的协调控制策略，该策略通过限制发动机节气门的变化率来减缓发动机转矩变化，并利用电机对发动机转矩进行实时补偿，有效地降低了输出转矩的波动；武汉理工大学的杜常清等在发动机油门开度变化率不高的工况下，提出了"基于神经网络的发动机平均值模型＋基于模型预测的电机调速闭环"的控制策略，有效地减小了输出转矩和转速的波动；北京理工大学的杨军伟等提出了"发动机转矩开环＋发动机转矩识别＋电动机转矩补偿"的动态协调控制策略，通过动态转矩的控制分配，保证了模式切换的动态过程平顺性。

2. 第二类协调算法

第二类协调算法是从传动系统转矩动态补偿的角度，利用不同的控制策略，保证车辆动力系统转矩传递的连续性和稳定性。

针对并联式机电复合传动系统纯电驱动到机电驱动的模式切换过程，德国亚琛工业大学的 Beck 等人基于模型预测控制和最优控制理论协调控制了发动机和电机的动态转矩，并验证了该控制器的鲁棒性；韩国首尔国立大学的 Sul 等人通过优化换挡规律提高了动力传动系统的效率，通过电机调速控制离合器主被动端的速差，缩短了换挡时间并减小了切换过程的冲击；美国弗吉尼亚理工学院的 Nelson 等人基于 PI 控制的电机调速实现了离合器主被动端的同步，降低了模式切换过程的冲击；韩国成均馆大学的 Hwang 等人针对离合器接合过程分别设计了发动机转速 PI 控制器、电机转矩 PI 反馈补偿控制器和发动机转速 – 电机转矩相结合的控制器，减小了驱动轴的转矩波动；韩国现代汽车公司的 Kim 等人针对离合器的接合过程提出了两种基于 PI 反馈的离合器油压控制方法，并通过仿真验证了该控制方法的有效性；马来西亚国油科技大学的 Minh 等人基于模型预测控制算法，通过约束输入 – 输出条件控制离合器的转速和转矩，实现了良好的车辆驾驶性能和较低的冲击度；上海交通大学的 Gu 等人利用最小值原理优化了传动系统的输入转矩，并基于模糊 PID 控制原理通过控制离合器的接合速度和发动机的节气门开度，同时采用电机补偿传动系统输入转矩和离合器传递转矩之差，改善了车辆的驾驶平顺性；吉林大学的王庆年等人针对模式切换过程中输出转矩波动的问题，提出了基于电机辅助的协调控制策略，包括电机辅助发动机起动和电机补偿发动机转矩误差两部分；吉林大学的王印束通过合理控制离合器的接合规律，抑制了模式切换过程的转矩波动；湖南大学的张军等人提出利用发动机的目标转速和输出转矩计算电机转矩的控制算法，实现了模式切换过程的平稳过渡；北京交通大学的李显阳提出了基于动态规划算法和 PID 控制算法的转矩协调控制策略，并通过仿真验证了所设计方法的有效性；山东大学的孙静提出了基于数据驱动预测控制的转矩协调控制方法，通过跟踪输出参考序列并限制离合器的转矩变化率，实现了模式切换时间短和冲击度小的目标；重庆大学的吴睿通过限制发动机的目标转矩变化率，对电机采用了直接转矩控制方法，缩短了模式切换时间并降低了车辆的冲击度。

针对混联式机电复合传动系统纯电驱动到机电驱动的模式切换过程，韩国成均馆大学的 Hong 等人从理论上分析了模式切换过程输出转矩产生波动的原因，并提出了基于电机转矩补偿的动态控制策略，减小了输出转矩波动的峰值；上海交通大学的 Zhang 等人基于 μ 综合方法设计了鲁棒控制器，利用跟踪车轮参考转速的方法有效地降低了模式切换过程的车辆冲击度；吉林大学的 Zeng 等人提出了基于"发动机转矩估计 + 车辆冲击度预测模型"的动态协调控制策略，提升了车辆的驾驶性能；上海交通大学的 Chen 等人提出了基于参考模型的前反馈控制策略，通过被控系统的实际输出转速实时跟踪参考转速，保证了离合器传递转矩的连续性，降低了车辆的冲击度和离合器的滑摩功；上海交通大学的王磊提出了基于模糊自适应滑模的控制算法，通过控制发动机实际转矩与目标转矩的偏差，降低了动力系统的转矩波动。

针对混联式机电复合传动系统发动机起停阶段的模式切换过程，日本丰田技术中心的 Tomura 等人通过电机转矩补偿发动机起动时刻产生的转矩脉动，抑制了车辆的振动和冲击；同济大学的 Zhao 等人提出了基于输出轴参考转速预估计的主动阻尼控制方法，消除了发动机起动时刻的转矩脉动和驱动轴的转速振荡现象，有效地抑制了车辆冲击度；台北大学的 Hwang 和 Chen 等人提出了发动机转矩脉动补偿策略，在发动机起动时，由电机提供发动机所需的减振扭矩，同时接合扭转减速器内的离合器，有效地避免了发动机转矩和转速的振动。

3. 第三类协调算法

第三类协调算法是将机电复合传动系统模式切换过程划分为几个子阶段或者几个子区域，并参考第二类协调算法设计对应的子控制器，该协调算法多应用在并联式和混联式纯电驱动到机电驱动模式切换过程。

美国俄亥俄州立大学的 Rizzoni 等人最早提出该设计思路，基于混联系统模型将并联式机电复合传动系统模式切换过程规范成不同的子区域，通过最优控制理论设计了用以求解发动机和电机目标转矩的子控制器，仿真结果验证了该设计方法可取得良好的车辆驾驶性能；美国福特汽车公司的 Soliman 等人针对双驱动 HEV，将模式切换过程划分为四个不同的控制阶段，并在每个阶段协调控制发动机和电机的转速，道路试验结果验证了所设计的分阶段控制策略能够提高车辆的驾驶性能；韩国汉阳大学的 Kim 等人针对并联式机电复合传动系统模式，提出了一种四阶段模式切换控制策略，在每阶段设计了扰动观测器用以估计和补偿系统的扰动，提高了控制器的控制精度、跟踪性能和车辆的驱动性能；同济大学的赵治国等人参考 Rizzoni 的方法，提出了无扰动模式切换控制方法，有效避免了动力耦合过程中的转矩波动，保证了动力传递的平稳性；上海交通大学的朱福堂针对多模式机电复合传动系统模式，将模式切换过程分为四个连续操作阶段，设计了基于模糊变增益 PID 控制方法的反馈控制器，通过调节电机和离合器转矩达到了降低车轮冲击的目的，同时验证了所设计的反馈控制器对不确定性负载有良好的适应性；清华大学的李亮等人针对并联式机电复合传动系统模式，将模式切换过程分为五个阶段，分别设计了基于 H_∞ 鲁棒控制的上层控制器和基于 L_2 增益鲁棒跟踪控制的下层控制器，用以缩短模式切换时间和消除外界干扰。

综上所述，目前模式切换协调控制算法的研究对象多以并联式机电复合传动系统模式纯电驱动到机电驱动模式切换为主，鲜有学者对混联式机电复合传动系统模式切换过程进行深入研究。原因在于，并联式机电复合传动系统模式中离合器位于发动机和电机之间，传动系统只存在单功率传递通路，因此在设计控制算法时可以将变速机构简化为具有固定速比的齿轮对，部件惯量的计算可以通过线性叠加的方式实现。然而，针对引入功率耦合机构的混联式机电复合传动，多功率传递通路的存在导致发动机、电机和操纵机构等关键部件形成复杂的耦合关系，加大了模式切换过程动态控制的难度。

1.3.4 机电复合传动系统控制策略发展趋势

随着科研工作者对混合动力系统研究的进一步深入，以及人们对混合动力系统潜能开发提出的更高要求，机电复合传动系统控制策略表现出了一些新的趋势。

1. 瞬时优化与全局优化相结合

在预先获得系统未来的需求功率或者转矩的情况下，基于全局优化的系统控制策略能够在整个循环工况中使系统的燃油经济性和排放性达到最佳，但这在实际的车辆行驶中很难做到。相比于此，瞬时优化可以不依赖于系统未来的需求信息，在每个时刻使系统的性能指标达到最优，实质上它属于一种局部优化，但是局部最优并不等于全局最优，并不能获得全局的最优性能。因此，近年来，综合考虑两种控制策略的特点，许多研究开始尝试将全局优化与瞬时优化有机结合起来，将全局优化获得的数据或信息用于瞬时的实时控制，从而使各自的优势得以发挥，最终实现基于全局最优的实时控制。

2. 车辆主体与周围环境一体化研究

以往对于混合动力控制策略的研究，常常侧重于车辆自身的影响因素，很少将周围环境的因素考虑在内。但是车辆在实际的行驶中，周围环境的变化会对车辆的燃油经济性和排放性产生很大影响。因此，近年来很多研究着重于综合利用车辆本身和周围环境等各方面信息进行控制策略的制定和优化。克莱姆森大学的 Vahidi 等人应用 GPS 信息预测将来的地形信息、近似速度信息以及终点距离信息，相比于基于规则的控制策略实现了 13% 的燃油经济性改善。Alan Soltis 等人（2013）提出一种利用 GPS（全球定位系统）信息进行工况预测的混合动力控制策略，在改善电池使用寿命的同时，大大提高了混合动力系统的动力性、经济性和排放性。墨尔本大学的 Manzie 等人（2012）提出将 ITS（智能交通系统）信息得到的未来车辆行驶信息应用于混合动力车辆的控制，相比于基于规则的控制策略实现了 30% 的燃油经济性改善。理论上借助于现代道路交通中的 GPS、GIS 以及 ITS 提供的道路交通信息，可以得到比较精确的混合动力系统未来的功率或转矩需求信息，但是由于这类研究通常依赖于第三方技术和设备，且使用成本高，在线预测的计算量很大，因此在目前车辆的发展阶段，基于现代交通信息的预测方法难以在混合动力车辆的控制策略中得到应用。

3. 进一步提升协调控制性能与品质

从机电复合传动系统当前的研究现状可以看出，其在传动结构和控制策略方面都取得了很大发展，但是在协调控制方面依然存在一些需要解决的问题。

1）协调控制的快速性提升

转矩协调响应的快速性直接决定系统状态转移的时间长短，在理想的条件下，系统各转矩控制量可以立即实现目标状态，不存在时间延迟。但是，由于各动力部件自身的内部延迟环节、储能元件的作用，以及整个系统内电功率的限制要求，导致状态转移的必然延迟特性。延迟的过程是不可控过程，无法优化该过程的综合性能指标。这样的过程持续时间越长，系统处于非优化状态的时间越长，造成经济性、动力性以及排放性等性能的恶化越明显，是系统综合控制必须避免的问题。因此，鉴于以上对系统性能的影响，转矩协调的快速性将是未来转矩协调控制研究的重点。

2）协调控制的鲁棒性提升

在过去的二三十年中，鲁棒控制（Robust Control）一直是国际自动控制界的研究热点。由于工作状况变化、外部干扰和建模误差，不确定性在控制系统中广泛存在。所谓控制系统的"鲁棒性"，是指控制系统在不确定性条件下维持稳定性和性能的特性。如何进行控制系统的鲁棒性分析和设计，已成为国内外学者研究的重要课题。机电复合传动系统是典型多变量耦合非线性系统。发动机万有特性、发电机/电动机效率特性及电池充放电特性呈现典型非线性、模糊特征，无法建立反映整个系统实时工作的动态精确数学模型，模型精度和模型参数的变化对功率流调控实际结果影响很大。怎样设计能包含模型不确定性以及不确定干扰的控制器以保证整个系统的稳定性，是一个重要问题。

3）协调控制的应用性提升

控制理论为协调控制研究提供了丰富的基础，尤其是在基于模型的控制方面，可以通过建立系统优化模型的方法，对系统的控制器进行优化求解，这样的控制器在很多情况下都可以保证控制系统的优良性能。但是，这样的控制器有时由于其过高的阶数、较差的鲁棒性而无法应用到实际系统控制中。于是，就需要对控制器进行进一步处理，从而提高控制器的实用性。

第 2 章 机电复合传动系统建模与特性分析

机电复合传动系统综合控制策略主要包括能量管理策略与协调控制策略部分。为了实现机电复合传动系统基于模型的控制系统设计以及典型工况的仿真研究，将控制系统模型与机电复合传动装置模型、驾驶员模型、整车运行环境等共同构成机电复合传动系统控制开发平台，为控制策略研究提供基础。

本章研究对象机电复合传动的典型方案简图如图 2.1 所示。图中虚线框部分即机电复合传动系统，由离合器 CL0、电机 A、三个行星排、离合器 CL1、

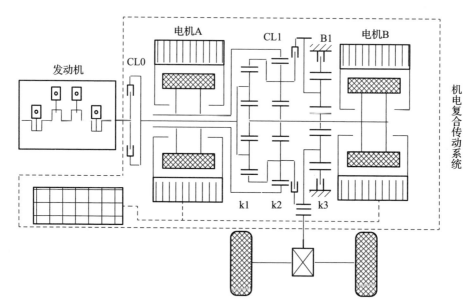

图 2.1 机电复合传动的典型方案简图

制动器 B1、电机 B、电池组共同组成。该结构为混联式的结构形式,通过改变离合器、制动器的状态,又可以实现 EVT1 和 EVT2 两种不同的结构模式,具体接合状态见表 2.1。在 EVT1 模式中,制动器 B1 接合,离合器 CL1 分离,行星排 k2 的行星架不与输出端相连,k1 的齿圈与 k2 的行星架相连,k3 的齿圈制动,k1、k2、k3 的三个太阳轮相连。EVT1 模式主要为车辆速度较低、驱动转矩需求较大时的系统行驶状态。在 EVT2 模式中,制动器 B1 分离,离合器 CL1 接合,行星排 k2 的行星架与输出端相连,k3 的齿圈随着相应的行星轮转动。EVT2 模式主要为车辆速度较高、驱动转矩需求较小时的系统行驶状态。两种模式下,系统的传动关系简图如图 2.2 所示。

表 2.1 双模式系统操纵关系

模式	CL0	CL1	B1
EVT1 模式	接合	分离	接合
EVT2 模式	接合	接合	分离

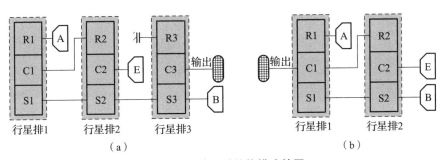

图 2.2 系统两种结构模式简图

(a) EVT1 模式结构简图;(b) EVT2 模式结构简图

为了量化描述机电复合传动系统的运行工况,需要定义系统状态。系统状态是描述系统行为的最小一组变量,理论上,只要知道在 $t=t_0$ 时刻的这组变量和 $t \geqslant t_0$ 时刻的输入函数,便完全可以确定在任何 $t \geqslant t_0$ 时刻的系统行为。系统状态主要包含部件运行状态和驱动运行状态,为了描述系统部件运行状态,选择发动机转速 n_e、转矩 T_e,电机 A 转速 n_A、转矩 T_A,电机 B 转速 n_B、转矩 T_B 为系统状态;为了描述系统的驱动状态,选择系统输出转速 n_o、转矩 T_o 为系统状态。

根据驱动功率形式，系统可以分为三种工作模式：发动机单独驱动模式；电机单独驱动模式；发动机、电机共同驱动模式。为了更细致地描述车辆运行工况，这三种模式又可以进一步细分为多种工作状态，具体如表 2.2 所示。不同工作状态下的控制方法是不同的，确定机电复合传动系统的运行状态是进行系统优化控制的前提。

表 2.2　机电复合传动系统工作状态划分

序号	状态名称	发动机	电机 A	电机 B	说明
0	停车	关闭	关闭	关闭	停车
1	纯电驱动	关闭	关闭	电动机	电机 B 单独驱动车辆行驶
2	机械工况	工作	关闭	关闭	紧急情况下，发动机驱动车辆行驶
3	EVT1 模式	工作	发电机	电动机	发动机、电机共同驱动车辆
4	EVT2 模式	工作	电动机	发电机	发动机、电机共同驱动车辆
5	充电模式	工作	电机/发电机	电机/发电机	发动机驱动车辆行驶的同时带动发电机向电池充电
6	行车发电	工作	电机/发电机	电机/发电机	发动机驱动车辆行驶的同时带动发电机给用电设备提供电能
7	发动机起动	起动	关闭	关闭	发动机起动
8	发动机停机	停机	关闭	电动机	发动机停机

精确的数学模型是机电复合传动系统控制和能量管理的基础，而系统准确的试验测试与数据分析是精确建模的前提。机电复合传动系统在不同的工作模式中

具有不同的动力学特性。通过对不同模式系统特性的分析，可以为能量管理策略和动态协调策略设计提供指导。本章将详细阐述机电复合传动系统的特点、数学模型描述，以及模型验证平台构建与特性试验，结合参数辨识研究完成系统模型的动态建模。最后，针对不同模式，对系统的转速特性、转矩特性、功率流特性以及效率特性进行分析，为机电复合传动系统综合控制策略的设计建立基础。

2.1 机电复合传动系统建模

2.1.1 发动机动态特性建模

发动机的动态响应特性较差，对系统的状态转换过程影响最大，因此发动机动态模型的建立最为重要。发动机的动态模型有很多种形式，如发动机平均值模型、曲轴转矩模型等，都能表述发动机的动态特性。本书的研究对象中，发动机具有独立的控制器，其控制器结构及参数已经确定，无须再关注发动机内部复杂的物理过程。为了与其他动力源进行协调，可以将发动机及其控制器（简称发动机）归结为一个传递函数盒子（图2.3），输入为发动机的目标转矩值 $T_\mathrm{e}^\mathrm{com}$，输出为发动机的实际转矩值 $T_\mathrm{e}^\mathrm{act}$，考虑到目标转矩符号的混淆问题，将发动机控制器接收的转矩指令定义为 T_e^u。发动机的动态转矩模型就可以表示为 $T_\mathrm{e}^\mathrm{act}(s) = G_\mathrm{e}(s) \cdot T_\mathrm{e}^\mathrm{u}(s)$ 的形式。发动机的动态建模过程，主要为传递函数 $G_\mathrm{e}(s)$ 的识别过程。

为了获取发动机的动态模型，采用更能凸显系统动态性能的频域辨识方法对发动机进行系统辨识，辨识框架如图2.4所示，对系统施加特殊处理的激励信号，采集系统的输出数据，应用相应算法进行输入-输出的频谱分析，再用相应的函数进行拟合，即可得到系统的辨识模型。

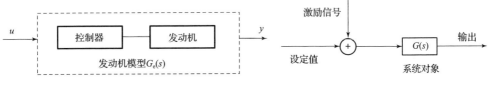

图2.3 发动机黑箱　　　　　　图2.4 系统辨识框图

2.1.1.1 激励输入信号的设计

激励信号通常使用扫频信号，它是比较常用的系统辨识输入信号，典型的扫频激励信号如图 2.5 所示。控制的输入决定了系统的输出特性，也决定了系统参数的可辨识性和辨识精度，如果输入缺失某些模态信息，输出也不可能包含。所以输入信号设计就成为系统辨识的关键。

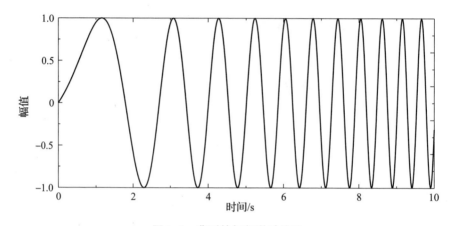

图 2.5 典型的扫频激励信号

扫频信号的设计主要包含三个方面：扫频信号频率范围的选取、信号调制、信号峰值因数与信号幅值的调整。扫频信号设计的关键在于信号最小与最大频率的确定，因此需要对本课题所使用发动机的频带范围有所了解，确保相干函数和对应的频率响应在应用范围内具有可以接受的精度。

为了确定激励信号的频率范围，需要估计发动机的带宽，可以首先实施发动机时域响应试验，然后以时域分析的方法对发动机带宽进行估计。为了更加准确地估计发动机带宽，可以对发动机进行多次阶跃响应试验，尽量广地涵盖实际过程中发动机转矩波动较频繁的范围。图 2.6 所示为实际车辆在道路试验中发动机转矩的观测值。从图中可以看出，发动机的转矩在 150～450 N·m 变换比较频繁，因此对发动机的阶跃响应试验主要集中在这一转矩段。

具体发动机阶跃响应试验的起始值与最终值设定如表 2.3 所示。

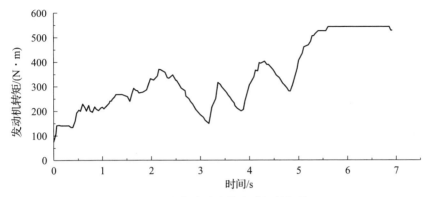

图 2.6　实车试验中的发动机转矩值

表 2.3　发动机阶跃响应试验的起始值与最终值设定

初始发动机转矩值/(N·m)	终端发动机转矩值/(N·m)
150	250
150	350
150	400
250	350
250	400
350	400

经过台架试验可以发现，各组工况得到时域响应的输出结果大致相同，不同起始值和调节幅值的阶跃响应具有类似的动态特性。现仅以 150~400 N·m 的最大范围动态响应为例进行说明，结果如图 2.7 所示。

根据图 2.7 所示的试验数据，可以规定扫频信号最小频率为 $\omega_{min}=0.5$ rad/s，最大频率为 $\omega_{max}=15$ rad/s，扫频记录总长度为 $T_{rec}=60$ s。扫频输入信号可以表示为如下所示的函数形式：

$$\delta_{sweep} = A\sin(\theta(t)) \quad (2-1)$$

$$\theta(t) = \left[\omega_{min} - C_2(\omega_{max}-\omega_{min})\right]t + \frac{C_2 T_{rec}}{C_1}(\omega_{max}-\omega_{min})\left(e^{(C_1 t/T_{rec})}-1\right) \quad (2-2)$$

其中，取 $C_1=4$，$C_2=0.0187$，可满足宽频范围内实际应用的需要。再加入平稳输入与平稳输出，即可得到本试验所需求的激励信号。幅值 A 最小需要取最大转矩值的 10% 才可满足辨识需求。根据图 2.7，该发动机常用转矩范围不高于 250 N·m，因此，可选择输入最大值为 230 N·m；又发动机转矩不宜过小，因此最小值选择 170 N·m。从而，获得扫频信号的幅值为 $A = 30$。

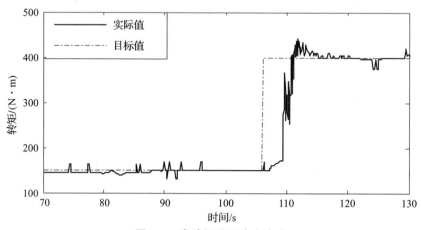

图 2.7　发动机阶跃响应试验

激励信号的时域表示如图 2.8 所示。

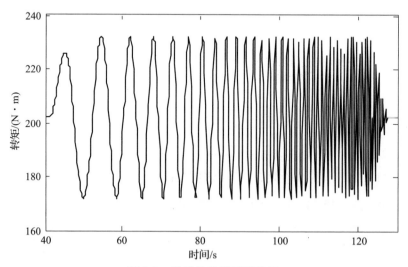

图 2.8　激励信号的时域表示

仅用上述各式生成的正弦扫频信号有时频谱信息不够丰富，因为在这种信号中不包含输入形状不规则的部分，而此类不规则成分在人工扫频信号中却实际存在。另外,输出信号永远不可能反映出输入信号不包含的频谱特性,从而导致辨识模型的不准确。为了丰富系统输入信号的频谱信息,可以在输入信号中加入白噪声信号。发动机系统的辨识实现可用图 2.9 表示。

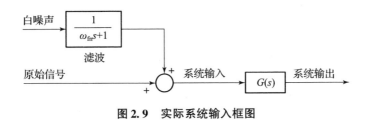

图 2.9 实际系统输入框图

最终扫频输入的时域信号如图 2.10 所示。

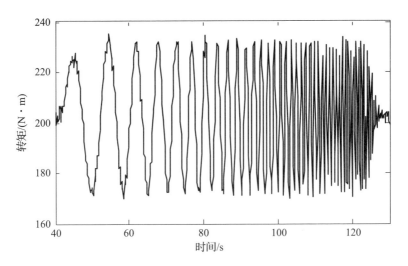

图 2.10 最终扫频输入时域信号

2.1.1.2 频域处理

将上述激励信号施加于实际系统,系统如图 2.11 所示。辨识系统主体由发动机、耦合机构和电机组成。发动机与电机经过一级减速后直接相连,电机充当发动机的负载。发动机转矩变化时,会引起转速变化,同时会引起电机转矩的变化,使得转速趋于平稳。系统使用 Rapid – ECU 作为其综合控制单元以及信号采集单元,通过 CAN 总线发送控制指令并接收传感器信号。

所得试验数据如图 2.12 所示。

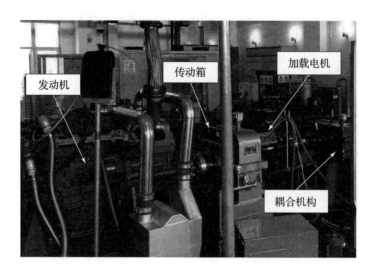

图 2.11　发动机转矩特性辨识试验台

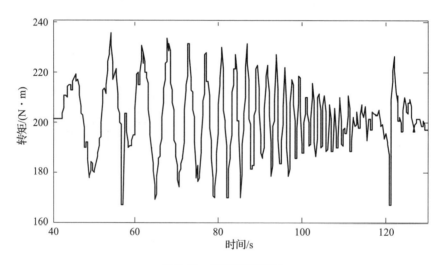

图 2.12　试验采集数据

采用 Chirp-z 变换的方法对输入-输出信号进行处理，进而可以获得激励信号频谱对应的系统对象频率特性。传统的对输入-输出信号频域处理的方法为傅里叶变换。与傅里叶变换相比，由时域数据应用 Chirp-z 变换得到的频谱在选频上更加灵活，它不需要计算系统对象在整个单位圆上 z 变换的取样，只需要对信号所在的一段频带进行分析，并且可以任意选择分辨率，而频带以外的部分可以不考虑。具体的 Chirp-z 变换处理如下：

$$x(n) \xrightarrow{\text{CZT}} x(z) = \sum_{n=0}^{N-1} x(n) \cdot A \cdot W^{-k}, 0 \leqslant k \leqslant N-1 \quad (2-3)$$

式中,$x(n)$为有限长度的采样点,$A = A_0 \cdot e^{j\theta_0}$,$W = W_0 \cdot e^{-j\varphi_0}$,$A_0$ 表示起始取样点在虚平面上的半径长度,通常$A_0 \leqslant 1$,θ_0为起始取样点的相角,φ_0表示两相邻点之间的等分角,W_0为螺旋线的伸展率。

辨识过程持续时间为T_{rec},采样时间为Δt,则数据点数为$N = T_{\text{rec}} \cdot \Delta t + 1$,变换起始的频率为$f_{\min}$,$A$的表达式为

$$A = \exp(2\pi f_{\min} \cdot \Delta t \cdot j)$$

设定 Chirp-z 变换的频率点间隔为Δf,计算W的参数为

$$W = \exp(-2\pi \cdot j \cdot \Delta f \cdot \Delta t)$$

经过 Chirp-z 变换,可以得到输入-输出信号离散频谱,进一步计算,可以得到对象的离散频率响应为

$$H(\omega_k) = \text{CZT}(u,N,W,A)/\text{CZT}(y,N,W,A) \quad (2-4)$$

式中,ω_k表示对应的频率点:

$$\omega_k = 2\pi f_{\min} + (k-1) \cdot \Delta f, k = 1,2,\cdots,n_f$$

对象的频率特性如图 2.13 所示。

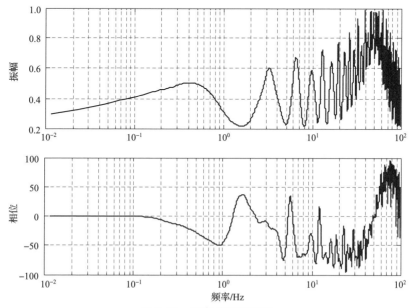

图 2.13 对象的频率特性

2.1.1.3 基于 Laguerre 正交基函数的模型拟合

得到系统的频域响应后,需要对其进行已知传递函数的拟合。拟合的方式有很多,大体都是依据最小二乘法的准则进行。综合考虑,可以利用较为准确的拟合方法从频域上得到相对复杂的模型用以充分表现模型的精度。拟合过程不可能保证拟合模型与试验数据完全一致,会存在一定的误差。为此,可以采用模型集的思想,在关注的频域范围内拟合出模型的上下界,得到一族模型,系统数学模型可以在这一族模型内任意取值,这样便大大提高了模型的准确性。对应到控制层面,不宜采用阶数过高的模型,通过对模型进行 Hankel 分析,可以得到模型的主导阶数,通过基于线性矩阵不等式的方法,可以将高阶模型降阶,得到面向控制器设计的低阶模型。

比较常用的模型拟合方法为利用正交基函数对试验数据进行拟合,理论上,在正交基函数足够多的情况下,可以无偏地拟合出系统模型。应用正交基函数拟合的系统传递函数模型可以很好地反映系统动态特性,为系统仿真提供良好的平台;而且,这样的模型也经常被应用于当前正在兴起的鲁棒控制器的设计,得到了良好的控制效果。基于这一思想,本书选择比较常用的 Laguerre 正交基函数对系统模型进行拟合,该拟合方法的好处是不需要知道模型的先验知识。

对于任意时标因子 $p>0$,Laguerre 函数时域形式为

$$\begin{cases} l_1(t) = \sqrt{2p} \cdot e^{-pt} \\ l_2(t) = \sqrt{2p} \cdot (-2pt+1) \cdot e^{-pt} \\ \quad \vdots \\ l_i(t) = \sqrt{2p} \cdot \dfrac{e^{pt}}{(i-1)!} \cdot \dfrac{d^{i-1}}{dt^{i-1}}(t^{i-1} e^{-2pt}) \\ i = 1,2,\cdots,\infty \end{cases} \quad (2-5)$$

式中,p 为常数,称为时间比例因子或时标因子;$t \in [0, \infty)$ 为时间变量。对其进行 Laplace 变换,可得到其频域表达式:

$$\begin{cases} L_1(s) = \int_0^\infty l_1(t) e^{-st} dt = \dfrac{\sqrt{2p}}{s+p} \\ L_2(s) = \int_0^\infty l_2(t) e^{-st} dt = \dfrac{\sqrt{2p}(s-p)}{(s+p)^2} \\ \quad \vdots \\ L_i(s) = \int_0^\infty l_i(t) e^{-st} dt = \dfrac{\sqrt{2p}(s-p)^{i-1}}{(s+p)^i} \end{cases} \quad (2-6)$$

Laplace 函数序列构成了 $L^2(R^+)$ 函数空间上一组完备的归一化正交基,对于 $L^2(R^+)$ 上的任意函数都可以展开成 Laplace 级数形式。假定 $f(t)$ 为发动机的脉冲响应函数,由于本课题辨识的为带有发动机控制器的整体模型,因此,模型是 L_2 稳定的,则有 $\int_n^\infty f^2(t)\mathrm{d}t < \infty$,所以,可以用有限个正交基函数来逼近系统的脉冲响应,即

$$f(t) \approx \sum_{i=1}^{n} c_i l_i(t) \qquad (2-7)$$

上式两边进行 Laplace 变换,可得频域形式为

$$G(s) \approx \sum_{i=1}^{n} c_i L_i(s) \qquad (2-8)$$

根据对象的实际情况,确定时标因子和正交基函数的个数 n。令标称模型为

$$\tilde{H}_0(\omega_k) = \sum_{i=1}^{n} c_i L_i(\mathrm{j}\omega_k) = C\Theta_f^\mathrm{T}(k), k = 1, 2, \cdots, n_f \qquad (2-9)$$

式中,$\tilde{H}_0(\omega_k) = \sum_{i=1}^{n} c_i L_i(\mathrm{j}\omega_k) = C\Theta_f^\mathrm{T}(k), k = 1, 2, \cdots, n_f$。

建立优化模型,通过优化基函数的系数来拟合真实的频率响应。拟合的目的为使拟合模型的频率响应值接近甚至等于实际系统频率响应值,频率响应包含幅频、相频特性,这些特性在适应度函数的设定过程中都应当包含。据此,本书建立适应度函数为

$$f(C) = \sum^{n_f} [\mathrm{real}(H(\omega_k) - C\Theta_f^\mathrm{T}(k))]^2 + \sum^{n_f} [\mathrm{image}(H(\omega_k) - C\Theta_f^\mathrm{T}(k))]^2 \qquad (2-10)$$

正交基函数个数越多,越能准确地拟合实际频率响应。但是大量的正交基函数会带来模型阶数过高等不利影响,根据经验,在电机模型中,分母为 8 阶时的传递函数模型已经能较好地近似实际系统,鉴于此,选择 $n = 8$(此时单项基函数分母最高阶为 10 阶)。时标因子可根据需要拟合的数据的幅值进行选取,本书取 $p = 1.3$。当 $p = 1.3$ 时,正交基函数的系数应当适当缩小,因为实际响应数据的幅频特性中,最大幅值小于 1.3,为了令优化计算尽快收敛,可取各变量的约束为

$$\text{s. t.} \ |C_i| \leq 1$$

建立优化模型后,需要采用适当的算法对优化模型进行求解。该优化模型中约束条件都为线性,考虑到后续模型集的辨识过程含有大量的非线性约束,而且本书的正交基函数拟合过程需要计算全局最优解,传统的优化算法(枚举、启发式等)容易陷入局部极小的误区,从而出现死循环使迭代无法继续进行。遗传算法以生物进化为原型,具有很好的收敛性,是典型的全局优化算法。同时,遗传算法又兼具计算时间少、鲁棒性强等明显优点。因此,本书应用 GA 遗传算法求解正交基函数的系数。

图 2.14 所示为遗传算法进程,优化在 100 代结束,此时适应度函数值的改变低于最小阈值。

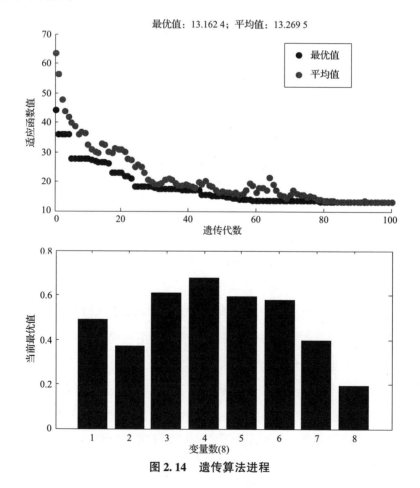

图 2.14　遗传算法进程

依据上述步骤,可以得到系统的频域响应曲线如图 2.15 所示。

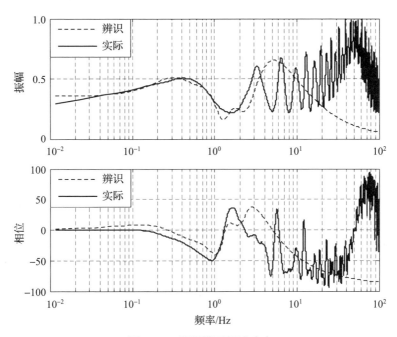

图 2.15 辨识模型频域响应

从图 2.15 中可以看出,拟合的系统的幅值和相位与实际系统响应的幅值和相位在低频处十分接近。在高频处,系统实际响应振荡非常严重。协调控制发生的频段应该在低频处,所关注的范围为 0~15 rad/s,为此,在扫频输入信号的设计初期,即选择了系统输入的最大频率为 15 rad/s,即 2.387 Hz,所以,高于此频率的输出并非输入激励所得,其为干扰项的响应以及噪声的叠加,这些不规则的激励不在本书协调控制的关注频段内。在低频范围内,发动机系统具有良好的拟合度。

上述模型辨识过程对发动机系统的标称模型进行了辨识。虽然经过频域辨识的标称模型能在一定程度上较好地反映对象的动态特性,但由于非线性、干扰等不确定性因素的存在,标称模型与对象的动态特性之间必然存在不匹配。采用模型集的思想,进一步建立系统的模型集,描述对象不确定性可能存在的范围,可以更为准确地反映系统的动态特性。

具体建立系统模型集的方法为:搭建模型的上下界优化函数模型,在适当的约束范围内，优化得出系统的上下界参数。对于本书系统，可以规定其上下界参数优化模型如下：

$$\min \sum_{k=1}^{n_f} (\mid C^h \Theta_f^T(k) \mid - \mid H(\omega_k) \mid + \varepsilon(k))$$

$$\text{s. t.} \begin{cases} \mid C^h \Theta_f^T(k) \mid \geq \mid H(\omega_k) \mid + \varepsilon(k) \\ c_i \leq c_i^h, i=1,2,\cdots,n \end{cases}$$

$$\min \sum_{k=1}^{n_f} (-\mid C^l \Theta_f^T(k) \mid + \mid H(\omega_k) \mid + \varepsilon(k))$$

$$\text{s. t.} \begin{cases} \mid C^l \Theta_f^T(k) \mid \leq \mid H(\omega_k) \mid + \varepsilon(k) \\ c_i \geq c_i^l, i=1,2,\cdots,n \end{cases}$$

$\varepsilon(k)$ 称为松弛因子，通过调节松弛因子，可以有效剔除频域数据的异常值，并调节模型集辨识约束条件的强弱。增大松弛因子，可以得到更小的模型集；反之，则获得较大的模型集。利用辨识对象的频域数据，可以采用经计算得到的标称模型的参数 C 作为求解模型集上下界参数迭代算法的初值，应用 GA 遗传算法，可以确定基函数系数的上下界 C^h、C^l，从而确定模型集。

经过反复调整，可以取 $p=1.3$，$N=8$。此时正交基函数的系数及其上下界的值如表 2.4 所示。

表 2.4 辨识模型集系数值

分量号	标称值 C_i	上界 C^h	下界 C^l
1	0.560	0.556	0.570
2	0.488	0.268	0.768
3	0.650	0.450	0.900
4	0.640	0.440	0.740
5	0.457	0.454	0.484
6	0.372	0.368	0.376
7	0.225	0.205	0.227
8	0.105	0.005	0.205

表 2.4 与式 (2-8) 共同构成了发动机的辨识模型。

图 2.16 所示为模型集的频率响应特性曲线,图中幅频与相频特性几乎都能涵盖所有的实际响应曲线,对系统不确定性进行了较好的描述。

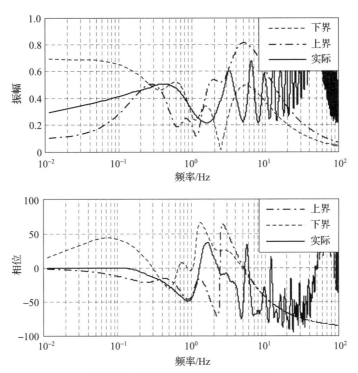

图 2.16　辨识模型集响应特性曲线

从上述结果可知,采用扫频激励信号获得辨识数据后,应用本书给出的辨识方法可以得到较好的效果,只需要预先知道对象大致的工作频带,在没有其他先验知识的情况下也可以计算出对象的标称模型与模型集。

发动机辨识模型的阶数过高,无法直接应用于控制器设计,需要对其进行进一步降阶处理。考虑到发动机输出转矩会随转速的变化发生变化,参考发动机建模相关文献,可以引入与转速成正比例关系的阻尼项,最终可得发动机动态响应模型为

$$\begin{cases} T_e^{\text{ind}} = \dfrac{\omega_n^2}{s^2 + 2\zeta\omega_n s + \omega_n^2} \cdot T_e^{\text{u}} \\ T_e^{\text{act}} = T_e^{\text{ind}} - m \cdot n_e \end{cases} \Rightarrow \begin{cases} \dot{T}_e^{\Delta} = -2\zeta\omega_n \cdot T_e^{\Delta} - \omega_n^2 T_e^{\text{ind}} + \omega_n^2 T_e^{\text{u}} \\ \dot{T}_e^{\text{ind}} = T_e^{\Delta} \\ T_e^{\text{act}} = T_e^{\text{ind}} - m \cdot n_e \end{cases} \quad (2-11)$$

式中，T_e^{ind} 为发动机产生的转矩；T_e^u 为发动机控制器接收的转矩；T_e^{act} 为发动机对外输出转矩；T_e^{Δ} 为中间变量，代表 T_e^{ind} 的一阶导数；ζ、ω_n 为降阶后模型的特征参数；m 为发动机自身等效阻力系数。对模型的上下界降阶后，可得各参数的标称值及上下界为

$$\{\omega_n \in [0.3, 1.1], \xi \in [0.2, 1], m \in [0.05, 0.15]\}$$

发动机的动力学模型可以通过牛顿力学定律获得，经过简单的负载关系分析，可建立发动机的动力学模型为

$$J_e \cdot \dot{\omega}_e = T_e^{act} - T_e^L \quad (2-12)$$

式中，J_e 为发动机的等效转动惯量；T_e^L 为发动机的负载转矩，由机电复合传动系统提供。

2.1.2 电池动态特性建模

电池的工作过程实际上是一个电化学反应过程，温度、电量等参数均对电池的充放电特性有一定影响，具有非线性和时变的特性。同时，电池处于被动工作状态，不能直接控制，其实际功率由发电机和电动机功率的差值决定。本书中的电池模型采用如图 2.17 所示的内阻模型，由一个可控电压源和一个可控电阻组成。动力电池组的电动势以及内阻与电池的 SOC 以及温度有关。

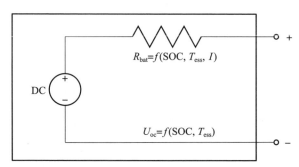

图 2.17 电池内阻模型

电池的电动势和内阻是 SOC、温度以及电流方向（充电或放电）的函数。通过电池的充放电试验，可以对相关参数进行辨识，并将得到的相应数据存入表格中，便于在仿真过程中进行查表插值。

电池组的功率为

$$P_b = U \times I \quad (2-13)$$

式中，P_b 为电池功率；U 为电池端电压；I 为回路电流。

电池组的端电压为

$$U = E_{(SOC)} - R_{(SOC)} \times I \quad (2-14)$$

式中，$E_{(SOC)}$ 和 $R_{(SOC)}$ 分别为随着电池 SOC 而改变的电池电动势和内阻。

电池组 SOC 的计算常采用安时积分法，计算公式如下：

$$SOC = SOC_0 - \frac{Q_{use}}{Q_{cap}} \quad (2-15)$$

式中，SOC_0 为初始 SOC；Q_{cap} 为电池的安时容量；Q_{use} 为消耗掉的电量，按下式计算：

$$Q_{use} = \begin{cases} \dfrac{\int I dt}{\eta_{dis}}, & I > 0, \text{放电} \\ \eta_{chg} \int I dt, & I < 0, \text{放电} \end{cases} \quad (2-16)$$

式中，η_{chg}、η_{dis} 分别为电池组的充、放电效率。

2.1.3 电机动态特性建模

针对研究对象所建立的模型的精确度，决定了系统的动、静态性能好坏。本书针对双模式机电复合传动系统采用的永磁同步电机，建立较为详尽的模型。先介绍建立电机模型时需要的三种坐标系之间的变换关系。之后在此基础上，对电机本体以及控制器模型进行构建。

1. 坐标变换

永磁同步电机的定子是在空间对称分布的 A、B、C 三相绕组，转子则由永磁体构成。定子电流变化产生旋转磁场，该磁场能够带动永磁体的励磁磁场旋转，从而使电机转动。由于磁场间耦合的复杂性，电机的动态数学模型是一个高阶的微分方程组，这为模型的分析和控制策略的制定带来很大困难。因此，在实际建模过程中常采用坐标变换的方法对其进行简化。在对永磁同步电机进行向量控制时，主要采用的坐标系有静止坐标系和旋转坐标系。静止坐标系固定在电机定子上，包括三相 abc 坐标系和两相 αβ 坐标系；旋转坐标系固定在电机转子上，

一般为两相 dq 坐标系。

abc 坐标系下的三个坐标轴分别与空间相差 120°的三相定子绕组轴线重合。将 α 轴与 a 轴重合，β 轴逆时针超前 α 轴 90°，即可得到 $\alpha\beta$ 坐标系。dq 坐标系下，d 轴的正方向与转子的 N 极方向重合，q 轴逆时针超前 d 轴 90°。三种坐标系如图 2.18 所示。

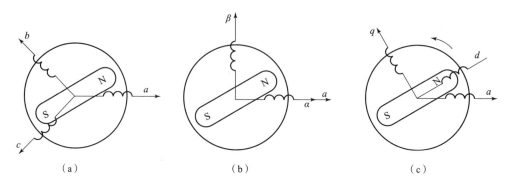

图 2.18　电机三种基本坐标系示意图

(a) abc 坐标系；(b) $\alpha\beta$ 坐标系；(c) dq 坐标系

在不同坐标系下，若电流产生的磁动势相同，则它们之间是等效的。从三相静止坐标系到两相静止坐标系的变换称为 Clark 变换，根据坐标变换前后总磁势相等以及总功率不变，可得

$$C_{abc-\alpha\beta} = \sqrt{\frac{2}{3}} \begin{bmatrix} 1 & -\frac{1}{2} & -\frac{1}{2} \\ 0 & \frac{\sqrt{3}}{2} & \frac{\sqrt{3}}{2} \end{bmatrix} \quad (2-17)$$

从两相静止坐标系到两相旋转坐标系的变换称为 Park 变换，同样根据坐标变换前后总磁势相等以及总功率不变，可得

$$C_{\alpha\beta-dq} = \begin{bmatrix} \cos\theta & \sin\theta \\ -\sin\theta & \cos\theta \end{bmatrix} \quad (2-18)$$

2. 电机本体及控制器模型

为了便于对电机模型进行分析和建立控制策略，需要对模型做以下假设：

(1) 忽略磁滞损耗和涡流损耗。
(2) 转子上无阻尼绕组。
(3) 忽略电机中的磁路饱和,认为定子三相绕组的电阻和电感均相等。
(4) 不考虑频率和温度变化对电机参数的影响。

根据电机基本结构,考虑电机内部各参数之间的关系,建立两相旋转坐标系下永磁同步电机本体的数学模型。

其电压方程为

$$\begin{bmatrix} u_d \\ u_q \end{bmatrix} = \begin{bmatrix} R_s & -\omega_e L_q \\ \omega_e L_d & R_s \end{bmatrix} \begin{bmatrix} i_d \\ i_q \end{bmatrix} + \frac{d}{dt}\begin{bmatrix} \phi_d \\ \phi_q \end{bmatrix} + \begin{bmatrix} 0 \\ \omega_e \phi_f \end{bmatrix} \quad (2-19)$$

式中,u_d、u_q 为 dq 轴电压;i_d、i_q 为 dq 轴电流;L_d、L_q 为 dq 轴电感;R_s 为定子电阻;ϕ_d、ϕ_q 为 dq 轴磁链;ϕ_f 为转子永磁体磁链;ω_e 为转子电角速度。

dq 轴坐标系下的电机磁链方程为

$$\begin{bmatrix} \phi_d \\ \phi_q \end{bmatrix} = \begin{bmatrix} L_d & 0 \\ 0 & L_q \end{bmatrix} \begin{bmatrix} i_d \\ i_q \end{bmatrix} + \begin{bmatrix} \phi_f \\ 0 \end{bmatrix} \quad (2-20)$$

电磁转矩方程为

$$T_e = n_p [\phi_f i_q + (L_d - L_q) i_d i_q] \quad (2-21)$$

式中,T_e 为电磁转矩;n_p 为转子磁极对数。

电机运动方程为

$$T_e = T_L + \frac{J}{n_p}\frac{d\omega_e}{dt} \quad (2-22)$$

式中,T_L 为负载转矩;J 为转子转动惯量。

除了针对电机本体建立模型,电机控制器模型也是需要考虑的重要部分。对于永磁同步电机来说,通常采用的控制策略分为三类:向量控制、直接转矩控制和智能控制。本书采用广泛使用的经典向量控制。向量控制的控制对象实际上是定子电流向量 i_s 在两相旋转坐标轴上的两个电流分量 i_d 和 i_q,通过对交轴电流 i_q 和直轴电流 i_d 的控制以及不同组合,可以输出系统所需的电机转矩,提升电机动态性能。

图 2.19 所示即向量控制系统的基本结构。本书系统所采用的电机接收的是目标转矩指令，目标转矩值由上层的能量管理策略给出。位置传感器实时监测电机转角位置，并通过速度计算得到相应的电机转速。电机转速和目标转矩作为输入，通过电流控制策略的计算，得到 i_d、i_q 的给定值；电机传感器检测到的电机相电流通过相应的坐标变换，得到 i_d、i_q 的反馈值；电流给定值与反馈值的偏差经过 PI 调节和 Park 逆变换，得到 $\alpha\beta$ 坐标系下的参考电压向量。该参考电压向量通过 SVPWM 调制方式产生期望的 PWM 信号，控制三相逆变器的开关工作，保证电机的正常运行。

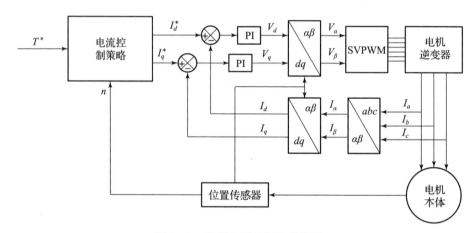

图 2.19　电机向量控制结构框图

根据不同性能要求和调速要求，向量控制系统采用的电流控制策略主要有：①$i_d=0$ 控制；②最大转矩电流比（MTPA）控制；③弱磁控制；④$\cos\varphi=1$ 控制；⑤恒磁链控制等。本书采用的是 $i_d=0$ 的电流控制策略。

令 d 轴电流 i_d 为 0，根据电磁转矩方程可以得到

$$T_e = n_p \phi_f i_q \tag{2-23}$$

从上式可以看出，当采用 $i_d=0$ 的控制策略时，电机输出的电磁转矩与定子 q 轴的电流成正比例关系，能够实现线性化控制。当 $i_d=0$ 时，电流都转化为转矩，所以定子电流可以获得最大的电磁转矩。由于该电流控制策略中不存在 d 轴电流分量，故其电枢反应不会产生去磁效应；同时转矩控制特性良好，控制计算

简单，容易实现。

基于 MATLAB/Simulink 仿真平台，根据电机本体数学模型，以及控制器所采用的控制策略，搭建永磁同步电机的仿真模型。该模型主要包括电机控制器、三相逆变器、电机本体以及电气转换接口四部分，如图 2.20 所示。

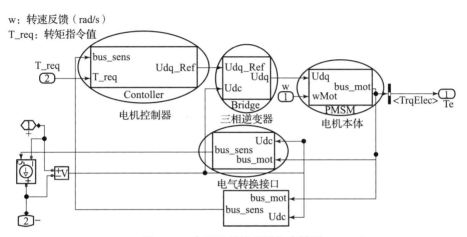

图 2.20 电机及其控制器仿真模型

2.2 机电复合传动系统特性分析

2.2.1 转速特性分析

根据行星排基本转速关系，通过图 2.2（a）所示系统结构，可以得到 EVT1 模式内耦合机构转速关系式为

$$\begin{bmatrix} \omega_A \\ \omega_B \end{bmatrix} = \begin{bmatrix} \dfrac{(1+k_1)(1+k_2)}{k_1 k_2} & -\dfrac{(1+k_1+k_2)(1+k_3)}{k_1 k_2} \\ 0 & 1+k_3 \end{bmatrix} \begin{bmatrix} \omega_i \\ \omega_o \end{bmatrix} \quad (2-24)$$

同理，可以得到 EVT2 模式内耦合机构转速关系式为

$$\begin{bmatrix} \omega_A \\ \omega_B \end{bmatrix} = \begin{bmatrix} -\dfrac{1+k_2}{k_1} & \dfrac{1+k_1+k_2}{k_1} \\ 1+k_2 & -k_2 \end{bmatrix} \begin{bmatrix} \omega_i \\ \omega_o \end{bmatrix} \quad (2-25)$$

式中，ω_A、ω_B、ω_i、ω_o 分别为电机 A、电机 B、系统输入、系统输出转速；k_1、k_2、k_3 分别为行星排 1、2、3 的特性参数。在动态以及稳态情况下，系统均满足式（2-24）、式（2-25）所示的转速关系。

系统的转速关系可以采用图 2.21 进行形象化表达。

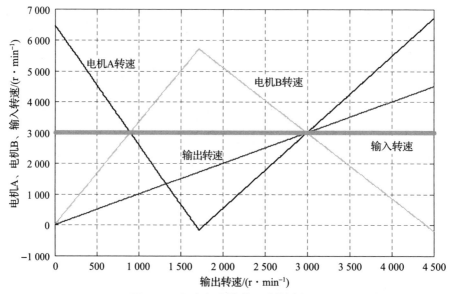

图 2.21 机电复合传动系统转速关系

从图 2.21 中可以看出，发动机转速与输出转速可实现解耦。当输出转速呈线性增加时，发动机转速依然可以保持在稳定的转速状态不变，这样的转速解耦有助于实现发动机在不同行驶工况中均保持在高效运行区域的目的。图中，电机 A、电机 B 的转速趋势同时发生变化，变化之前，系统处于 EVT1 模式，变化之后，系统处于 EVT2 模式，该变化点可以称为模式切换点。模式切换点的转速受多种要求影响，如性能指标要求、离合器速差要求等。同时，发动机转速变化时，模式切换点的转速也应当随之变化，其变化状态如图 2.22 所示。合理地制定模式切换点转速，对提升系统综合性能指标有很大帮助。

从图 2.22 中可以得出，对应相同的输出转速，发动机、电机 A 和电机 B 可以有不同的转速组合。这样就可以控制发动机、电机 A、电机 B 运行在希望的转速范围内，或是以经济性为主，或是以动力性为主，或是二者兼顾。另外，输出转速较高，发动机转速较低时，所需电机 A 和电机 B 的转速范围也越大。所以在控制策略中,应通过速度控制使电机 A 和电机 B 的转速处于合理范围内。

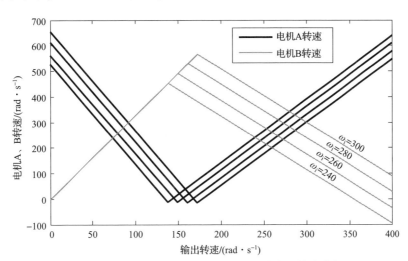

图 2.22 不同输入转速和结构模式下的电机转速变化

2.2.2 转矩特性分析

机电复合传动系统各部件之间通过机械连接传递转矩,通过各部件转矩调节转速,实现车辆跟踪驾驶员指令的目的。各部件转矩之间的关系相对复杂,在动态情况下,彼此之间通过系统的动力学关系影响系统的运行状态。但在稳态情况下,系统为了维持当前状态不变,各部件之间的转矩必须平衡,满足行星排耦合机构的稳态转矩关系。在系统输出转矩一定的情况下,电机转矩、发动机转矩又可以存在多种组合维持转矩平衡,合理地配比各部件之间转矩的关系,可以起到提高系统效率以及性能的重要作用。如何分配这样的平衡关系,是转矩管理策略研究的重点所在。下面对系统稳态转矩关系进行分析。

根据行星排基本转矩关系,通过图 2.2(a)所示系统结构,可以得 EVT1 模式下系统稳态转矩关系为

$$\begin{bmatrix} T_a \\ T_b \end{bmatrix} = \begin{bmatrix} -\dfrac{k_1 k_2}{(1+k_1)(1+k_2)} & 0 \\ -\dfrac{1+k_1+k_2}{(1+k_1)(1+k_2)} & \dfrac{1}{1+k_3} \end{bmatrix} \begin{bmatrix} T_i \\ T_o \end{bmatrix} \quad (2-26)$$

通过图 2.2(b)所示系统结构,可以得出 EVT2 模式下系统稳态转矩关系为

$$\begin{bmatrix} T_a \\ T_b \end{bmatrix} = \begin{bmatrix} -\dfrac{k_1 k_2}{(1+k_1)(1+k_2)} & \dfrac{k_1}{1+k_1} \\ -\dfrac{1+k_1+k_2}{(1+k_1)(1+k_2)} & \dfrac{1}{1+k_1} \end{bmatrix} \begin{bmatrix} T_i \\ T_o \end{bmatrix} \quad (2-27)$$

系统的转矩关系可以用图 2.23 形象化表示。从图中可以看出,在 EVT1 模式下,电机 A 转矩与输入转矩呈固定比例关系,且转矩符号相反;电机 B 转矩与系统输出转矩变化趋势相同,但电机 B 转矩的变化速率低于输出转矩的变化趋势。在该模式下,从动力状态的角度,电机 A 充当系统输入转矩的负载,电机 B 参与驱动系统运行。在 EVT2 模式下,电机 A、电机 B、输出转矩变化趋势相同,电机 A、电机 B 转矩符号会发生改变,从而改变电机的工作状态。两种模式下,发动机转矩(与输入转矩呈固定比例关系)始终保持不变,系统输出转矩呈线性增加,即通过协调电机 A、电机 B 的转矩,可以实现发动机转矩到系统输出转矩传动比的无级变化。

结合发动机、电机 A、电机 B 的外特性,稳态转矩关系还限定了稳态下各部件的转矩取值范围,在控制策略对系统稳态优化状态点的求解过程中,应当予以考虑,以确保所给出状态点的可达性。

2.2.3 功率流特性研究

机电复合传动,也叫电力-机械传动,它通过电力和机械两路功率流传递发动机的动力,可以有效地改善发动机的运行状态,进而提高车辆的动力性和燃油经济性。此外,机电复合传动系统还可以对外供电,从而满足车内用电设备的电能需求。可见,机电复合传动是一种多功率流传动形式,而功率流的分配直接决定了系统的综合性能。功率流分配规律是指功率流的分配比例(各部件功率与发动机功率的比例)随着系统运行状态的变化规律,它是机电复合传动的本质属性在功率流分配中的具体体现。

2.2.3.1 机电复合传动多尺度特征分析

尺度通常指科学研究中所采用的空间或时间单位,或者研究对象在空间和时间上所涉及的范围和发生的频率。多尺度科学是一门研究不同时间尺度或空间尺度相互耦合现象的科学,其研究领域涵盖了数学、物理学、化学、地球科学、生命科学、信息科学、材料科学等诸多领域，已经成为复杂系统科学的核心问题之一。

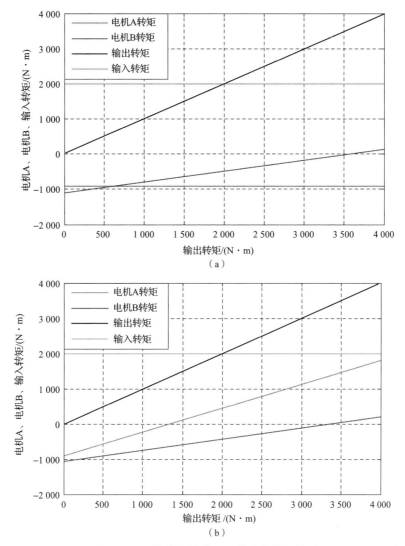

图 2.23　不同结构模式下系统稳态转矩关系

（a）EVT1 模式下系统稳态转矩关系；（b）EVT2 模式下系统稳态转矩关系

多尺度现象为科研工作者认识客观世界的复杂性提供了一种全新的思维角度。根据自然界的多尺度属性，Pattee 和 Simon 等人提出并发展了层次理论。层次理论的核心在于各层次内变化速率的差异。高层次的动态行为具有尺度大、频率低的特点，低层次的动态行为具有尺度小、频率高的特点。不同层次之间存在相互作用，即高层次对低层次具有制约作用，低层次又为高层次提供机制和功能。由于低层次的尺度小、频率高，在分析高层次的动态行为时，低层次的信息往往以平均值的形式表示。

在控制领域，通常根据时间尺度将被控对象划分为快变子系统和慢变子系统，以简化控制器的设计。在设计快变子系统的控制器时，将慢变量看作常数；在设计慢变子系统的控制器时，忽略快变量的影响。由于系统变化的快慢是相对的，可以根据时间尺度依次将系统划分为若干个子系统，这样就可以将一个复杂系统的控制问题分解为多个简单子系统的控制问题，从而大大提升了控制系统的研发效率。

机电复合传动的控制策略是一个复杂的控制问题，而分层控制的思想已经得到广泛应用。相关文献将混合动力车辆的控制划分为三个层次：组织层、协调层和控制层。其中组织层主要解决能量管理问题，协调层主要解决车辆的起动、加速、巡航、减速、停机等模式内的控制问题，控制层主要解决发动机、电机和电池组等部件的控制问题。也有文献将机电复合传动的控制系统划分为两个层次：稳态多目标优化层和动态协调控制层。前者忽略发动机、电机以及变速箱等部件的动态响应特性，主要解决稳态的多目标优化问题；后者根据各部件动态响应速率的不同，主要解决正常行驶和制动过程中的动态协调控制问题。也有文献根据频率范围（时间尺度）将机电复合传动的控制问题划分为三个层次：低频、中频和高频，如图 2.24 所示。

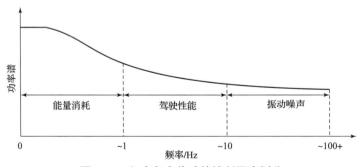

图 2.24　机电复合传动的控制层次划分

其中，低频层次主要面向能量的消耗和管理问题，中频层次主要面向驾驶性能的控制问题，高频层次主要面向振动噪声的控制问题。由于不同尺度下需要解决的问题不同，其对应的数学模型也不相同。相关文献将上述三个层次的模型定义为准稳态模型、低频动态模型和高频动态模型。其中，准稳态模型忽略了中高频变量的影响，但是有足够的精度来预测"慢系统"的动态行为。与准稳态模型相比，低频动态模型属于快变系统，它以准稳态模型的运算结果为依据，但是与高频动态模型相比，它又属于慢变系统，因此它忽略了高频变量的影响。可见，根据时间尺度将控制系统划分为多个层次，可以显著降低控制系统的设计难度，并且具有充分的理论和实用价值。

2.2.3.2 机电复合传动功率分配模型

假设 $\omega_I \omega_O \neq 0$，则动力学方程可以改写成下面的形式：

$$\begin{bmatrix} P_A \\ P_B \end{bmatrix} = \begin{bmatrix} c_{11} \dfrac{\omega_A}{\omega_I} & c_{12} \dfrac{\omega_A}{\omega_O} \\ c_{21} \dfrac{\omega_B}{\omega_I} & c_{22} \dfrac{\omega_B}{\omega_O} \end{bmatrix} \begin{bmatrix} P_I \\ P_O \end{bmatrix} + \begin{bmatrix} -c_{11} \dfrac{\omega_A}{\omega_I} & c_{12} \dfrac{\omega_A}{\omega_O} & 1 & 0 \\ -c_{21} \dfrac{\omega_B}{\omega_I} & c_{22} \dfrac{\omega_B}{\omega_O} & 0 & 1 \end{bmatrix} \begin{bmatrix} P_{JI} \\ P_{JO} \\ P_{JA} \\ P_{JB} \end{bmatrix} \quad (2-28)$$

式中，P_{JI}、P_{JO}、P_{JA} 和 P_{JB} 为对应部件在加减速过程中的功率，它们与转动惯量有关，这里称之为惯性功率，表达式如下：

$$P_{JI} = J_I \dfrac{d\omega_I}{dt} \omega_I, \ P_{JO} = J_O \dfrac{d\omega_O}{dt} \omega_O, \ P_{JA} = J_A \dfrac{d\omega_A}{dt} \omega_A, \ P_{JB} = J_B \dfrac{d\omega_B}{dt} \omega_B \quad (2-29)$$

把机电复合传动转速耦合关系式代入惯性功率的表达式（2-29），可得

$$P_{JA} = \dfrac{J_A}{J_I} \left(e_{11}^2 + e_{11} e_{12} \dfrac{\omega_O}{\omega_I} \right) P_{JI} + \dfrac{J_A}{J_O} \left(e_{11} e_{12} \dfrac{\omega_I}{\omega_O} + e_{12}^2 \right) P_{JO} \quad (2-30)$$

$$P_{JB} = \dfrac{J_B}{J_I} \left(e_{21}^2 + e_{21} e_{22} \dfrac{\omega_O}{\omega_I} \right) P_{JI} + \dfrac{J_A}{J_O} \left(e_{21} e_{22} \dfrac{\omega_I}{\omega_O} + e_{22}^2 \right) P_{JO} \quad (2-31)$$

定义耦合机构的输出轴与输入轴的速比 $\rho = \dfrac{\omega_O}{\omega_I}$，代入机电复合传动转速耦合关系式，可得

$$\dfrac{\omega_A}{\omega_I} = e_{11} + e_{12} \rho, \ \dfrac{\omega_A}{\omega_O} = \dfrac{e_{11}}{\rho} + e_{12}, \ \dfrac{\omega_B}{\omega_I} = e_{21} + e_{22} \rho, \ \dfrac{\omega_B}{\omega_O} = \dfrac{e_{21}}{\rho} + e_{22} \quad (2-32)$$

把式（2-30）、式（2-31）和式（2-30）代入式（2-29），可得

$$P_A = c_{11}(e_{11} + e_{12}\rho) P_I + \left[\dfrac{J_A}{J_I} (e_{11}^2 + e_{11} e_{12} \rho) - c_{11}(e_{11} + e_{12}\rho) \right] P_{JI} +$$

$$c_{12} \left(\dfrac{e_{11}}{\rho} + e_{12} \right) P_O + \left[\dfrac{J_A}{J_O} \left(e_{11} e_{12} \dfrac{1}{\rho} + e_{12}^2 \right) + c_{12} \left(\dfrac{e_{11}}{\rho} + e_{12} \right) \right] P_{JO} \quad (2-33)$$

$$P_{\mathrm{B}} = c_{21}(e_{21}+e_{22}\rho)P_{\mathrm{I}} + \left[\frac{J_{\mathrm{B}}}{J_{\mathrm{I}}}(e_{21}^2+e_{21}e_{22}\rho) - c_{21}(e_{21}+e_{22}\rho)\right]P_{\mathrm{JI}} + $$
$$c_{22}\left(\frac{e_{21}}{\rho}+e_{22}\right)P_{\mathrm{O}} + \left[\frac{J_{\mathrm{B}}}{J_{\mathrm{O}}}\left(e_{21}e_{22}\frac{1}{\rho}+e_{22}^2\right) + c_{22}\left(\frac{e_{21}}{\rho}+e_{22}\right)\right]P_{\mathrm{JO}} \tag{2-34}$$

式（2-33）和式（2-34）为耦合机构的动态功率流平衡方程，下面将其扩展到发动机和车轮。将发动机输出轴动力学方程和式（2-29）联立，可得

$$P_{\mathrm{I}} = \eta_{\mathrm{f}}(P_{\mathrm{e}} - P_{\mathrm{Je}}), P_{\mathrm{JI}} = \frac{J_{\mathrm{I}}}{J_{\mathrm{e}}i_{\mathrm{f}}^2}P_{\mathrm{Je}} \tag{2-35}$$

将整车动力学方程和式（2-29）联立，可得

$$P_{\mathrm{O}} = \frac{1}{\eta_{\mathrm{f}}}(P_{\mathrm{v}} + P_{\mathrm{br}} + P_{\mathrm{Jv}}), P_{\mathrm{JO}} = \frac{J_{\mathrm{O}}i_{\mathrm{r}}^2}{mr_{\mathrm{w}}^2}P_{\mathrm{Jv}} \tag{2-36}$$

式中，P_{v} 为车辆的行驶功率；P_{br} 为制动器的功率；P_{Je} 和 P_{Jv} 为发动机和整车的惯性功率：

$$P_{\mathrm{Je}} = J_{\mathrm{e}}\frac{\mathrm{d}\omega_{\mathrm{e}}}{\mathrm{d}t}\omega_{\mathrm{e}}, P_{\mathrm{Jv}} = m\frac{\mathrm{d}v}{\mathrm{d}t}v \tag{2-37}$$

把式（2-35）和式（2-36）代入式（2-33）和式（2-34），可得

$$\begin{aligned}P_{\mathrm{A}} = &c_{11}\eta_{\mathrm{f}}(e_{11}+e_{12}\rho)P_{\mathrm{e}} + \frac{c_{12}}{\eta_{\mathrm{r}}}\left(\frac{e_{11}}{\rho}+e_{12}\right)(P_{\mathrm{v}}+P_{\mathrm{br}}) + \\ &\left[\frac{J_{\mathrm{A}}}{J_{\mathrm{e}}i_{\mathrm{f}}^2}(e_{11}^2+e_{11}e_{12}\rho) - c_{11}(e_{11}+e_{12}\rho)\left(\frac{J_{\mathrm{I}}}{J_{\mathrm{e}}i_{\mathrm{f}}^2}+\eta_{\mathrm{f}}\right)\right]P_{\mathrm{Je}} + \\ &\left[\frac{J_{\mathrm{A}}i_{\mathrm{r}}^2}{mr_{\mathrm{w}}^2}\left(e_{11}e_{12}\frac{1}{\rho}+e_{12}^2\right) + c_{12}\left(\frac{e_{11}}{\rho}+e_{12}\right)\left(\frac{J_{\mathrm{O}}i_{\mathrm{r}}^2}{mr_{\mathrm{w}}^2}+\frac{1}{\eta_{\mathrm{r}}}\right)\right]P_{\mathrm{Jv}}\end{aligned} \tag{2-38}$$

$$\begin{aligned}P_{\mathrm{B}} = &c_{21}\eta_{\mathrm{f}}(e_{21}+e_{22}\rho)P_{\mathrm{e}} + \frac{c_{22}}{\eta_{\mathrm{r}}}\left(\frac{e_{21}}{\rho}+e_{22}\right)(P_{\mathrm{v}}+P_{\mathrm{br}}) + \\ &\left[\frac{J_{\mathrm{B}}}{J_{\mathrm{e}}i_{\mathrm{f}}^2}(e_{21}^2+e_{21}e_{22}\rho) - c_{21}(e_{21}+e_{22}\rho)\left(\frac{J_{\mathrm{I}}}{J_{\mathrm{e}}i_{\mathrm{f}}^2}+\eta_{\mathrm{f}}\right)\right]P_{\mathrm{Je}} + \\ &\left[\frac{J_{\mathrm{B}}i_{\mathrm{r}}^2}{mr_{\mathrm{w}}^2}\left(e_{21}e_{22}\frac{1}{\rho}+e_{22}^2\right) + c_{21}\left(\frac{e_{21}}{\rho}+e_{22}\right)\left(\frac{J_{\mathrm{O}}i_{\mathrm{r}}^2}{mr_{\mathrm{w}}^2}+\frac{1}{\eta_{\mathrm{r}}}\right)\right]P_{\mathrm{Jv}}\end{aligned} \tag{2-39}$$

假设发动机的功率 $P_{\mathrm{e}} \neq 0$，定义功率流分配的比例系数（简称功率系数）：

$$\lambda_{\mathrm{A}} = \frac{P_{\mathrm{A}}}{P_{\mathrm{e}}}, \lambda_{\mathrm{B}} = \frac{P_{\mathrm{B}}}{P_{\mathrm{e}}}, \lambda_{\mathrm{g}} = \frac{P_{\mathrm{v}}}{P_{\mathrm{e}}}, \lambda_{\mathrm{br}} = \frac{P_{\mathrm{br}}}{P_{\mathrm{e}}}, \lambda_{\mathrm{Je}} = \frac{P_{\mathrm{Je}}}{P_{\mathrm{e}}}, \lambda_{\mathrm{Jv}} = \frac{P_{\mathrm{Jv}}}{P_{\mathrm{e}}} \tag{2-40}$$

式中，λ_A、λ_B 体现了电力功率流的分配比例，λ_g 体现了车辆行驶功率流的分配比例，λ_{br} 体现了制动功率流的分配比例，λ_{Je}、λ_{Jv} 体现了惯性功率流的分配比例。

定义转动惯量的比例系数 κ：

$$\kappa_{Ae} = \frac{J_A}{J_e i_f^2}, \kappa_{Be} = \frac{J_B}{J_e i_f^2}, \kappa_{Ie} = \frac{J_I}{J_e i_f^2} \tag{2-41}$$

$$\kappa_{Av} = \frac{J_A i_r^2}{m r_w^2}, \kappa_{Bv} = \frac{J_B i_r^2}{m r_w^2}, \kappa_{Ov} = \frac{J_O i_r^2}{m r_w^2} \tag{2-42}$$

把式（2-40）~式（2-42）代入式（2-38）和式（2-39），可得

$$\begin{aligned}
\lambda_A = & c_{11} \eta_f (e_{11} + e_{12}\rho) + \frac{c_{12}}{\eta_r}\left(\frac{e_{11}}{\rho} + e_{12}\right)(\lambda_v + \lambda_{br}) + \\
& \left[\kappa_{Ae}(e_{11}^2 + e_{11}e_{12}\rho) - c_{11}(e_{11} + e_{12}\rho)(\kappa_{Ie} + \eta_f)\right]\lambda_{Je} + \\
& \left[\kappa_{Av}\left(e_{11}e_{12}\frac{1}{\rho} + e_{12}^2\right) + c_{12}\left(\frac{e_{11}}{\rho} + e_{12}\right)\left(\kappa_{Ov} + \frac{1}{\eta_r}\right)\right]\lambda_{Jv}
\end{aligned} \tag{2-43}$$

$$\begin{aligned}
\lambda_B = & c_{21} \eta_f (e_{21} + e_{22}\rho) + \frac{c_{22}}{\eta_r}\left(\frac{e_{21}}{\rho} + e_{22}\right)(\lambda_v + \lambda_{br}) + \\
& \left[\kappa_{Be}(e_{21}^2 + e_{21}e_{22}\rho) - c_{21}(e_{21} + e_{22}\rho)(\kappa_{Ie} + \eta_f)\right]\lambda_{Je} + \\
& \left[\kappa_{Bv}\left(e_{21}e_{22}\frac{1}{\rho} + e_{22}^2\right) + c_{21}\left(\frac{e_{21}}{\rho} + e_{22}\right)\left(\kappa_{Ov} + \frac{1}{\eta_r}\right)\right]\lambda_{Jv}
\end{aligned} \tag{2-44}$$

由于动力电池组和用电设备的功率都取决于上层的能量管理策略，这里把它们看成一个整体，即系统用电功率：

$$P_N = P_e - P_b \tag{2-45}$$

将两个电机功率 P_A 和 P_B、电池组 P_b、用电设备功率 P_e 间的功率平衡方程和式（2-45）联立，可得

$$P_A \eta_A^{-\text{sgn}(P_A)} + P_B \eta_B^{-\text{sgn}(P_B)} + P_N = 0 \tag{2-46}$$

同样假设 $P_e \neq 0$，定义用电功率系数 $\lambda_N = \frac{P_N}{P}$，则有

$$\lambda_A \eta_A^{-\text{sgn}(\lambda_A)} + \lambda_B \eta_B^{-\text{sgn}(\lambda_B)} + \lambda_N = 0 \tag{2-47}$$

式（2-43）、式（2-44）和式（2-47）共同构成了机电复合传动系统的动态功率流分配模型。其中，λ_{Je}、λ_{Jv} 为惯性功率的比例系数，它们体现了动态过程对功率流分配的影响。令 $\lambda_{Je} = 0$，$\lambda_{Jv} = 0$，可以得到稳态功率流分配模型：

$$\begin{cases} \lambda_A = c_{11}\eta_f(e_{11}+e_{12}\rho) + \dfrac{c_{12}}{\eta_r}\left(\dfrac{e_{11}}{\rho}+e_{12}\right)(\lambda_v+\lambda_{br}) \\ \lambda_B = c_{21}\eta_f(e_{21}+e_{22}\rho) + \dfrac{c_{22}}{\eta_r}\left(\dfrac{e_{21}}{\rho}+e_{22}\right)(\lambda_v+\lambda_{br}) \\ \lambda_A \eta_A^{-\mathrm{sgn}(\lambda_A)} + \lambda_B \eta_B^{-\mathrm{sgn}(\lambda_B)} + \lambda_N = 0 \end{cases} \quad (2-48)$$

2.2.3.3 稳态功率流分配规律

前面建立了机电复合传动系统的功率流分配模型，普遍适用于双自由度的行星耦合传动形式。下面以双模式结构方案为例，具体说明其功率流的分配规律。不同模式下行星排的连接方式不同，耦合系数 c_{ij}、e_{ij} 也不相同。

EVT1 模式：

$$c_{11} = -\frac{k_1 k_2}{(1+k_1)(1+k_2)} = -0.46,\ c_{12} = 0$$

$$c_{21} = -\frac{1+k_1+k_2}{(1+k_1)(1+k_2)} = -0.54,\ c_{22} = \frac{1}{1+k_3} = 0.30$$

$$e_{11} = \frac{(1+k_1)(1+k_2)}{k_1 k_2} = 2.16,\ e_{12} = -\frac{(1+k_1+k_2)(1+k_3)}{k_1 k_2} = -3.86$$

$$e_{21} = 0,\ e_{22} = 1+k_3 = 3.33$$

EVT2 模式：

$$c_{11} = -\frac{k_1 k_2}{(1+k_1)(1+k_2)} = -0.46,\ c_{12} = \frac{k_1}{1+k_1} = 0.68$$

$$c_{21} = -\frac{1+k_1+k_2}{(1+k_1)(1+k_2)} = -0.54,\ c_{22} = \frac{1}{1+k_1} = 0.32$$

$$e_{11} = -\frac{1+k_2}{k_1} = -1.47,\ e_{12} = \frac{1+k_1+k_2}{k_1} = 2.47$$

$$e_{21} = 1+k_2 = 3.13,\ e_{22} = -k_2 = -2.13$$

前后传动齿轮和两个电机的效率均取平均值：

$$\eta_f = 0.92,\ \eta_r = 0.94,\ \eta_A = 0.90,\ \eta_B = 0.90$$

将上述参数代入稳态功率流分配模型式（2-48），并且消去 $\lambda_v + \lambda_{br}$，可得

EVT1 模式: $\begin{cases} \lambda_A = 1.64\rho - 0.92 \\ \lambda_B = \dfrac{(0.92 - 1.64\rho)0.90^{-\mathrm{sgn}(\lambda_A)} - \lambda_N}{0.90^{-\mathrm{sgn}(\lambda_B)}} \end{cases}$ \hfill (2-49)

图 2.25 给出了不同用电功率系数 λ_N 下,两个电机的功率系数 λ_A、λ_B 随速比 ρ 的变化规律(EVT1 模式)。如果电机的功率系数小于零,则说明它处于发电状态,即把机械功率转化为电功率,实现了功率分流;如果电机的功率系数大于零,则说明它处于电动状态,即把电功率转化为机械功率,实现了功率汇流。

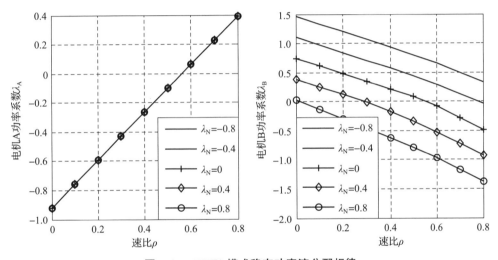

图 2.25 EVT1 模式稳态功率流分配规律

可见,EVT1 模式下功率流的分配规律比较简单,两个电机的功率系数 λ_A、λ_B 随速比 ρ 呈现线性或近似线性的变化规律。由于电机 A 的功率系数 λ_A 与用电功率系数 λ_N 无关,在对其进行功率分配时,只需要考虑速比 ρ 的影响。由于电机 B 的功率系数 λ_B 与用电功率系数 λ_N 密切相关,在对其进行功率分配时必须考虑用电功率需求,而且可以通过对其进行反馈控制来保证电气系统的状态稳定。

EVT2 模式: $\begin{cases} \lambda_A = \dfrac{(1.68\rho - 1)[(0.63\rho - 0.92)0.90^{-\mathrm{sgn}(\lambda_B)} + \lambda_N]}{(1 - 1.68\rho)0.90^{-\mathrm{sgn}(\lambda_A)} + (0.68\rho - 1)0.90^{-\mathrm{sgn}(\lambda_B)}} \\ \lambda_B = \dfrac{(1 - 0.68\rho)[(1.55\rho - 0.92)0.90^{-\mathrm{sgn}(\lambda_A)} + \lambda_N]}{(1 - 1.68\rho)0.90^{-\mathrm{sgn}(\lambda_A)} + (0.68\rho - 1)0.90^{-\mathrm{sgn}(\lambda_B)}} \end{cases}$

\hfill (2-50)

图 2.26 给出了不同用电功率系数 λ_N 下，两个电机的功率系数 λ_A、λ_B 随速比 ρ 的变化规律（EVT2 模式）。可见，EVT2 模式下功率流的分配规律非常复杂，两个电机的功率系数随速比 ρ 呈现出显著的非线性变化规律。由于两个电机的功率系数之间存在强烈的耦合关系，仅依靠直觉已经很难掌握其运行机制，因此需要借助理论工具（优化方法）来解决功率流的分配问题，这也是本书开展相关研究工作的出发点。

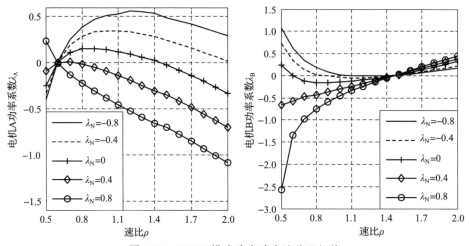

图 2.26　EVT2 模式稳态功率流分配规律

根据稳态功率流分配模型式（2-48），还可以得到综合传动效率的计算公式。车辆正常行驶过程中，制动功率系数 $\lambda_{br}=0$。把 λ_A、λ_B 的计算公式（2-49）和式（2-50）分别代入稳态功率流分配模型式（2-48），可以得到 λ_v 的计算公式。

EVT1 模式：

$$\lambda_v = 1.55\rho + \frac{0.90^{-\text{sgn}(\lambda_A)}(0.86-1.55\rho)-0.94\lambda_N}{0.90^{-\text{sgn}(\lambda_B)}} \quad (2-51)$$

EVT2 模式：

$$\lambda_v = \frac{0.94\rho[(0.63-1.05\rho)0.90^{-\text{sgn}(\lambda_A)}+(1.05\rho-1.55)0.90^{-\text{sgn}(\lambda_B)}+\lambda_N]}{(1-1.68\rho)0.90^{-\text{sgn}(\lambda_A)}+(0.68\rho-1)0.90^{-\text{sgn}(\lambda_B)}}$$

$$(2-52)$$

式（2-51）和式（2-52）中，λ_v 代表了驱动功率与发动机功率的比例。

如果 $\lambda_N=0$,说明系统与外界没有电功率交换,此时驱动功率与发动机功率之比就是机电复合传动系统的综合传动效率,即 $\eta_c=\lambda_v$;如果 $\lambda_N>0$,说明系统对外输出电功率,此时驱动功率与用电功率都是有效功率,其总功率与发动机的功率之比为机电复合传动系统的综合传动效率,即 $\eta_c=\lambda_v+\lambda_N$;如果 $\lambda_N<0$,说明外界(动力电池组等)对系统输入电功率,此时驱动功率与总输入功率之比为机电复合传动系统的综合传动效率。

因此,综合传动效率的表达式如下:

$$\eta_c = \begin{cases} \lambda_v + \lambda_N, & \lambda_N \geqslant 0 \\ \dfrac{\lambda_v}{1-\lambda_N}, & \lambda_N < 0 \end{cases} \qquad (2-53)$$

图 2.27 给出了两种模式下机电复合传动系统的综合传动效率 η_c 随速比 ρ 和用电功率系数 λ_N 的变化规律。其中,η_c 包含了前传动效率 η_f、后传动效率 η_r 和两个电机的转化效率 η_A、η_B,它基本能够反映机电复合传动系统的综合传动效率。可见,EVT1 模式下,随着速比 ρ 的增大,综合传动效率曲线呈现先上升后下降的变化趋势。EVT2 模式下,综合传动效率大部分在 0.80 以上,只有当 $\rho>1.47$ 并且 $\lambda_N \geqslant 0$ 时,综合传动效率才会显著下降。因此,为了保证机电复合传动系统的综合传动效率,应尽量将速比控制在 $\rho \leqslant 1.47$ 的范围内。此外,当 $\lambda_N=0$ 时,效率曲线有两个最高点,分别对应两个电机的转换点(图 2.26)。

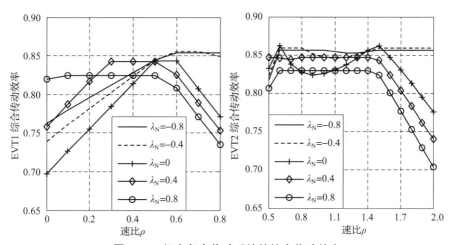

图 2.27 机电复合传动系统的综合传动效率

综上所述，无论是 EVT1 模式还是 EVT2 模式，两个电机的分流比例（功率系数的绝对值）越大，综合传动效率越低；两个电机的分流比例为零（转换点）时，综合传动效率最高。这是由于机械能和电能转化过程中会损失一部分能量，而两个电机的分流比例越高，功率损失的比例越大。因此，在满足无级调速功能和用电功率需求的前提下，应尽量降低两个电机的分流比例，从而减少能量转化过程中的功率损失。

2.2.3.4 动态功率流分配规律

式（2-43）、式（2-44）和式（2-47）为动态尺度的功率流分配模型，体现了功率系数 λ_A、λ_B、λ_v、λ_{br}、λ_{Je}、λ_{Jv} 和 λ_N 之间的耦合关系及其随结构参数 c_{ij}、e_{ij}，效率参数 η_f、η_r、η_A、η_B，惯性参数 κ_{Ae}、κ_{Av}、κ_{Be}、κ_{Bv} 以及速比 ρ 的变化关系。可见，动态功率流分配模型中的变量非常多，如果对所有变量进行逐一讨论，工作量大，但是意义不大。本书在稳态功率流分配规律的研究基础上，主要分析惯性功率系数 λ_{Je}、λ_{Jv} 随着可控变量 λ_A、λ_B、λ_{br} 的变化规律，为后面制定控制策略奠定基础。

前面给出了结构参数 c_{ij}、e_{ij} 和效率参数 η_f、η_r、η_A、η_B，这里给出惯性参数 κ_{Ae}、κ_{Av}、κ_{Be}、κ_{Bv}，它们都属于给定系统的结构参数，可以由三维建模得到：

$$\kappa_{Ae} = \frac{J_A}{J_e i_f^2} = 2.59, \kappa_{Be} = \frac{J_B}{J_e i_f^2} = 5.21, \kappa_{Ie} = \frac{J_I}{J_e i_f^2} = 1.84$$

$$\kappa_{Av} = \frac{J_A i_r^2}{m r_w^2} = 1.04 \times 10^{-3}, \kappa_{Bv} = \frac{J_B i_r^2}{m r_w^2} = 2.09 \times 10^{-3}$$

$$\kappa_{Ov} = \frac{J_O i_r^2}{m r_w^2} = 1.46 \times 10^{-3} (\text{EVT1}), \kappa_{Ov} = \frac{J_O i_r^2}{m r_w^2} = 1.82 \times 10^{-3} (\text{EVT2})$$

在上文所述功率耦合机构中，两个模式下只有输出轴连接的齿轮有所不同，对应的转动惯量也有所不同。将系统参数代入式（2-43）、式（2-44），求解出 λ_{Je}、λ_{Jv}，可得

EVT1 模式：

$$\lambda_{Je} = \frac{6.72 \times 10^{-2}}{1 - 1.79\rho} \lambda_A + \frac{5.25}{\rho} \times 10^{-4} \lambda_B - \frac{5.59}{\rho} \times 10^{-4} (\lambda_v + \lambda_{br}) + 6.27 \times 10^{-2}$$

$$(2-54)$$

$$\lambda_{Jv} = -\frac{0.30\rho}{1-1.79\rho}\lambda_A + 0.90\lambda_B - 0.95(\lambda_v + \lambda_{br}) + 1.20\rho \quad (2-55)$$

EVT2 模式：

$$\lambda_{Je} = \frac{1.66 \times 10^{-2}}{1-1.68\rho}\lambda_A + \frac{1.69 \times 10^{-2}}{1-0.68\rho}\lambda_B - \frac{2.92 \times 10^{-4}}{\rho}(\lambda_v + \lambda_{br}) + 1.57 \times 10^{-2} \quad (2-56)$$

$$\lambda_{Jv} = -\frac{0.86\rho}{1-1.68\rho}\lambda_A + \frac{0.06\rho}{1-0.68\rho}\lambda_B - 0.97(\lambda_v + \lambda_{br}) + 0.63\rho \quad (2-57)$$

式（2-54）和式（2-57）中，惯性功率系数 λ_{Je} 体现了发动机的调速性能（加速性能和减速性能）。如果 $\lambda_{Je} = 0$，则发动机转速稳定；如果 $\lambda_{Je} > 0$，则发动机加速，λ_{Je} 越大加速越快；如果 $\lambda_{Je} < 0$，则发动机减速，λ_{Je} 越小减速越快。

式（2-55）和式（2-57）中，惯性功率系数 λ_{Jv} 体现了车辆的调速性能。如果 $\lambda_{Jv} = 0$，车辆匀速行驶；如果 $\lambda_{Jv} > 0$，车辆加速行驶，λ_{Jv} 越大加速越快；如果 $\lambda_{Jv} < 0$，车辆减速行驶，λ_{Jv} 越小减速越快。

由于机电复合传动系统具有两个运动学自由度，因此发动机和整车的调速可以独立进行，而且两者共同决定了其他部件的运动状态。可见，惯性功率系数 λ_{Je} 和 λ_{Jv} 体现了机电复合传动系统的动态特性，这里称之为动态特性参数。

下面分别讨论动态特性参数 λ_{Je}、λ_{Jv} 随着可控变量 λ_A、λ_B、λ_{br} 的变化规律。

1. EVT1 模式

式（2-54）分别对 λ_A、λ_B、λ_{br} 求偏导数，可得

$$\gamma_{eA} = \frac{\partial \lambda_{Je}}{\partial \lambda_A} = \frac{6.72}{1-1.79\rho} \times 10^{-2} \quad (2-58)$$

$$\gamma_{eB} = \frac{\partial \lambda_{Je}}{\partial \lambda_B} = \frac{5.25}{\rho} \times 10^{-4} \quad (2-59)$$

$$\gamma_{ebr} = \frac{\partial \lambda_{Je}}{\partial \lambda_{br}} = -\frac{5.59}{\rho} \times 10^{-4} \quad (2-60)$$

式中，γ_{eA}、γ_{eB} 和 γ_{ebr} 代表了动态特性参数 λ_{Je} 对可控变量 λ_A、λ_B、λ_{br} 的灵敏度。

由式（2-58）可知，当 $\rho < 0.56$ 时，$\gamma_{eA} > 0$，即 λ_{Je} 与 λ_A 正相关，则电机 A 的功率系数越大，发动机的加速性能越好（减速性能越差）。由稳态功率流分配规律（图 2.25）可知，该速比下电机 A 处于发电状态。因此，如果发动机需要

加速，应当尽量降低电机 A 的发电功率，从而提高其功率系数；反之亦然。当 $\rho > 0.56$ 时，$\gamma_{eA} < 0$，此时 λ_{Je} 与 λ_A 负相关。由于该速比下电机 A 处于电动状态（图 2.25），如果发动机需要加速，应当尽量降低电机 A 的驱动功率，从而降低其功率系数；反之亦然。

由式（2-59）和式（2-60）可知，电机 B 和制动器的功率系数 λ_B、λ_{br} 对发动机调速性能的影响较小。车辆起步阶段，当速比 ρ 很小时，λ_B、λ_{br} 会对发动机的调速性能有所影响，但此时电机 B 和制动器的转速接近于零，其功率发挥不出来。随着速比 ρ 的增加，γ_{eB} 和 γ_{ebr} 的绝对值逐渐减小，两者对发动机调速性能的影响也越来越小。

式（2-55）分别对 λ_A、λ_B、λ_{br} 求偏导数，可得

$$\gamma_{vA} = \frac{\partial \lambda_{Jv}}{\partial \lambda_A} = -\frac{0.30\rho}{1 - 1.79\rho} \tag{2-61}$$

$$\gamma_{vB} = \frac{\partial \lambda_{Jv}}{\partial \lambda_B} = 0.90 \tag{2-62}$$

$$\gamma_{vbr} = \frac{\partial \lambda_{Jv}}{\partial \lambda_{br}} = -0.95 \tag{2-63}$$

式中，γ_{vA}、γ_{vB} 和 γ_{vbr} 代表了动态特性参数 λ_{Jv} 对可控变量 λ_A、λ_B、λ_{br} 的灵敏度。

由式（2-61）可知，车辆起步阶段，由于速比 ρ 较小，γ_{vA} 接近于零，此时电机 A 的功率系数 λ_A 对车辆调速性能的影响不大。当 $0 < \rho < 0.56$ 时，$\gamma_{vA} < 0$，即 λ_{Jv} 与 λ_A 负相关，此时电机 A 的功率系数越低，车辆的加速性能越好。由稳态功率流分配规律（图2.25）可知，该速比下电机 A 处于发电状态。因此，如果车辆需要加速，应当尽量提高电机 A 的发电功率，从而减小其功率系数；反之亦然。当 $\rho > 0.56$ 时，$\gamma_{vA} > 0$，即 λ_{Jv} 与 λ_A 正相关。该速比下电机 A 处于电动状态（图2.25）。因此，如果车辆需要加速，应当尽量提高电机 A 的驱动功率，从而提高其功率系数；反之亦然。

由式（2-62）和式（2-63）可知，电机 B 的功率系数 λ_B 与 λ_{Jv} 正相关，即 λ_B 越大，车辆的加速性能越好；制动器的功率系数 λ_{br} 与 λ_{Jv} 负相关，即 λ_{br} 越大，车辆的加速性能越差（减速性能越好）。此外，γ_{vB} 和 γ_{vbr} 与速比 ρ 无关，这是因为电机 B 通过后传动与车轮相连（EVT1 模式下），而制动器直接与车轮相

连,两者不需要通过耦合机构传递动力,因此它们对车辆调速性能的影响与耦合机构的速比无关。

2. EVT2 模式

式 (2-55) 分别对 λ_A、λ_B、λ_{br} 求偏导数,可得

$$\gamma_{eA} = \frac{\partial \lambda_{Je}}{\partial \lambda_A} = \frac{1.66 \times 10^{-2}}{1 - 1.68\rho} \quad (2-64)$$

$$\gamma_{eB} = \frac{\partial \lambda_{Je}}{\partial \lambda_B} = \frac{1.69 \times 10^{-2}}{1 - 0.68\rho} \quad (2-65)$$

$$\gamma_{ebr} = \frac{\partial \lambda_{Je}}{\partial \lambda_{br}} = -\frac{2.92 \times 10^{-4}}{\rho} \quad (2-66)$$

由式 (2-63) 可知,当 $\rho < 0.60$ 时,$\gamma_{eA} > 0$,即 λ_{Je} 与 λ_A 正相关,此时如果发动机需要加速,应当提高电机 A 的功率系数;反之亦然。当 $\rho > 0.60$,$\gamma_{eA} < 0$,即 λ_{Je} 与 λ_A 负相关,此时如果发动机需要加速,应当降低电机 A 的功率系数;反之亦然。

由式 (2-64) 可知,当 $\rho < 1.47$ 时,则 $\gamma_{eB} > 0$,即 λ_{Je} 与 λ_B 正相关,此时如果发动机需要加速,应当提高电机 B 的功率系数;反之亦然。当 $\rho > 1.47$ 时,则 $\gamma_{eB} < 0$,即 λ_{Je} 与 λ_B 负相关,此时如果发动机需要加速,应当降低电机 B 的功率系数;反之亦然。

由式 (2-65) 可知,$\gamma_{ebr} < 0$,即 λ_{Je} 与 λ_{br} 负相关,但是 γ_{ebr} 比 γ_{eA} 和 γ_{eB} 小两个数量级。因此,与两个电机相比,制动器对发动机调速性能的影响可以忽略。

综上所述,在 EVT2 模式下,发动机的调速性能同时取决于两个电机的功率系数,因此需要对两者进行协调控制。与 EVT1 模式相比,EVT2 模式下的功率流分配问题更加复杂,但是其灵活性更高,可以实现的优化空间也更大。

式 (2-56) 分别对 λ_A、λ_B、λ_{br} 求偏导数,可得

$$\gamma_{vA} = \frac{\partial \lambda_{Jv}}{\partial \lambda_A} = -\frac{0.86\rho}{1 - 1.68\rho} \quad (2-67)$$

$$\gamma_{vB} = \frac{\partial \lambda_{Jv}}{\partial \lambda_B} = \frac{0.06\rho}{1 - 0.68\rho} \quad (2-68)$$

$$\gamma_{vbr} = \frac{\partial \lambda_{Jv}}{\partial \lambda_{br}} = -0.97 \quad (2-69)$$

由式（2-67）可知，当 $\rho<0.60$ 时，$\gamma_{vA}<0$，即 λ_{Jv} 与 λ_A 负相关，此时如果车辆加速，应当降低电机 A 的功率系数；反之亦然。当 $\rho>0.60$ 时，$\gamma_{vA}>0$，即 λ_{Jv} 与 λ_A 正相关，此时如果车辆加速，应当提高电机 A 的功率系数；反之亦然。

由式（2-68）可知，当 $\rho<1.47$ 时，$\gamma_{vB}>0$，即 λ_{Jv} 与 λ_B 正相关，此时如果车辆加速，应当提高电机 B 的功率系数；反之亦然。当 $\rho>1.47$ 时，$\gamma_{vB}<0$，即 λ_{Jv} 与 λ_B 负相关，此时如果车辆加速，应当降低电机 B 的功率系数；反之亦然。

由式（2-69）可知，$\gamma_{vbr}<0$，即 λ_{Jv} 与 λ_{br} 负相关，而且与速比 ρ 无关。这是因为制动器直接作用在车轮上，不需要经过耦合机构。制动器的功率系数 λ_{br} 越大，对应的 λ_{Jv} 越小，即车辆的加速性能越差（减速性能越好）。

综上所述，在 EVT2 模式下，发动机和车辆的调速性能与两个电机的功率系数都密切相关。对电机 A 而言，其对发动机和车辆调速性能的影响规律完全相反，当 $\rho<0.60$ 时，λ_A 越大，发动机的加速性能越好，而车辆的加速性能越差；当 $\rho>0.60$ 时，λ_A 越大，发动机的加速性能越差，而车辆的加速性能越好。对电机 B 而言，其对发动机和车辆调速性能的影响规律完全相同，当 $\rho<1.47$ 时，λ_B 越大，发动机和车辆的加速性能都越好；当 $\rho>1.47$ 时，λ_B 越大，发动机和车辆的加速性能都越差。总之，两个电机的功率系数会同时影响到发动机和车辆的调速性能，在进行功率流分配时，必须综合考虑多方面的性能要求，并且对两个电机进行协调控制。

2.2.4　动态功率的影响因素分析

电功率平衡问题，指的是不同工况下，在系统工作过程中，当上层能量策略为电池分配其稳态目标功率后，电池的实际功率对于其目标功率的跟随程度，以及在外界用电时，系统对外供电的响应特性。机电复合传动系统构成十分复杂，包含众多子系统。这些子系统之间相互作用，使各子系统的动态过程呈现十分复杂的现象。某些子系统同时受到多物理过程的作用，使其某些特性发生变化。在多重网络式耦合作用下，以及非稳态过程中，系统的动态耦合特性直接影响到系统功率分配的精确性和多动力的协调控制，进而对电功率平衡造成影响。下面将从效率、发动机动态响应特性以及电机动态响应特性三个方面进行分析。

2.2.4.1 电机和耦合机构效率

车辆的行驶过程,实际上是一个将化学能转变为动能的过程。而在能量的转化过程中,往往伴随着功率损失。因此在计算时,常常需要考虑传动系统的效率,以达到较为精确的计算。

在车辆行驶的每一瞬间,动力源所发出的功率之和,始终等于由于机械传动和能量转化而损失的功率、全部运动阻力所消耗的功率,以及提供给用电设备的电功率三者之和。因此,在对需求功率进行理论计算时,一般是先通过车速计算克服阻力所需要的功率,然后再考虑用电设备所需要的电功率,最后除以整个动力传动系统的效率,以得到需动力源所提供的功率。为使计算方便,对于传动系统效率的考虑,往往忽略许多非主要传动部件的效率,认为它们对系统的影响可以不计,因此常常设定整个动力传动系统的效率为一个定值 η。如式(2-70)所示:

$$P_{com} = \frac{P_{dv} + P_{ele}}{\eta} = \frac{P_f + P_w + P_i + P_j}{\eta} + \frac{P_{ele}}{\eta}$$
$$= \frac{1}{\eta} \left(\frac{Gfv}{3\,600} + \frac{Giv}{3\,600} + \frac{C_d A v^3}{76\,140} + \frac{\delta mv}{3\,600} \frac{du}{dt} \right) + \frac{P_{ele}}{\eta} \quad (2-70)$$

但是,在实际过程中,传动系统的效率会受到转速、温度以及部件磨损程度的影响而发生变化,其实际效率往往与控制策略中的设定值具有较大偏差。这样一来,功率在传递过程中所消耗的部分会与控制策略中所考虑的功率损耗具有较大差别。同时,由于重型车辆传递的功率往往较大,此时即使是非主要传动部件,常常也会造成大量的功率损失。尤其对于本书的双模式机电复合传动系统来说,其中有发动机、电池和电机等众多部件,能量形式会进行多次转换。这些能量传递与转换过程的效率在理论计算时很难考虑。此外,在实际工作过程中,机电复合传动系统的传递效率呈非线性变化,不同的转速、转矩下,系统的效率也有所不同,如图 2.28 和图 2.29 所示。故将效率设定为常数,进而分配动力源的功率,很可能无法满足整车的功率需求。此时,为了确保车辆的正常运行,发动机和电池不得不提供更多的功率,以弥补控制策略中未考虑到的功率损失,从而使其实际功率值与目标功率值产生较大偏差,机电功率实际分配的精确性大大降低。

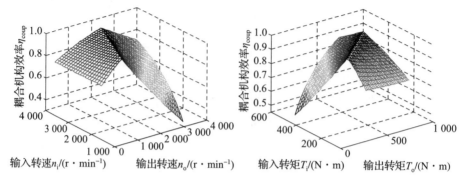

图 2.28　EVT1 模式下,耦合机构效率与转速、转矩关系

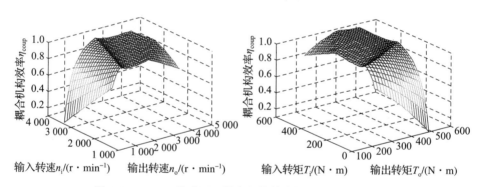

图 2.29　EVT2 模式下,耦合机构效率与转速、转矩关系

此外,在系统运行时,往往伴随着功率的分流与汇流,以及机电功率的相互转化,功率变化规律和相互作用关系复杂。即使建立了效率模型,但由于系统的复杂性,各部件的效率计算结果很难达到较高的精确度。这就使得动力源实际提供的功率往往与能量管理策略所分配的稳态目标功率之间偏差较大,机电功率无法进行精确分配,进而导致电机和发动机工作点偏移。尤其对于高压电气系统中的被动控制元件,电池的实际功率值必须通过发电机功率和电动机功率的协调控制。而高压电气系统各部件之间的功率满足式(2-71)。可以看出,高压电气系统的电功率是否平衡与效率有很大关系。当某一部件的效率发生变化时,该部件提供给高压电气系统的功率就会产生变化。而为了保持电功率平衡,电池就会弥

补相应的功率差，这就容易导致电池偏离预定的控制轨迹，对电池组的正常工作状态和使用寿命等产生巨大的影响。因此，电功率状态是 EMT 功率分配状态是否合理和安全的重要标志。

$$P_{\text{bat}} = \frac{T_A n_A \gamma_A + T_B n_B \gamma_B}{9\,549} + P_{\text{eqi}} \tag{2-71}$$

$$\gamma_A = \begin{cases} \eta_A, & T_A n_A \leq 0 \\ \dfrac{1}{\eta_A}, & T_A n_A > 0 \end{cases}, \gamma_B = \begin{cases} \eta_B, & T_B n_B \leq 0 \\ \dfrac{1}{\eta_B}, & T_B n_B > 0 \end{cases} \tag{2-72}$$

式中，P_{bat} 为电池功率；P_{eqi} 为用电设备功率；T 为电机转矩；n 为电机转速；γ_A、γ_B 为两个电机的功率系数，发电状态下等于其工作效率 η_A、η_B，电动状态下等于其工作效率的倒数。

2.2.4.2 发动机动态响应特性

在本书的 EMT 系统中，动力源为发动机和电池，对外输出转矩的主要部件为发动机和电动机。电机的响应速度较快，故一般忽略其响应延迟对于系统的作用，但是发动机的动态响应特性却对系统的功率分配具有较大影响。本书中的发动机为柴油发动机，采用的是转速控制，其响应速度比转矩控制更加缓慢。同时，在 EMT 的工作过程中，发动机的输出转矩除了为车辆行驶和用电设备提供功率之外，还要克服自身阻力和进行转速调节，即

$$T_e = T_{e\_L} + T_{e\_f} + j_e \omega_e \tag{2-73}$$

式中，T_{e_L} 为发动机的负载转矩；T_{e_f} 为发动机自身的阻力矩；j_e 为发动机的惯量；ω_e 为曲轴输出角速度。

当外界有用电需求时，发动机应加大其输出功率，对外进行供电。但是由于发动机转速响应速度远低于电机转矩响应速度，发动机与电机在协调过程中容易出现发动机工作点快速变化的情况。在这个动态过程中，发动机无法提供足够的功率驱动发电机发电，那么根据式（2-71），电动机和用电设备所需要的电功率就由电池来提供。这样一来，如果外界对于电能有着频繁的需求，电池就会不断进行充放电，对其寿命和性能有着巨大影响，同时也会破坏电功率的平衡，导致电池的功率向着不可预知的方向变化。而电池过度放电也将引起母线电压的大幅

下降，对电机有不利影响，下面将对此进行分析。

2.2.4.3 电机动态响应特性

在双模式机电复合传动系统中，电机是连接机械系统与高压电气系统的桥梁。机械系统的耦合特性将通过电机转子作用于电机，影响其电磁转矩；直流母线电压的变化也直接影响到电机的恒转矩区范围以及电磁转矩的稳定性。由于本书重点关注高压电气系统，故机械系统对电机性能的影响不做过多关注，重点研究电压等电气参数对电机基速和转矩的影响。重型车辆在行驶过程中往往对用电功率有着较大需求，如果没有 DC/DC 变换器等稳压部件，常常会引起母线电压的较大波动，故下文将重点分析直流母线电压与电机动态响应特性之间的相互作用关系。

前文中对发电机/电动机建模时提到，电机所采用的控制策略是目前广泛使用的向量控制。该控制方法的控制对象是定子电流 i_s 在两相旋转坐标系上的分量 i_d 和 i_q，但是其控制要受到逆变器和直流母线电压的双重限制。

1. 电压约束条件

永磁同步电机的三相电压是由直流母线电压通过逆变器的开关作用变化而来。因此，定子电压向量 u_s 的幅值要受到逆变器直流侧电压的限制。假设电机定子相电压的极限值为 $u_{\lim}$，则

$$u_d^2 + u_q^2 \leqslant u_{\lim}^2 \tag{2-74}$$

忽略定子绕组上的压降，可以得到

$$(i_d + \varphi_f/L_d)^2 + (L_q/L_d)^2 i_q^2 \leqslant (u_{\lim}/L_d \omega_e)^2 \tag{2-75}$$

上式表明，电机在每个确定的转速下，dq 坐标系中都有一个以 $(-\phi_f/L_d, 0)$ 为圆心的椭圆与之相对应。随着转速的增加，椭圆区域逐渐减小。该椭圆区域叫作电压极限椭圆，主要对电机在恒功率区的运行进行限制。

2. 电流约束条件

对于永磁同步电机的定子电流向量 i_s 来说，其幅值受到电机发热量和逆变器工作电流极限值的限制。将逆变器的电流极限值设为 $i_{\lim}$，则有

$$i_s = \sqrt{i_d^2 + i_q^2} \leqslant i_{\lim} \tag{2-76}$$

上式对应的是 dq 坐标系下一个圆心为 $(0, 0)$，半径为 i_s 的电流极限圆。该

圆形区域主要限制电机的恒转矩区,决定电机的最大输出转矩。

电机在运行时,其定子电流向量 i_s 需要同时满足电压极限椭圆和电流极限圆的约束,电机才能正常工作,如图 2.30 所示。

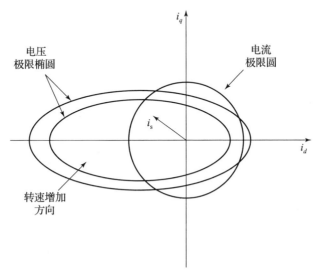

图 2.30 电压极限椭圆和电流极限圆

由于电机模型使用的是 $i_d = 0$ 的电流控制策略,故该策略下的电压约束条件简化为

$$(\varphi_f/L_d)^2 + (L_q/L_d)^2 i_q^2 \leq (u_{\lim}/L_d \omega_e)^2 \quad (2-77)$$

电流约束条件简化为

$$i_s = |i_q| \leq i_{\lim} \quad (2-78)$$

在 $i_d = 0$ 的控制策略下,电机的电磁转矩与交轴电流分量 i_q 成正比,定子电流全部转变为电磁转矩。故该控制策略下的电机电磁转矩轨迹线与 i_q 轴重合。然而,由于电流约束条件对于电机最大输出转矩的限制作用,电磁转矩轨迹与电流约束条件所形成的曲线的交点即定子电流幅值最大点,也就是恒转矩区所能输出的最大转矩点。该点满足

$$(\varphi_f/L_d)^2 + (L_q/L_d)^2 i_{\lim}^2 \leq (u_{\lim}/L_d \omega_e)^2 \quad (2-79)$$

而通过该点的电压约束条件曲线所对应的转速,即电机基速。其表达式为

$$\omega_e = \frac{u_{\lim}}{\sqrt{\varphi_f^2 + L_q^2 i_{\lim}^2}} \quad (2-80)$$

定子相电压的极限值 $u_{\lim}$ 受到逆变器直流侧电压的限制，其大小与直流母线电压 u_{dc} 成正比关系。从式（2-80）可以看出，电机的基速与定子极限相电压成正比，即和直流母线电压呈线性关系。直流母线电压越高，电机的基速也就越大，电机的恒转矩区也就越宽，控制性能越好。当母线电压受到影响而跌落时，会引起电机恒转矩区的缩减，同时会使最大输出功率变小，影响到传动系统的输出性能。当母线电压下降过多时，机电复合传动系统中的两台电机可能无法充分发挥出其应有的性能，从而导致车辆输出的驱动力下降，降低其动力性。

此外，直流母线电压不仅会影响到电机的基速大小，同时还将对逆变器的调制产生影响，甚至可能造成电机的输出转矩产生脉动。下面将对该影响进行分析说明。

对于采用向量控制的电机来说，其调制方式多采用空间向量脉宽调制（SVPWM）的方法。其主要思想是，以三相对称正弦波电压供电时三相对称电动机定子理想磁链圆为参考标准，以三相逆变器不同开关模式做适当的切换，从而形成 PWM 波，以所形成的实际磁链向量来追踪其准确磁链圆。SVPWM 调制法将电机逆变系统与电机当成一个整体来考虑，以输出圆形旋转磁场为目标来控制逆变器。

三相电压源逆变器由 6 个 IGBT 开关器件组成，其拓扑结构如图 2.31 所示。可以看出，逆变器由三个桥臂构成，每个桥臂包含上下两个半桥，二者工作状态相反，不能同时导通或关断。定义开关向量 S_x（x = A，B，C）表示三个桥臂的输出状态。当 $S_x = 1$ 时，代表该桥臂上半桥导通，下半桥关断；当 $S_x = 0$ 时，代表下半桥导通，上半桥关断。可以得到，逆变器共有 $2^3 = 8$ 种开关状态，分别为 000，001，010，011，100，101，110，111。在这 8 种开关状态中，包含了两个零向量和六个有效向量。两个零向量分别为 000 和 111，它们的幅值为 0，位于平面中心，所对应的两种开关状态使逆变器在驱动中不会产生任何作用。其余的六个有效向量幅值均为 $2U_{dc}/3$，两两之间相位相隔 60°，将 360°平面空间平均分成六个扇区，形成一个正六边形。各个基本电压向量的位置分布如图 2.32 所示。逆变器输出的线电压 U_{AB}、U_{BC}、U_{CA} 及相电压 U_A、U_B、U_C 与开关向量 S_A、S_B、S_C 之间的关系为

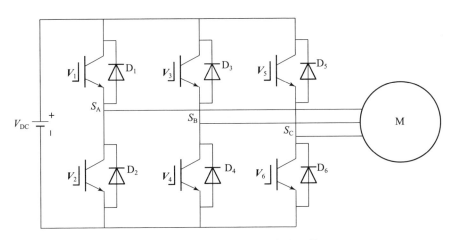

图 2.31 三相电压源逆变器电路拓扑图

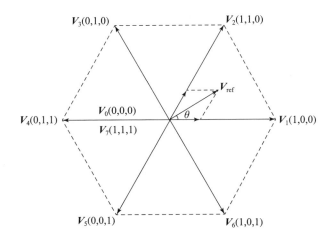

图 2.32 基本电压向量和参考电压向量

$$\begin{bmatrix} U_{AB} \\ U_{BC} \\ U_{CA} \end{bmatrix} = U_{DC} \begin{bmatrix} 1 & -1 & 0 \\ 0 & 1 & -1 \\ -1 & 0 & 1 \end{bmatrix} \begin{bmatrix} S_A \\ S_B \\ S_C \end{bmatrix} \quad (2-81)$$

$$\begin{bmatrix} U_A \\ U_B \\ U_C \end{bmatrix} = \frac{1}{3} U_{DC} \begin{bmatrix} 2 & -1 & -1 \\ -1 & 2 & -1 \\ -1 & -1 & 2 \end{bmatrix} \begin{bmatrix} S_A \\ S_B \\ S_C \end{bmatrix} \quad (2-82)$$

通过有效向量和零向量的组合，调整每个向量的作用时间，可以得到平面内的任何向量。在第 2 章建立电机控制器模型时提到，通过电流控制策略以及 PI 环节的调节，并经过相应的坐标变化，可以得到参考电压向量 V_{ref}。该参考电压向量 V_{ref} 是产生期望 PWM 信号、控制逆变器工作的基础。因此，在合成这一特定向量时，先判断该向量所在的扇区，然后利用形成该扇区的两个基本向量，并配合零向量对其进行表示，如图 2.33 所示。每个向量的作用时间表示基本向量的作用大小。计算好每个向量的作用时间，把它们进行组合，即可得到所需要的电压向量。根据伏秒平衡原理可得

$$V_i t_i + V_{i+1} t_{i+1} = V_{ref} T_{PWM} \tag{2-83}$$

$$t_i + t_{i+1} + t_0 = T_{PWM} \tag{2-84}$$

式中，V_i 和 V_{i+1} 分别为第 i 个和第 $i+1$ 个基本向量（$i=1, 2, 3, 4, 5$），t_i 和 t_{i+1} 分别为第 i 个和第 $i+1$ 个基本向量的作用时间，t_0 为零向量的作用时间，T_{PWM} 为逆变器的开关周期。在 SVPWM 调制算法下，根据式（2-85）和式（2-86），可以推导出各个基本电压向量的作用时间：

$$t_i = \sqrt{3} T_{PWM} \frac{|V_{ref}|}{V_{dc}} \sin\left(\frac{\pi}{3} - \theta\right) \tag{2-85}$$

$$t_{i+1} = \sqrt{3} T_{PWM} \frac{|V_{ref}|}{V_{dc}} \sin\theta \tag{2-86}$$

$$t_0 = T_{PWM} - t_i - t_{i+1} \tag{2-87}$$

基本向量作用时间之和应小于逆变器的开关周期，即

$$\frac{t_i + t_{i+1}}{T_{PWM}} = \frac{\sqrt{3}|V_{ref}|}{V_{dc}} \left[\sin\left(\frac{\pi}{3} - \theta\right) + \sin(\theta)\right] = \frac{\sqrt{3}|V_{ref}|}{V_{dc}} \cos\left(\frac{\pi}{6} - \theta\right) \leqslant 1 \tag{2-88}$$

当 θ 变化时，V_{ref} 要时刻满足这个关系式。故当 θ 取 $\pi/6$ 时，逆变器输出电压向量的最大幅值为 $V_{dc}/\sqrt{3}$，即六个基本向量所形成的正六边形的内切圆半径。当参考电压向量位于内切圆之内，即幅值小于内切圆半径时，都能够通过相邻的两个基本电压向量线性合成，控制电压向量按照圆形轨迹旋转，此内切圆区域称为线性调制区，如图 2.33 所示。

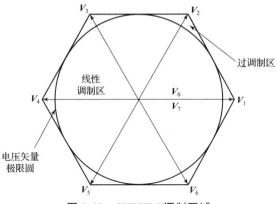

图 2.33 SVPWM 调制区域

然而上文提到，六个有效向量幅值为 $2U_{dc}/3$，即基本向量的大小与母线电压成正比。如果母线电压产生跌落，六个向量的幅值就会变小，所形成的正六边形也会变小，进而导致其内切圆也会减小。对于同一参考电压向量来说，它就有可能超出内切圆区域，而进入过调制区，如图 2.34 所示。可以看出，当母线电压从 U_{dc1} 降至 U_{dc2} 后，基本向量也从 V_i 变成 V_i'，正六边形内切圆区域也发生了相应的缩减。对于同一电压向量 V_{ref} 来说，母线电压降低后，它就从原先的线性调制区进入过调制区。

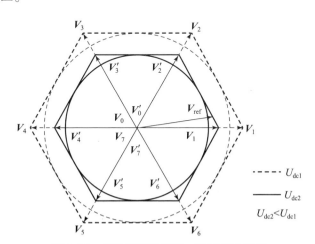

图 2.34 母线电压降低后，SVPWM 区域

一般来说，SVPWM 调制的区域可以分为线性调制区和过调制区，它们的分界线就是电压向量极限圆，即正六边形内切圆。当参考电压向量 V_{ref} 进入过调制

区时,电机将进入过调制状态。在过调制状态下,调制波的峰值将超出三角载波的峰值,此时控制器已经饱和,逆变器输出电压的波形仅部分受控,会产生严重的畸变,并且带有更多的谐波分量,这些谐波将会增加电机的损耗和发热,降低电机效率,同时影响电机的输出转矩,使其产生脉动。由于电机的输出转矩直接作用在动力耦合机构上,故当其转矩脉动增加时,会影响传动系统的平稳运行,同时对系统的强度造成严重影响。

通过上述三方面的分析可知,双模式机电复合传动机械系统与高压电气系统之间有着强烈的耦合关系,两者之间相互影响。系统效率的复杂性和效率模型的不准确,以及发动机固有的动态响应特性,往往导致机电功率的分配不够精确,动力源的实际功率与稳态目标功率之间存在较大偏差,电功率难以达到平衡状态。然而,能量管理策略对功率进行分配后,各动力源能否精确地按照分配好的功率轨迹进行变化,却对整车的运行有着至关重要的作用。除此之外,对于采用双模式机电复合传动系统的重型车辆来说,行驶工况复杂,用电设备往往需要系统提供大量的电能。此时,如果没有相应的稳压部件和部件协调控制策略,系统将无法快速协调出相应的电功率,进而导致母线电压的波动过大,影响高压电气部件的工作性能,严重时会导致高压电气系统乃至整车的崩溃。

2.2.5 综合效率特性研究

机电复合传动系统包括多个控制子系统,各子系统协调配合工作,才能实现机电复合传动系统的功能以及动力性、经济性等指标。本书定义了机电复合传动的综合效率计算方法,进行了根据综合效率制定能量管理与控制策略的工作。

机电复合传动系统的效率不但影响到车辆的燃油经济性,而且与辅助系统的设计关系密切。系统效率越高表示耗散掉的相对功率越小,因此可以减小冷却散热系统,进一步提高机电复合传动系统的功率密度。机电复合传动系统的效率计算比较复杂,不仅涉及多个动力元件本身的能量转换效率,还关系到耦合机构的效率。由于各个动力元件的效率可以通过试验环节获得,本节主要对动力耦合机构的效率变化规律进行分析。耦合机构功率流分配比例根据车辆行驶工况的变化实时发生改变,进而造成功率流传递过程中各环节功率损失的变化,从而影响到耦合机构的效率。

动力耦合机构可以看作变输入、变输出的多自由度系统。两个电机可以在四象限工作,它们的电功率之和大于零时从外界吸收的功率,小于零时向外界释放的功率。当吸收功率时,相当于动力电池组辅助发动机进行驱动;当释放功率时,相当于对电池组充电提高了发动机的负载。因此,定义耦合机构的效率如下:

$$\eta_{\text{coup}} = \begin{cases} 1 - \dfrac{P_{\text{loss}}}{P_{\text{in}} + P_{\text{ele}}}, & \text{耦合机构吸收电功率时} \\ 1 - \dfrac{P_{\text{loss}}}{P_{\text{in}}}, & \text{耦合机构释放电功率时} \end{cases} \quad (2-89)$$

式中,P_{loss}为功率耦合机构损失的功率,包括两个电机能量转换的功率损失、耦合机构齿轮啮合的功率损失、耦合机构操纵元件带排的功率损失以及旋转密封元件的功率损失等;P_{in}为耦合机构从发动机输入的机械功率;P_{ele}为功率耦合机构与外界的交换电功率,当耦合机构吸收电功率时为正。

电机能量转换时损失的功率与电机的工作点有关,而电机的工作状态与耦合机构的输入-输出条件有关,耦合机构齿轮啮合的功率损失与行星排传递的相对功率有关,操纵元件带排的功率损失与其主被动摩擦片速差、间隙、油压、油槽形状等因素有关,旋转密封元件的功率损失与相对转速、油压等因素有关。由此可见,其效率计算与传统行星变速箱效率计算不同,在行星变速箱计算效率时,只要变速箱的挡位确定,行星传动系统中各构件的转速、转矩关系就可以确定。但在耦合机构中,要确定各构件的转速和转矩,需要知道输入和输出构件的转速、转矩。耦合机构中密封元件与轴承的功率损失相对于齿轮啮合与电机能量转换功率损失来说所占比例很小,本书中忽略了它们的影响。因此,耦合机构效率可以描述为

$$\eta_{\text{coup}} = 1 - \eta_{\text{p1}} - \eta_{\text{p2}} - \eta_{\text{p3}} - \eta_{\text{a}} - \eta_{\text{b}} \quad (2-90)$$

式中,η_{p1}、η_{p2}、η_{p3}分别为各行星排齿轮啮合功率损失与总输入功率之比;η_{a}、η_{b}为电机A、B的功率损失与总输入功率之比。

在分析耦合机构效率时,假设电机A和电机B之间满足电功率平衡进行公式推导,此时耦合机构为单输入/单输出系统。利用相对功率法计算行星排齿轮啮合损失功率,得到EVT1和EVT2模式下系统的功率损失。

定义传动比

$$i_c = \frac{n_i}{n_o}$$

系统处于 EVT 模式时，耦合机构效率计算公式中的各项分别为

$$\eta_{p1} = \frac{1}{k_1+1}\left|\frac{1+k_3}{i_c}-1\right||1-\eta_p| \qquad (2-91)$$

$$\eta_{p2} = \frac{1}{1+k_2}\left|\frac{1+k_3}{i_c}-1\right||1-\eta_p| \qquad (2-92)$$

$$\eta_{p3} = \left|\frac{k_3}{1+k_3}\right||1-\eta_p| \qquad (2-93)$$

$$\eta_a = \left|1-\frac{(1+k_3)(1+k_1+k_2)}{(1+k_1)(1+k_2)i_c}\right||1-\eta_{elea}| \qquad (2-94)$$

$$\eta_b = \left|1-\frac{(1+k_1+k_2)(1+k_3)}{(1+k_1)(1+k_2)i_c}\right||1-\eta_{eleb}| \qquad (2-95)$$

系统处于 EVT2 模式时，第一行星排、第二行星排参与工作，第三行星排空转，系统效率公式中各项分别为

$$\eta_{p1} = \frac{1+k_2}{1+k_1}|i_c-1|\left|\frac{1}{i_c}-\frac{1+k_2}{k_2}\right||1-\eta_p| \qquad (2-96)$$

$$\eta_{p2} = \frac{k_2}{1+k_2}\left|\frac{1}{i_c}-1\right||1-\eta_p| \qquad (2-97)$$

$$\eta_{p3} = 0 \qquad (2-98)$$

$$\eta_a = \frac{k_2}{1+k_1}\left|i_c-\frac{1+k_1+k_2}{1+k_2}\right|\left|\frac{1}{i_c}-\frac{1+k_2}{k_2}\right||1-\eta_{elea}| \qquad (2-99)$$

$$\eta_b = \frac{k_2}{1+k_1}\left|i_c-\frac{1+k_1+k_2}{1+k_2}\right|\left|\frac{1}{i_c}-\frac{1+k_2}{k_2}\right||1-\eta_{eleb}| \qquad (2-100)$$

式中，η_p 为行星排齿轮啮合的效率，机构中行星排都为简单排，一次内啮合，一次外啮合，取效率为 0.95；$\eta_{elea} = \eta_a^{-\text{sign}(n_a \cdot T_a)}$，与电机 A 的工作状态有关；$\eta_{eleb} = \eta_b^{-\text{sign}(n_b \cdot T_b)}$，与电机 B 的工作状态有关。

由上述分析可知，在不考虑外界电功率交换以及行星排离合器带排、密封元件等损失的条件下，耦合机构的效率可以表述为

$$\eta = f(n_i, T_i, i_c) \qquad (2-101)$$

即耦合机构效率可以描述为输入转速 n_i、输入转矩 T_i 和传动比 i_c 的函数。

由输入转速、输入转矩、传动比和电功率平衡方程可以确定电机 A、B 的工作状态,根据电机 A、B 的效率 MAP 图确定其效率大小。图 2.35 所示为 EVT2 模式下耦合机构在传递某一功率时,其效率随输入转速和传动比变化的规律。从图中可以看出,耦合机构效率随传动比变化比较明显,输入转速的变化对耦合机构效率影响不大。

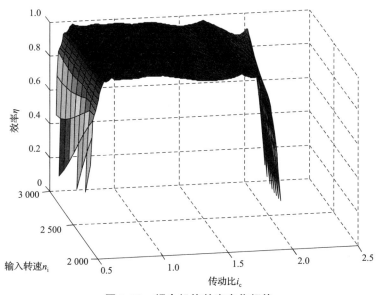

图 2.35　耦合机构效率变化规律

若电机 A、B 的效率取其平均值,则耦合机构的效率只跟传动比有关。当行星排齿轮内啮合效率取 0.98,外啮合效率取 0.97,电机平均效率取 0.90 时,计算耦合机构效率随传动比变化规律如图 2.36 所示。从图中可以看出,耦合机构在电机 A、B 功率为零的点效率较高,将这样的点称为机械点,此时没有能量转换的电功率损失。EVT1 模式下有一个机械点,EVT2 模式下有两个机械点。耦合机构在机械点效率最高,在机械点之外随着传动比向两侧的延伸,其效率递减。由于耦合机构在机械点附近效率较高,因此在进行系统参数匹配时,应尽量将常用车速与机械点对应。图 2.37 所示为电功率损失与齿轮啮合机械功率损失的比例关系。从图中可以看出,在多数情况下电功率损失所占比例较大,在机械点附近机械功率损失比电功率损失大。

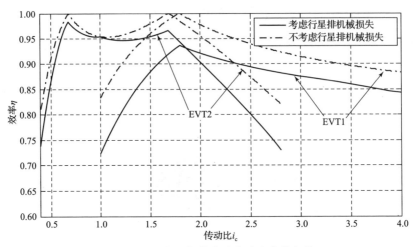

图 2.36　耦合机构效率随传动比变化规律

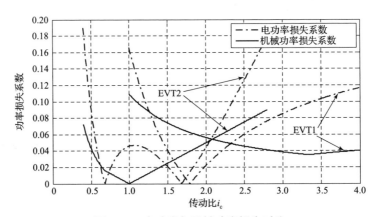

图 2.37　电功率与机械功率损失对比

在前面的分析中没有考虑耦合机构电机与外界电功率的交换，若定义 P_{ele} 为功率耦合机构与外界的交换电功率，当吸收电功率时为正，释放电功率时为负。并且假设给定电功率 P_{ele} 的值，在当前状态下可以与电机 A、B 构成电功率平衡。

给出如下定义：

$$\frac{T_o}{T_i} = \rho_T$$

则

$$\rho_T = \left(1 + \frac{9\,549 P_{ele}}{n_i T_i}\right) i_c$$

耦合机构的效率可表示为

$$\eta = f(n_i, T_i, i_c, \rho_T) \quad (2-102)$$

耦合机构效率公式中的各系数可以相应修正为

EVT1 模式：

$$\eta_{p1} = \frac{1}{k_1+1} \left| \frac{1+k_3}{i_c} - 1 \right| |1-\eta_p| \quad (2-103)$$

$$\eta_{p2} = \frac{1}{1+k_2} \left| \frac{1+k_3}{i_c} - 1 \right| |1-\eta_p| \quad (2-104)$$

$$\eta_{p3} = \frac{k_3}{1+k_3} \left| \frac{\rho_T}{i_c} \right| |1-\eta_p| \quad (2-105)$$

$$\eta_a = \left| 1 - \frac{(1+k_3)(1+k_1+k_2)}{(1+k_1)(1+k_2)i_c} \right| |1-\eta_{elea}| \quad (2-106)$$

$$\eta_b = \left| \frac{\rho_T}{i_c} - \frac{(1+k_1+k_2)(1+k_3)}{i_c(1+k_1)(1+k_2)} \right| |1-\eta_{eleb}| \quad (2-107)$$

EVT2 模式：

$$\eta_{p1} = \frac{1+k_2}{1+k_1} \left| \rho_T - \frac{k_2}{1+k_2} \right| \left| \frac{1}{i_c} - 1 \right| |1-\eta_p| \quad (2-108)$$

$$\eta_{p2} = \frac{k_2}{1+k_2} \left| \frac{1}{i_c} - 1 \right| |1-\eta_p| \quad (2-109)$$

$$\eta_{p3} = 0 \quad (2-110)$$

$$\eta_a = \frac{1+k_1+k_2}{1+k_1} \left| \rho_T - \frac{k_2}{1+k_2} \right| \left| \frac{1}{i_c} - \frac{1+k_2}{1+k_1+k_2} \right| |1-\eta_{elea}| \quad (2-111)$$

$$\eta_b = \frac{k_2}{1+k_1} \left| \frac{1}{i_c} - \frac{1+k_2}{k_2} \right| \left| \rho_T - \frac{1+k_1+k_2}{1+k_2} \right| |1-\eta_{eleb}| \quad (2-112)$$

考虑耦合机构与外界电功率交换，其效率如图 2.38 所示。电功率损失与齿轮啮合机械功率损失所占比例如图 2.39 所示。从图中可以看出，耦合机构是否与外界进行电功率交换，对耦合机构效率变化趋势影响不大，在两个机械点之间的区域仍为耦合机构的高效区。在两个机械点附近一定区域电功率损失系数保持不变，主要原因是在此区域内电机 A 和电机 B 同时作为发电机工作，其功率之和为输出电功率。其他工况下，两个电机一个作为发电机，另一个作为电动机，两电机功率之差为输出电功率。

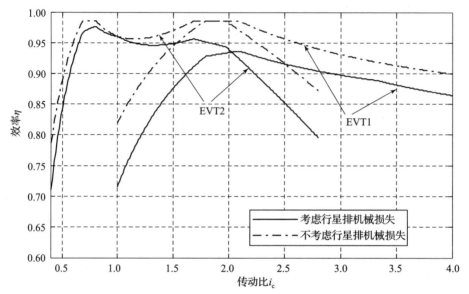

图 2.38 与外界电功率交换时耦合机构效率变化规律

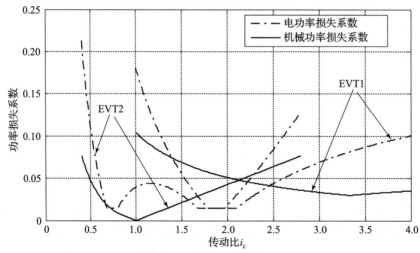

图 2.39 与外界电功率交换时电功率与机械功率损失对比

本章小结

本章对双模式机电复合传动系统的结构组成进行了具体介绍，并从转速、转矩以及功率等方面对系统特性进行了分析。同时基于多尺度的基本概念和控制问题的多尺度属性，分析了机电复合传动系统的多尺度特性。针对稳态功率流特性，研究了两个电机的功率系数随用电功率系数和速比的变化规律；针对动态功率流特性，基于灵敏度分析（偏导数）研究了发动机和车辆的动态特性参数（惯性功率系数）随两个电机和制动器的功率系数（可控变量）的变化规律，并对动态功率的影响因素进行了分析。最后，在机电复合传动系统效率变化规律分析的基础上，研究了综合效率的计算方法，分析了机电复合传动系统综合效率对于整车性能的影响。

第 3 章
机电复合传动车辆行驶工况预测方法研究

车辆行驶工况主要是指行驶过程中的工作状况,按照运动形式主要有起步、加速、匀速、减速、上下坡以及停车等。在实际过程中,车辆的未来行驶工况一般是时刻变化的,机电复合传动车辆在非道路环境下预知未来工况更为困难。如何能够有效地预测车辆未来工况,将很大程度上影响机电复合传动控制系统能量管理实时优化效果,对增强能量管理策略的前瞻性有重要作用。本章将介绍几种常见的车辆未来工况预测方法,包括指数预测方法、马尔科夫链预测方法、神经网络预测方法和支持向量机预测方法等。

3.1 指数预测方法

本章研究重点为车辆未来行驶工况中车速的预测,忽略坡度带来的工况扰动并假设坡度保持为0°,同时,未来需求转矩可由未来车速通过下式求得:

$$T_p = m\dot{V}_p r_w + \frac{1}{2}\rho C_d A_f V_p^2 r_w + \mu m g r_w \qquad (3-1)$$

式中,T_p 为预测需求转矩;V_p 为预测车速。

目前,国际上最为普遍使用的车速预测方法为指数预测方法,其预测较为简单直观,认为在预测时域内,未来车速与当前车速呈指数变化关系。在采样时刻 k,预测车速可表述为

$$V_{k+i} = V_k(1+\delta_z)^i, i = 1,2,\cdots,P \qquad (3-2)$$

式中,δ_z 为指数系数,其数值选择常在 $-0.05 \sim 0.05$。图 3.1 所示为一段循环工

况在不同 δ_z 系数下指数预测的结果，其中粗实线为循环工况实际车速，细实线为每个采样时刻下预测时域内的预测车速，预测时域为 5 s。由图中可见，当 $\delta_z = 0.02$ 时，预测时域内未来车速总是以 1.02 的倍数指数上升；当 $\delta_z = 0$ 时，预测时域内未来车速始终保持不变；当 $\delta_z = -0.02$ 时，预测时域内未来车速总是以 0.98 的倍数指数下降。

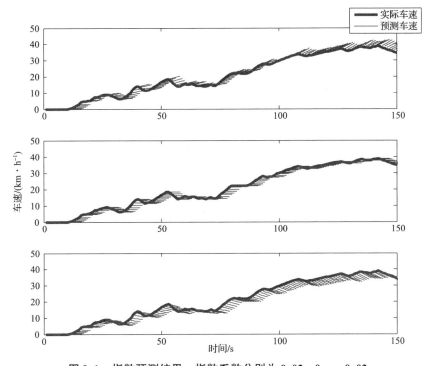

图 3.1　指数预测结果，指数系数分别为 0.02，0，-0.02

3.2　基于马尔可夫链的工况预测

3.2.1　一阶马尔可夫链工况预测

指数预测简单直观，但不能得到较好的预测结果，无法有效提升预测控制的效果。本节引入马尔可夫链模型，模拟车速变化规律，在平稳工况下进行工况预测。

马尔可夫过程是一类随机过程，该过程具有以下特征：在已知当前状态（现在）的条件下，其未来状态（将来）的演变不依赖于它的历史演变（过去）。其基本模型为马尔可夫链，由俄国数学家 A. A. 马尔可夫于 1907 年提出，用于描述一种状态序列，其每个状态值取决于前面有限个状态。

在车辆正常行驶过程中，其速度随着行驶环境和驾驶员意图的改变而变化。由于行驶环境外部影响因素很多且驾驶员意图的变化也存在一定的不确定性，因而车辆实际行驶过程中，未来车速可以被看作一种随机变量。假设车辆在每一时刻的加速度与历史信息无关，只由当前信息决定，从而认为车辆的加速度变化是一种马尔可夫过程，即可以使用马尔可夫链模型来模拟车速与加速度的变化规律，并对未来车速进行预测。

本书提出依据不同的驾驶员踏板开度 $a \leq 0$，$0 < a \leq 20\%$，$20\% < a \leq 40\%$，$40\% < a \leq 60\%$，$60\% < a \leq 80\%$，$80\% < a \leq 100\%$，建立六组相应的一阶马尔可夫链模型。每组马尔可夫链模型均由车速 $\bar{V}$（$0 \sim 30$ m/s）和加速度 $\bar{a}$（$-1.5 \sim 1.5$ m/s^2）构成离散的网格空间，定义车辆速度为当前状态量，将其划分为 p 个区间，由 $i \in \{1, 2, \cdots, p\}$ 索引；定义车辆加速度为下一时刻输出量，将其划分为 q 个区间，由 $i \in \{1, 2, \cdots, p\}$ 索引。则每组马尔可夫链模型的转移概率矩阵 T 可以表述为

$$T_{ij} = Pr[a_{k+n+1} = \bar{a}_j | V_{k+n} = \bar{V}_i] \tag{3-3}$$

式中，$n \in \{1, 2, \cdots, N_p\}$ 为预测时域内所需预测车速的目标时刻；T_{ij} 为当前时刻车速 $V_{k+n} = V_i$ 的情况下，车辆加速度在下一时刻演变至 a_j 的概率。

在离线状态下，依据多个平稳标准循环工况的数据计算出各驾驶员踏板开度下马尔可夫链模型转移概率矩阵，选择美国环保局制定的美国州际公路循环工况 WVUINTER、美国 06 号高速路循环工况 US06_HWY 以及欧洲循环工况 EUDC 为标准循环工况，设定 $p = 30$，$q = 20$，根据下式计算得出转移概率矩阵：

$$T_{ij} = \frac{N_{ij}}{\sum_{j=1}^{q} N_i} \tag{3-4}$$

式中，N_{ij} 为当前时刻为 i、下一时刻为 j 出现的次数。

图 3.2 所示为离线状态下计算出的各驾驶员踏板开度下马尔可夫链模型转移概率矩阵,可以看出,当驾驶员踏板开度为负时,即驾驶员踩刹车踏板时,预测

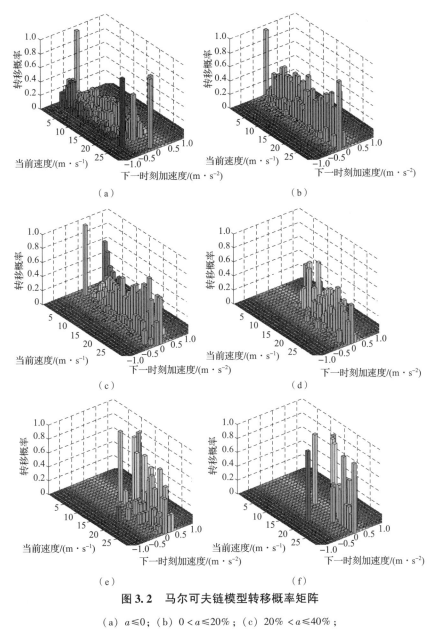

图 3.2 马尔可夫链模型转移概率矩阵

(a) $a \leqslant 0$;(b) $0 < a \leqslant 20\%$;(c) $20\% < a \leqslant 40\%$;
(d) $40\% < a \leqslant 60\%$;(e) $60\% < a \leqslant 80\%$;(f) $80\% < a \leqslant 100\%$

加速度取值多为负值;而当驾驶员踏板开度为正时,即驾驶员踩加速踏板时,预测加速度取值多为正值。同时,当车速较低时,其预测加速度取值多分布在 $-1.0 \sim 1.0 \text{ m/s}^2$,而随着车速的增加,急加速或急减速的情况逐步减少,当车速高于 25 m/s 时,预测加速度取值多分布在 $-0.5 \sim 0.5 \text{ m/s}^2$。而当驾驶员踏板开度不断增加时,转移概率矩阵中将缺失车速较低的情况,这种情况下即假设下一时刻加速度为 0。

根据以上马尔可夫链模型,即可在当前时刻 k 预测出下一时刻车辆加速度,并求出下一时刻车速:

$$V(k+1) = V(k) + \sum_{j=1}^{q} (a_j(k+1) \times T_{V(k),j}) \qquad (3-5)$$

同理,预测时域内各时刻的车速均可由上一时刻车速计算得到:

$$V(k+n+1) = V(k+n) + \sum_{j=1}^{q} (a_j(k+n+1) \times T_{V(k+n),j}) \qquad (3-6)$$

式中,$n \leq P$ 为预测时域内各目标时刻。

3.2.2 多阶马尔可夫链工况预测

以往用于工况预测的马尔可夫链模型多为一阶模型,此类模型只能采用一个历史工况数据来预测未来一步工况,也就是说预测的未来一步工况是相对准确的,如果要预测未来多步工况,就需要利用预测得到的工况数据来继续预测未来的工况。由于一阶马尔可夫链模型预测多步未来工况的误差较大,导致这种工况预测方法会产生工况预测误差的累积叠加,因此工况预测精度较差。为了解决一阶马尔可夫链模型预测工况误差大的问题,有学者采用高阶马尔可夫链模型来设计工况预测器,用于预测未来工况。高阶马尔可夫链工况预测模型的优点是可以采用多个历史工况数据预测未来工况,从而可以直接预测多步未来工况,而不是利用预测的工况来继续预测未来工况,这种工况预测方法大幅提高了工况预测精度。但是高阶马尔可夫链工况预测模型涉及多个历史工况数据输出概率矩阵权重因子的选取问题,该权重因子对工况预测精度具有巨大影响。以往学者解决该问题的方法是根据工程经验初选输出概率矩阵权重因子,然后通过反复调试来改善高阶马尔可夫链工况预测模型的预测精度,这种输出概率矩阵权重因子的选取方法费时费力，难以取得理想的预测精度。

为了解决高阶马尔可夫链工况预测模型输出概率矩阵权重因子难以选取的问题，并使本书研究的机电复合传动多动力源协同实时控制策略更具有前瞻性，本章开展基于高阶马尔可夫链的工况预测方法和工况识别方法的研究，提出采用线性规划算法来选取合理的输出概率矩阵权重因子的方法，解决高阶马尔可夫链工况预测模型输出概率矩阵权重因子难以选取的问题。

为了在建立马尔可夫链模型概率矩阵过程中对驾驶循环工况样本数据距离分析的方便，本节首先研究驾驶循环工况的离散化过程，然后详细研究基于线性规划算法的高阶马尔可夫工况预测器的设计过程。

3.2.2.1 驾驶循环工况样本聚类分析

本书选取 NYCC、ECE、Artemis_Urban、EUDC、INRETS、US06_HWY、REP05、FTP72、Artemis_Highway、WLTC 等多个典型的驾驶循环工况作为样本数据，用于计算马尔可夫链的输出概率矩阵。选取的驾驶循环工况涵盖了低速、中速和高速工况，并且选取多个典型的驾驶循环工况来设计工况预测器，驾驶循环工况的排列顺序对设计工况预测器没有影响，因此通过随机排序的方式来确定驾驶工况的排列顺序。用于设计工况预测器选择的工况越多、样本数据越大、所涵盖的真实驾驶场景越丰富，那么设计得到的工况预测器效果越好。但是设计者所能获得的样本数据有限，因此本书采用了能够获得的 10 个典型驾驶循环工况来设计工况预测器。驾驶循环工况的车速和加速度曲线如图 3.3 所示。

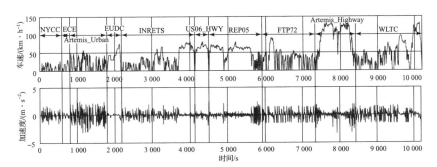

图 3.3 用于马尔可夫工况预测模型的车速和加速度样本数据

为了计算马尔可夫链模型的输出概率矩阵，需要对驾驶循环工况中的车速和加速度曲线进行离散化处理。为了后续方便，根据聚类分析算法对速度点和加速度点进行聚类分析，将速度单位由 km/h 转换为 m/s。将工况样本车速曲线从最小速度到最大速度离散成 N 个区间，本书中 N 取值为 30，每个区间的数值为 v_i，其中，$i \in \{1, 2, \cdots, N\}$，如式（3–7）所示。

$$v_i = \{v_1, v_2, \cdots, v_N\} \quad (3-7)$$

同时，将加速度曲线按照从最小加速度到最大加速度的顺序离散为 M 个区间，本书中 M 取值为 30，每个区间的数值为 a_j，其中，$i \in \{1, 2, \cdots, M\}$，如式（3–12）所示。

$$a_j = \{a_1, a_2, \cdots, a_M\} \quad (3-8)$$

为了将连续的驾驶循环工况中车速和加速度数据离散化后近似到相邻的数据网格点上，采用 k 近邻算法（k - nearest neighbour algorithm，KNN）对驾驶循环工况数据进行分类和离散化处理。KNN 是机器学习中最简单有效的数据分类算法，将驾驶循环工况样本数据分类为离散数据网格，令 $k = 1$，即使用最近邻算法在网格中寻找样本数据的最近点，并采用欧几里得几何距离法测量样本数据与网格点数据的距离。特征空间 χ 为 n 维实向量空间 $\mathbf{R}^n$，$x_i, x_j \in \chi$，x_i 表示车速和加速度数据，x_j 表示网格点数据。x_i 与 x_j 之间的欧几里得几何距离计算公式如下：

$$L_2(x_i, x_j) = \left(\sum_{l=1}^{n} |x_i^{(l)} - x_j^{(l)}|^2 \right)^{\frac{1}{2}} \quad (3-9)$$

驾驶循环工况样本数据离散和分类后的结果如图 3.4 所示，该图表明连续的驾驶循环工况样本数据已经被离散的驾驶循环工况样本数据所代替。

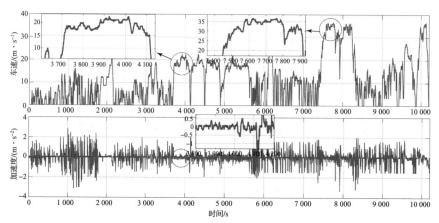

图 3.4　离散化的车速和加速度曲线

3.2.2.2 工况预测器权重因子优化方法

高阶马尔可夫链模型采用式（3-10）：

$$p_{i_1,i_2,i_3,\cdots,i_s,j} = P\{a(t+n) = \bar{a}_j | v(t+n-1)$$
$$= \bar{v}_{i_1}, v(t+n-2) = \bar{v}_{i_2}, \cdots, v(t+n-s) = \bar{v}_{i_s}\} \quad (3-10)$$
$$i,j = 1,2,\cdots,m; n = 1,2,\cdots,L_{PH}$$

式中，s 为马尔可夫链模型的阶数；m 为状态数；n 为预测时域中的时间点；L_{PH} 为预测时域的长度。

高阶马尔可夫链模型转移概率矩阵采用下式计算得到：

$$P\{a(t+n) = \bar{a}_j | v(t+n-1) = \bar{v}_{i_1}, v(t+n-2)$$
$$= \bar{v}_{i_2}, \cdots, v(t+n-s) = \bar{v}_{i_s}\} = \sum_{i=1}^{s} \lambda_i q_{kj}^i \quad (3-11)$$

式中，q_{kj}^i 表示从状态 k 到状态 j 的转移概率矩阵，$k,j \in \{1,2,\cdots,m\}$；λ_i 表示权重，满足

$$0 \leq \lambda_i \leq 1, \sum_{i=1}^{s} \lambda_i = 1 \quad (3-12)$$

高阶马尔可夫链模型（3-10）可改写为

$$X_{t+n+1} = \sum_{i=1}^{s} \lambda_i Q_i X_{t+n+1-i} \quad (3-13)$$

式中，$X_{t+n+1-i}$ 表示在时刻 $(t+n+1-i)$ 的概率分布；$Q_i = [q_{kj}^i]$，$i = 1,2,\cdots,s$，表示在第 i 步的转移概率矩阵。在高阶马尔可夫链模型中有许多未知参数，例如 λ_i 和 Q_i，这些未知参数的估计将在下面详细介绍。

1. 参数向量 Q_i 的估计方法

在第 i 步中，从状态 k 到状态 j 的转移频率 $f_{kj}^{(i)}$ 可由分类数据序列计算得到：

$$F^{(i)} = \begin{bmatrix} f_{11}^{(i)} & \cdots & \cdots & f_{m1}^{(i)} \\ f_{12}^{(i)} & \cdots & \cdots & f_{m2}^{(i)} \\ \vdots & \vdots & \vdots & \vdots \\ f_{1m}^{(i)} & \cdots & \cdots & f_{mm}^{(i)} \end{bmatrix} \quad (3-14)$$

从 $F^{(i)}$ 的表达式中可以计算得到参数向量 $Q_i = [q_{kj}^i]$ 的值：

$$\hat{\boldsymbol{Q}}_i = \begin{bmatrix} \hat{q}^i_{11} & \cdots & \cdots & \hat{q}^i_{m1} \\ \hat{q}^i_{12} & \cdots & \cdots & \hat{q}^i_{m1} \\ \vdots & \vdots & \vdots & \vdots \\ \hat{q}^i_{1m} & \cdots & \cdots & \hat{q}^i_{mm} \end{bmatrix} \quad (3-15)$$

式中,

$$\hat{q}^i_{kj} = \begin{cases} \dfrac{f^{(i)}_{kj}}{\sum_{j=1}^m f^{(i)}_{kj}}, & \sum_{j=1}^m f^{(i)}_{kj} \neq 0 \\ 0, & 其他 \end{cases} \quad (3-16)$$

高阶马尔可夫链模型的转移概率矩阵可以通过上式估计得到,在第 i 步的输出概率矩阵如图 3.5 所示。

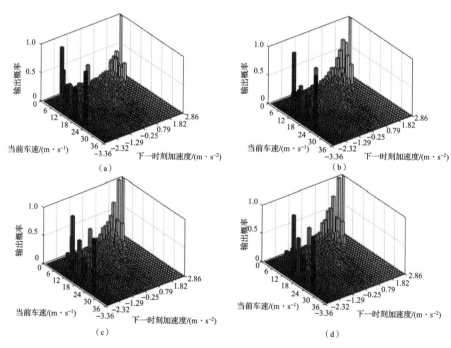

图 3.5　马尔可夫链模型中第 i 步的输出概率矩阵

(a) 一阶概率输出矩阵;(b) 二阶概率输出矩阵;
(c) 三阶概率输出矩阵;(d) 四阶概率输出矩阵

马尔可夫链模型分为显式马尔可夫模型和隐式马尔可夫模型两类,两类马尔可夫链模型的区别在于概率矩阵。显式马尔可夫模型对应的概率矩阵称为"转移概率矩阵",该类概率矩阵的特点是输入状态量与输出状态量为相同的变量,输入状态量与输出状态量只存在概率转移关系。显式马尔可夫模型较为简单,应用也较为广泛,一般所提到的马尔可夫链模型均为显式马尔可夫模型。隐式马尔可夫模型对应的概率矩阵称为"输出概率矩阵",该类概率矩阵的特点是输入状态量与输出状态量为不同的变量,输出状态量与输入状态量不仅存在概率转移关系,还存在函数计算关系,这类马尔可夫链模型较为复杂,其优点是应用较为灵活,扩大了马尔可夫链模型的应用范围。

本书中马尔可夫链模型的输入变量为车速,输出变量为加速度,因此必须采用隐式马尔可夫模型。本书利用隐式马尔可夫模型设计了基于线性规划算法的高阶马尔可夫工况预测器。在隐式马尔可夫模型中,存在两种类型的状态:可观测状态和隐式状态。在本书中,车速和加速度分别为可观测状态和隐式状态。从可观测状态到隐式状态的转移概率定义为输入概率,如图 3.5 所示。图 3.5(a)表示需要一个时间步长来完成从当前可观测状态到下一个与图 3.4 中离散数据对应的隐式状态的转换。图 3.5(b)、图 3.5(c)、图 3.5(d) 分别表示需要两步、三步和四步时间步长才能完成从可观测状态到隐式状态的转换。换句话说,马尔可夫链阶数越高,预测下一个加速度状态所需的历史车速信息就越多,工况预测器就越精确。

2. 基于线性规划算法的参数 λ_i 的估计方法

参数 $\lambda = (\lambda_1, \lambda_2, \cdots, \lambda_n)$ 可以通过下面的公式估计得到,该估计方法可以被看作一个最优化问题:

$$\min_{\lambda} \max_{k} \left| \left[\sum_{i=1}^{s} \lambda_i \hat{Q}_i \hat{X} - \hat{X} \right]_k \right|$$

$$\text{s.t.} \quad \sum_{i=1}^{s} = 1, 0 \leq \lambda_i \leq 1, \forall i \qquad (3-17)$$

式中,$[\ ]_k$ 表示向量的第 k 个输入元素;$\hat{X}$ 是序列中每个状态出现的比例。

上述优化问题可以构成线性规划问题:

$$\text{s.t.} \begin{cases} -[\hat{Q}_1\hat{X}|\hat{Q}_2\hat{X}|\cdots|\hat{Q}_s\hat{X}]\begin{bmatrix}\lambda_1\\\lambda_2\\\vdots\\\lambda_5\end{bmatrix} - \begin{bmatrix}w\\w\\\vdots\\w\end{bmatrix} \leqslant -\hat{X} \\ [\hat{Q}_1\hat{X}|\hat{Q}_2\hat{X}|\cdots|\hat{Q}_s\hat{X}]\begin{bmatrix}\lambda_1\\\lambda_2\\\vdots\\\lambda_5\end{bmatrix} - \begin{bmatrix}w\\w\\\vdots\\w\end{bmatrix} \leqslant -\hat{X} \\ -\lambda_i \leqslant 0, i=1,2,\cdots,s, -w \leqslant 0 \\ \lambda_1 + \lambda_2 + \cdots + \lambda_s = 1 \end{cases} \quad (3-18)$$

$$\min_{\lambda} w$$

本书中利用线性规划算法来解这个优化问题并得到参数 λ_i，参数 λ_i 和 Q_i 都估计得到后，就可以确定基于高阶马尔可夫模型的工况预测器，如下所示：

$$X_{t+s+1} = \sum_{i=1}^{s} \lambda_i Q_i X_{t+s+1-i} \quad (3-19)$$

式中，$X_{t+s+1-i}$ 为加速度状态概率分布向量，即在 $t+s+1-i$ 时刻的车速对应的第 i 个输出概率矩阵；X_{t+s+1} 为在 $t+s+1$ 时刻预测得到的加速度状态概率分布向量，最大概率对应的加速度即预测得到的加速度。

在 t 时刻的下一状态 $\hat{X}_t$ 的预测即具有最大概率的状态，即

$$\hat{X}_t = j, [\hat{X}_t]_i \leqslant [\hat{X}_t]_j \ \forall i,j \in \{1,2,\cdots,m\} \quad (3-20)$$

式中，m 表示状态数量。

3.3　基于径向基神经网络的工况预测

前文介绍的基于马尔可夫链的预测方法在平稳工况下能够有效预测车辆未来工况，具有计算量小、结构简单的优点，但是其在变化工况下无法有效学习驾驶员行为，致使其预测精度较差。有学者提出引入径向基神经网络理论进行变工况下的车辆未来工况预测。

神经网络（Neural Network，NN）是由神经元互联组成的网络，其从微观结构和功能上对人脑抽象、简化，模拟人类智能。它通过样本训练调整神经元权重，最小化模拟输出和真实输出之间的误差，从而实现对非线性问题输入-输出关系的学习并不断增强模型精度。其主要优势为，在不限定神经元个数的前提下，可以实现对非线性系统的无线逼近，这使得它在信息、自动化、工程、医学、经济等众多领域得到充分应用。

图 3.6 所示为神经网络的典型结构，其由输入层、中间层和输出层构成。输入层主要负责按照一定形式接收数据。中间层又叫隐藏层，由多个神经元构成，用于描述非线性系统输入和输出之间的关系。输出层则是用来以特定的形式输出数据。

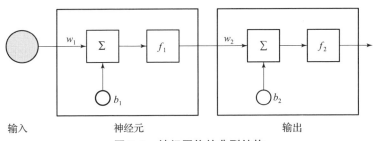

图 3.6 神经网络的典型结构

神经网络根据连接拓扑结构的不同，可以分为多种不同形式，较为典型的有反向传播神经网络（Back Propaganda Neural Network，BP-NN）、小脑模型神经网络（Cerebellar Model Articulation Controller，CMAC）、局部递归型神经网络（Recurrent Neural Network，RNN）、径向基神经网络（Radial Basis Function Neural Network，RBF-NN）等。这些神经网络各有优缺点，并被应用在不同的场合。其中，BP-NN 应用最为广泛，它具有良好的泛化能力和概括能力，但是学习算法收敛速度较慢；CMAC 是局部网络，学习速度较快，但是对存储容量需求大；RNN 是动态网络，稳定性和收敛性较难调试；RBF-NN 是一种局部逼近网络，虽然可能只能得到次优解，但是收敛速度快且计算量小，最适合应用于混合动力车辆在线工况预测。

这里，采用径向基神经网络预测未来车速，其结构如图 3.7 所示。定义神经网络模型的输入 N_{in} 为驾驶员踏板信息和过去一段时间的车速：

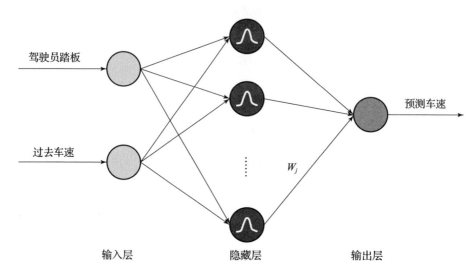

图 3.7 径向基神经网络车速预测结构

$$N_{\text{in}} = \alpha, V_k, V_{k-1}, \cdots, V_{k-H_h} \quad (3-21)$$

式中，H_h 为过去车速向量长度。模型的输出 N_{out} 为未来一段时间的预测车速：

$$N_{\text{out}} = V_{k+1}, K_{k+2}, \cdots, V_{k+P} \quad (3-22)$$

隐藏层中神经元采用高斯函数作为径向基函数：

$$y_j = \sum_{i=1}^{h} \omega_{ij} \exp\left(-\frac{\parallel b_f x - c_i \parallel^2}{2\sigma^2}\right), j = 1, 2, \cdots, P \quad (3-23)$$

式中，y_j 为神经网络输出；ω_{ij} 为输出权值；b_f 为开发者预设的神经元阈值；x 为神经网络输入；c_i 为神经元节点中心；σ 为神经元径向基函数扩散宽度；h 为隐藏层节点数。如此，即可得到车速预测的非线性神经网络模型：

$$[V_k, V_{k+1}, \cdots V_{k+P}] = f_n [\alpha, V_k, V_{k-1}, \cdots, V_{k-H_h}] \quad (3-24)$$

式中，f_n 为径向基神经网络映射。

3.4 支持向量机工况预测方法

基于瞬时功率优化的能量管理策略可以求得满足整车动力性和经济性的实时最优解，但是从一段时间来看未必是最佳优化结果。基于工况预测的控制策略是在已知全局速度基础上进行离线预测和计算，离线预测速度，并据此设计车辆控制策略，适合速度较为稳定、道路状态不拥堵的城市巡逻服务车，根据其行驶路线和行驶起停频率及历史信息可以设计基于全局规划的满足动力性、经济性的最佳控制策略，然而对于道路交通复杂、车速变化不稳定的装甲车辆等其他车辆则不适用。

为解决离线优化燃油消耗控制策略的局限性，将研究有限时域内在线优化燃油消耗的能量控制方法。该方法通过模式识别模型区分样本工况速度模式，进而使用对应预测模型预测速度，最后通过预测有限时域内速度提前调整发动机和电机工作点分布，以达到减少系统等效油耗、改进工作点高频波动的目的。针对预测算法，主要通过两步进行预测实现：第一步利用聚类（K-means）和支持向量机算法（SVM）对速度进行模式分类；第二步采用循环神经网络（RNN）和支持向量回归（SVR）的预测方法，根据模式识别后的速度模式对未来时域的速度进行预测。支持向量回归在帆船速度预测上已有先例，循环神经网络在分析多阶无序时间序列数据方面较有优势。对比这两种方法的预测效果，择其一作为预测信息的提取方式。

3.4.1　K-means 特征提取

无论是支持向量回归的监督学习方法还是神经网络的监督学习方法，都需要先使用 K-means 针对不同的速度变化情况，提取对应速度模式特征。K-means 算法是半监督学习方法，该方法介绍如下：对于观测集 $(x_1, x_2, \cdots, x_n)$，x_i 作为任一样本特征由 M 维实向量组成的，S_i 是样本集，其中 μ_i 是 S_i 中的均值，K-means 要将 $x_1 \sim x_n$ 划分到 k 个集合中且 $k \leq n$，使其聚类平方误差最小，即满足

$$\underset{S_i}{\arg\min} \sum_{i=1}^{k} \sum_{x_i \in S_i}^{n} \| x_i - \mu_i \|^2 \qquad (3-25)$$

式（3-25）表明 K-means 算法的聚类结果与聚类集合数 k 和聚类特征 x_i 有密切关系。因此，首先需对特征数据作相关性分析以筛选冗余特征。然后制定正确的聚类规则，对样本工况提取特征进行聚类，根据聚类效果确定最终的聚类集合数 k。最后使用支持向量机对聚类后特征进行集中监督性学习。

3.4.1.1 相关性分析

为了多方面描述车辆的速度模式，基于经验就样本工况历史速度段的特征进行提取，各特征的提取方式如表 3.1 所示。

表 3.1 聚类特征提取

特征编号	聚类特征说明	特征公式
1	该速度段平均速度 v_{avg}	$\sum_{i}^{i+n} v_i / n$
2	该速度段最大速度 v_{max}	$\{v_1, v_2, \cdots, v_i, \cdots, v_n\}_{max}$
3	该速度段加速度均方差 S_a	$\dfrac{1}{n-1}\sqrt{\sum_{i=1}^{n}(a_i - a_{avg})^2}$
4	该速度段最大加速度 a_{max}	$\{a_1, a_2, \cdots, a_i, \cdots, a_n\}_{max}$
5	该速度段最小加速度 a_{min}	$\{a_1, a_2, \cdots, a_i, \cdots, a_n\}_{min}$
6	该速度段大于 70 km/h 的速度所占百分比 P_{70}	$N(v_i \mid v_i > 70)/n$
7	该速度段中大于 40 km/h 小于 70 km/h 的速度所占百分比 P_{40}	$N(v_i \mid 40 < v_i < 70)/n$
8	该速度段小于 40 km/h 的速度所占百分比 P_{00}	$N(v_i \mid v_i \leqslant 40)/n$
9	该速度段非 0 速度百分比 $P_{\sim 0}$	$N(v_i \mid v_i \neq 0)/n$
10	该速度段的加速踏板开度（Pedal）	α_i
11	加速度为正的均值 a_{avg}^+	$a_{avg}^+ = \dfrac{1}{n}\sum_{i=1}^{n} a_i^+$
12	加速度为负的均值 a_{avg}^-	$a_{avg}^- = \dfrac{1}{n}\sum_{i=1}^{n} a_i^-$

特征提取对应的速度段时间长度为该特征的时间窗口，如图 3.8 所示，$(t_0 - 10) \sim (t_0 - 1)$ 为历史时域，即对 $v_1 \sim v_9$ 的速度作特征提取。$t_0 \sim (t_0 + 5)$ 是预测时域，即 $v_{10} \sim v_{14}$ 为预测速度。凭借经验选取的 12 个特征无法判断它们之

间的关联性和密切性,为了衡量各特征间的相似程度,剔除冗余特征,使用相关系数分析各样本特征之间的相关性强弱程度。如式(3-26)所示,r_{xy} 表示各特征参数的相关系数,S_{xy} 为特征参数的协方差,S_x 为样本 x 的标准差,S_y 为样本 y 的标准差。

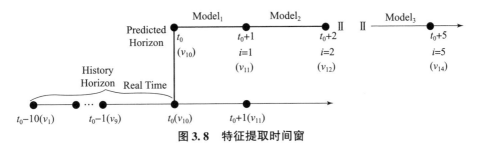

图 3.8 特征提取时间窗

$$\begin{cases} r_{xy} = \dfrac{S_{xy}}{S_x S_y}; S_{xy} = \dfrac{\sum\limits_{i=1}^{n}(X_i - \bar{X})(Y_i - \bar{Y})}{n-1} \\ S_x = \sqrt{\dfrac{\sum\limits_{i=1}^{n}(x_i - \bar{x})^2}{n-1}}; S_y = \sqrt{\dfrac{\sum\limits_{i=1}^{n}(y_i - \bar{y})^2}{n-1}} \end{cases} \quad (3-26)$$

图 3.9 是根据式(3-26)计算的特征的相关系数热度图。该图表明,以 0.75 为分界点,相关性较高的参数有 $v_{\max}$ 和 v_{avg},$v_{\max}$ 和油门踏板开度,$a_{\max}$ 和 a_{avg}^+,及 $a_{\max}$ 和 a_{avg}^-。分析相关系数图表,相关系数越高,颜色越红,如果多个独立特征相关系数较高,则应剔除一部分。最终选定平均车速 v_{avg}、平均加速度 a_{avg}、加速度方差 S_a、最大加速度 $a_{\max}$、正加速度均值 a_{avg}^+、负加速度均值 a_{avg}^-、驾驶踏板开度、速度大于 40 km/h 小于 70 km/h 的速度所占百分比 P_{40}、速度大于 70 km/h 的速度所占百分比 P_{70}、速度小于 40 km/h 的速度所占百分比 P_{00},将这 9 个特征作为聚类的训练样本。

3.4.1.2 聚类效果评估

在聚类研究中,为了评估聚类效果的好坏,引入 Davies Bouldin 指数(DBi),DBi 可以用来描述样本中各特征分散程度,它代表各聚类中心的评价距离。

$$DB(k) = \dfrac{1}{K} \sum_{i=1}^{K} \max\left(\dfrac{W_i + W_j}{C_{ij}}\right) \quad (3-27)$$

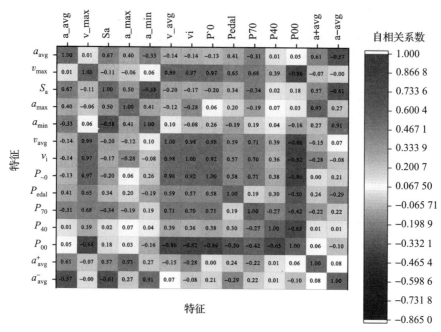

图 3.9 聚类特征相关系数图表（书后附彩插）

式中，K 为聚类数目；W_i 为类 C_i 中所有样本到其聚类中心的平均距离；W_j 为类 C_j 中的所有样本 C_j 到聚类中心的平均距离，C_{ij} 表示类 C_i 和 C_j 中心之间的距离。DBi 越小表示各类内数据点分散程度越高，类与类可以更明显地区分，从而获得更佳的聚类结果。该方法使用欧氏距离进行评测，对于环状分布的特征，评估结果较差。另一种评估聚类效果的函数是 Calinski – Harabasz 指数：

$$\text{VRC}_k = \frac{\text{SS}_B}{\text{SS}_W} \times \frac{N-K}{k-1} \tag{3-28}$$

$$\text{SS}_B = \sum_{i=1}^{k} n_i \| m_i - m \|^2 ; \text{SS}_W = \sum_{i=1}^{k} \sum_{x \in c_i} \| x - m_i \|^2 \tag{3-29}$$

式中，SS_B 为各类间距离的方差；SS_W 为所有类内距离的方差。VRC_k 指数越大，聚类效果越好。为了确定最佳聚类数量，可以选择最大 VRC_k 对应的 K 值。对多种工况给定 K 范围，对特征集使用不同的聚类数，运用 K – means 算法得到一系列结果，并比较 DBi 的平均与平均 VRC_k 指数，确定所有工况最佳聚类类别数。

根据 Davies Bouldin 指数和 VRC_k 指数结果，发现聚类数目为 5 时，DBi 取得最小值，VRC_k 取得最大值。还考虑内聚度和离散度，采用轮廓系数 Silhouette 评价聚类的合理性。Silhouette 越接近 1 说明样本聚类越合理，越接近于 -1 则说明样本有一部分应分类到别的簇。由图 3.10 可知，轮廓系数基本大于 0.5，且各簇之间间隔较为分明，仅第一簇有少许误分类。说明速度模式分为 5 类是较为合理的。

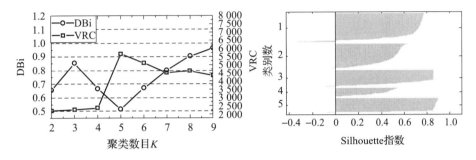

图 3.10　DBi 和 VRC_k 图及 Silhouette 轮廓系数

3.4.1.3　根据聚类结果获取训练集

采用多种工况进行训练，其中对军用典型实际工况和 WLTP、UDDS 及 NEDC 工况提取对应特征，输入聚类模型中。

图 3.11（a）就各时刻速度所占样本工况百分比进行统计，速度统计分布迥异的条形图表明样本集具有多样性，训练模型具有普遍适应度。图 3.11（b）中虚线为聚类结果，UDDS 工况频繁起停速度模式较为单一，而 WLTP 工况由于加/减速剧烈，速度模式较为复杂。由于聚类结果是无标签数据集合，故对聚类为同一团簇的速度段需采用支持向量机进行监督式学习和训练，以便将速度模式区分应用于实际工况分类过程。

3.4.2　支持向量机介绍

支持向量机（SVM）主要是对高维空间内样本点建立一个超平面来分类，该超平面就是分类的边界。而与分类超平面距离最近的训练集中的样本点则组成了支持向量。因此最终超平面的分类边界与整个训练集样本并没有实际关系，而是由支持向量所确定，因此通过支持向量机可以有效减少分类器误差。

对于一系列不同类别的样本点，有许多线性分类器（超平面）可以分隔数据。然而，其中只有一种实现了最大的分离。图 3.12 所示为拥有最大分类间隔的线性分类器。最大分类间隔如式（3-30）所示。

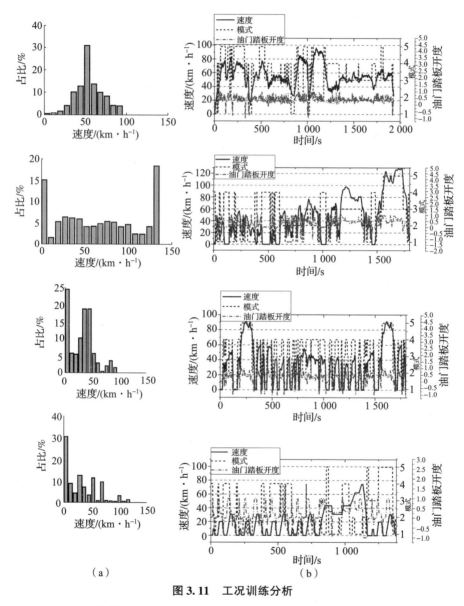

(a)　　　　　　　　　　　　　　(b)

图 3.11　工况训练分析

(a) 速度统计条形图；(b) 典型工况、WLTP、UDDS、NEDC 工况模式聚类结果

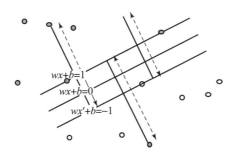

图 3.12 最大间隔分类器

$$\mathrm{margin} = \underset{x \in D}{\mathrm{argmin}} d(x) = \underset{x \in D}{\mathrm{argmin}} \frac{|x \cdot w + b|}{\sqrt{\sum_{i=1}^{d} w_i^2}} \quad (3-30)$$

将图 3.12 所示分类方式以数学语言表达,即当类标签为 1 时,即 $Y_i = +1$,样本点分布于分类器上方;当 $Y_i = -1$ 时,样本点分布于分类器下方。故分类器周围的支持向量需满足

$$\min_{\alpha_i} \sum_{i=1}^{l} \alpha_i - \frac{1}{2} \sum_{i=1}^{l} \sum_{j=1}^{l} \alpha_i \alpha_j y_i y_j K(x_i, x_j) \quad (3-31)$$

即对所有支持向量都需要满足 $\{(x_i, y_i)\}: y_i(wx_i + b) \geq 1$,则分类的优化问题转变为在满足各样本点尽可能正确分类的情况下优化分类间隔最大,即

$$\min_{f, \xi_i} \|f\|_K^2 + C \sum_{i=1}^{l} \xi_i \quad (3-32)$$
$$\mathrm{s.t.} \ y_i f(x_i) \geq 1 - \xi_i \cdot \forall i : \xi_i \geq 0$$

引入拉格朗日乘子,α_i,α_j 得到其对偶问题:

$$\min_{\alpha_i} \sum_{i=1}^{l} \alpha_i - \frac{1}{2} \sum_{i=1}^{l} \sum_{j=1}^{l} \alpha_i \alpha_j y_i y_j K(x_i, x_j)$$
$$0 \leq \alpha_i \leq C, \ i : \sum_{i=1}^{l} \alpha_i y_i = 0 \quad (3-33)$$

对聚类后的样本点采用支持向量机进行监督式学习。根据最佳聚类数为 5,即支持向量机需要建立 5 种分类器以区分不同的速度模式,再针对该模式下的特征进行专项机器学习。

3.4.3 支持向量机分类结果

以 WLTP 工况为例将整个工况输入到支持向量机中进行多分类,最终速度模式分类结果以 10、20、30、40、50 为标签,观察基于 WLTP 的分类色阶对比图。图 3.13(b)所示为 WLTP 工况下预测标签,色阶对比图中线的颜色代表误分类的类别,而粗细则代表误分类的数目。图 3.13(b)表明在 1 789 个样本中,少量标签为 20 的样本被误分为 40,少量标签为 10 的样本被误分为 50 和 20,错误分类样本个数为 11 个,分类准确率为 99.4%。分类准确率较高,使该 SVM 分类器用于速度模式的实时识别是合理的。

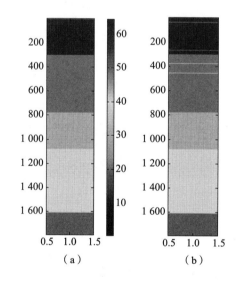

图 3.13　实际预测 5 类速度模式色阶对比图

(a)原类别标签;(b)预测标签

3.4.4 基于支持向量回归机的速度预测方法

支持向量回归(SVR)适用于低维数据预测,它是在自回归函数(AR)基础上的改进。该方法在帆船速度预测上已有先例,其后又被运用于风力发电过程的风速预测中。

与神经网络不同,它具有多输入/单输出特性,即通过输入一段时域的速度才能预测某一时刻速度。它针对预测时域下不同序列速度建立精准的速度预测模型，并调整其相应的参数，从而预测下一时刻的速度，对于短时预测，结果更加可靠。SVR 通过拟合一个条形区域（条形区域代表最佳线性回归函数），使历史信息涵盖的特征点尽可能多地落在该区域内，根据拟合区域得到速度预测值。

3.4.4.1 支持向量回归用于速度预测的步骤

SVR 的速度预测原理是通过拟合一个条形区域，使历史信息涵盖的特征点尽可能多地落在该区域内（图 3.14），根据拟合区域得到速度预测值。应用 SVR 进行速度预测的步骤如下：

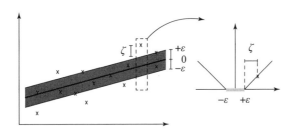

图 3.14 支持向量回归机拟合条形区域以覆盖大量样本点

（1）确定预测时间窗。如图 3.15 所示，图中短虚线表明要预测时刻第 t_0+1 时刻速度，可从历史时域 t_0-10 开始提取特征，生成预测模型 $Model_1$。预测时域越长，特征提取作用的历史时域越长。

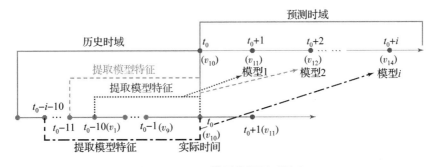

图 3.15 SVR 模型的预测时间窗

（2）特征提取。基于专家经验提取特征作相关性分析，筛选该模式的速度特征。

(3) 维度转换。假定样本特征为$\{(x_i, y_i), \cdots, (x_l, y_l)\}$，$x \in R_n$。以非线性映射核函数$\phi(x): x \to \phi(x)$，将输入空间映射成高维特征空间。这里核函数选择径向基核函数：

$$f(x) = \exp(-\|x - x_i\|^2 / \gamma^2) \qquad (3-34)$$

(4) 优化预测误差最小。使用函数$f(x) = \phi(x) \cdot w + b$拟合数据样本集，假设训练数据的拟合误差精度是$\varepsilon$，根据结构风险最小化准则，应使拟合曲面尽可能平整，防止过拟合，故w应尽可能小。若考虑离群点并强行使拟合直线区域经过该点所在条形区域，引入松弛因子ζ_i、ζ_i^*和惩罚因子C减少过学习情况并减小拟合误差，则支持向量回归机可表示为

$$\begin{cases} J = \min\left(\frac{1}{2}\|w\|^2 + C\sum_{i=1}^{l}(\zeta_i + \zeta_i^*)\right) \\ \text{s.t.} \begin{cases} y_i - (f(x) \cdot w + b) \leq \varepsilon + \zeta_i \\ f(x) \cdot w + b - y_i \leq \varepsilon + \zeta_i^* \\ \zeta_i, \zeta_i^* \geq 0 \end{cases} \end{cases} \qquad (3-35)$$

(5) 确定约束条件。引入拉格朗日乘子α_i、α_i^*（$0 \leq \alpha_n \leq C$，$0 \leq \alpha_n^* \leq C$），最大化拉格朗日方程：

$$\begin{aligned} L(\alpha) = & \frac{1}{2}\sum_{i=1}^{N}\sum_{j=1}^{N}(\alpha_i - \alpha_i^*)(\alpha_j - \alpha_j^*)K(x_i, x_j) + \\ & \varepsilon\sum_{i=1}^{N}(\alpha_i + \alpha_i^*) - \sum_{i=1}^{N}y_i(\alpha_i - \alpha_i^*)\sum_{n=1}^{N}(\alpha_n - \alpha_n^*) = 0 \end{aligned} \qquad (3-36)$$

(6) 求解以上优化问题。需满足 KKT 条件，即参数w，b，ξ_i的偏导数为 0：

$$\text{K.K.T} \begin{cases} w = \sum_{i=1}^{m}(\alpha_i - \alpha_i^*)x_i \\ \sum_{i=1}^{m}(\alpha_i - \alpha_i^*) = 0 \\ C - \alpha_i - \eta_i = 0 \\ C - \alpha_i^* - \eta_i^* = 0 \end{cases} \Rightarrow \begin{cases} \alpha_i(\varepsilon + \xi_i - y_i + w \cdot \phi(x) + b) = 0 \\ \alpha_i^*(\varepsilon + \xi_i^* + y_i - w \cdot \phi(x) - b) = 0 \\ (C - \alpha_i)\xi_i = 0 \\ (C - \alpha_i)\xi_i^* = 0 \end{cases} \qquad (3-37)$$

(7) 求解回归超平面系数b。拟合边界外部的点对应$\alpha_i = C$或者$\alpha_i^* = C$，在

拟合边界上，ξ_i 和 ξ_i^* 均为 0，因而 α_i，$\alpha_i^* \in (0, C)$，从而可以据此计算 b 的值：

$$\begin{cases} b = -\varepsilon + y_i - \boldsymbol{w} \cdot \boldsymbol{\phi}(\boldsymbol{x}), & \alpha_i \in (0, C) \\ b = \varepsilon + y_i - \boldsymbol{w} \cdot \boldsymbol{\phi}(\boldsymbol{x}), & \alpha_i^* \in (0, C) \end{cases} \quad (3-38)$$

（8）建立支持向量。结合式（3-35）~式（3-38），使用 SVs 表示支持向量的集合，则 SVR 的预测函数为 $f(\boldsymbol{x}) = \sum (\alpha_i - \alpha_i^*) \boldsymbol{\phi}(\boldsymbol{x}) + b$。当 $\alpha_i^* \neq \alpha_i$ 时，则该数据点为符合条件的支持向量，可得到符合条件的回归平面。

式（3-34）中的核函数参数 γ 和惩罚参数 C 彼此独立，互不影响。γ 影响样本空间分布形态，而 C 影响模型预测效果。使用均方误差 MSE 评估预测模型的预测准确率 [式（3-39）]。故对 C、γ 寻找最佳参数匹配值，对预测效果十分重要。

$$\text{MSE} = \sqrt{\frac{\sum_{i=1}^{m} w_i (y_i - (\boldsymbol{w} \cdot \boldsymbol{\phi}(x_i) + b)^2)}{n}} \quad (3-39)$$

3.4.4.2 基于粒子群算法（PSO）的 SVR 参数选配

1. 交叉验证流程

在模型训练过程中，交叉验证是对预测参数自适应寻优的一种纠正机制。对于有限的样本，为了使预测模型能更精准地预测不同变化趋势的速度工况，使用 k 折交叉验证训练模型。首先将样本集分为 k 份，不重复地依次取其中 1 份作为测试集，用剩下 $k-1$ 份作训练集，随后计算 SVR 模型对测试集的预测均方误差 MSE_i。将每次交叉验证的均方根误差 MSE_i 取平均，得到 k 折均方根误差 CV_k：

$$\text{CV}_k = \frac{1}{k} \sum_{i=1}^{k} \text{MSE}_i \quad (3-40)$$

2. PSO 方法参数匹配

采用 PSO 方法寻找最佳参数 γ、C，优化 CV_k 最小。定义最佳适应度是 k 折交叉验证均方误差最小的点。基于 PSO 的参数寻优方法如下：

（a）离散变量 $[C_i, \gamma_j]$，随机初始化首代粒子 $[C_i, \gamma_j]$，初始化首代个体粒子的速度 v_{Ci}、$v_{\gamma i}$。	init $[C_i, \gamma_j]$, v_{Ci}, $C_{\gamma i}$ $$\begin{cases} C_i \sim U_c(C_{i\min}, C_{i\max}) \\ \gamma_j \sim U_\gamma(r_{i\min}, \gamma_{i\max}) \end{cases} \begin{cases} v_{\gamma i} \in [-|\gamma_{i\max} - \gamma_{i\min}|, |\gamma_{i\max} - \gamma_{i\min}|] \\ v_{Ci} \in [-|C_{i\max} - C_{i\min}|, |C_{i\max} - C_{i\min}|] \end{cases}$$ for $i = 1$ to m $j = 1$ to n $$x_k^p = \mathrm{MSE}_k^p = f(C_i, \gamma_j)$$ $$x_q^p = \min x_k^p$$
（b）首代粒子以一定迁徙速度在参数边界域 U_c、U_γ 内进行搜索。x_k^p 为该粒子在位置 k 的适应度。	$$\{C_i, \gamma_j\} = \operatorname*{argmin}_{C_i \in U_c, \gamma_j \in U_\gamma}(x_k^p)$$ end for x_k^p for $i = 1$ to N $$\begin{cases} v_{Ci} = \omega_C v_{Ci} + \phi_k r_k(x_q^p - x_k) + \phi_g r_g(P_g - x_k), \quad r_g, r_k \in (0, 1) \\ v_{\gamma i} = \omega_\gamma v_{\gamma i} + \phi_k r_k(x_q^p - x_k) + \phi_g r_g(P_g - x_k), \quad \phi_k, \phi_g = 2 \end{cases}$$ if $x_k^p < x_q^p$
（c）速度更新。 （d）迭代优化。更新个体最佳适应度 x_q^p，更新群体适应度，得到 N 代粒子各代最佳适应度 P_g。 （e）确定 C、γ 值。	$$x_i^p = x_k^p$$ if $x_i^p < P_g$: $$P_g = x_i^p$$ end for $$\{C_i, \gamma_j\} = \operatorname*{argmin}_{C_i \in U_c, \gamma_j \in U_\gamma}(P_g)$$

设置惩罚参数 C、γ 的离散范围 $0:1:1\,000$，首先在搜索边界内任意随机初始化 C、γ 的值，设置微粒在搜索边界内的速度权重为 1.5、1.7。初始化种群数量 20，以设置好的速度权重使 C 和 γ 以一定速度在离散范围内搜索，选择种群的最佳适应度。

按照图 3.16 的流程进行模型训练和参数匹配。图 3.17 所示为 PSO 算法匹配各预测模型的最佳适应度和平均适应度。SVR 各代粒子在搜索边界内比较最佳适应度，结果收敛到全局最佳适应度点。经过反复训练，逐代匹配，根据最佳回归预测准确率修正参数 C、γ 值。

由于粒子群优化法受限于速度权重的赋值,当速度权重赋值过大时,粒子寻优步长加大,可能导致错过最佳适应度点;当速度权重赋值过小时,粒子寻优步长减小,会增加搜索时间。所以为了尽快寻找全局最优位置,减少计算机负荷,在 PSO 寻优过程中选择相对较大的速度权重使结果快速收敛,同时在该适应度对应 C、γ 的附近点进行网格搜索,消除局部最优,使预测模型更精确可靠。

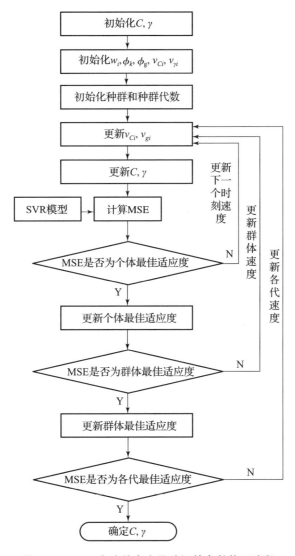

图 3.16　PSO 方法结合交叉验证的参数修正流程

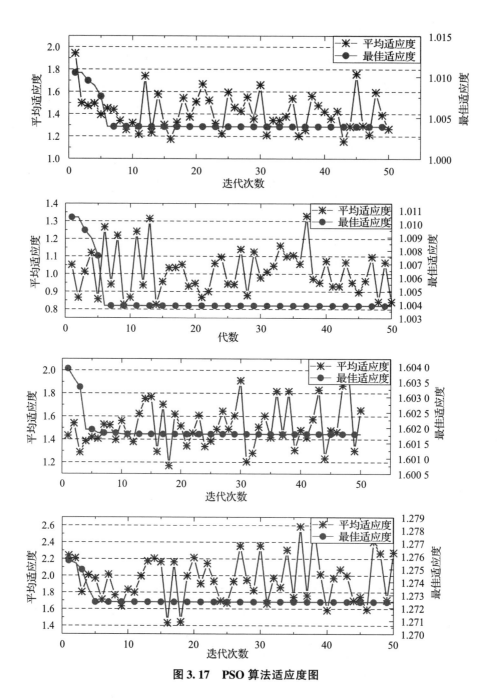

图 3.17 PSO 算法适应度图

以预测时域为 5 的速度预测模型为例，C 在 $2^8 \sim 2^9$ 范围内离散，γ 在 $2^9 \sim 2^{9.8}$ 范围内离散，根据网格搜索的结果，可确定最佳交叉验证均方差值。图 3.18 为网格搜索法对不同预测时间长度的模型预测参数值 C、γ 分析。使用图中 c、g（C，γ）值进行训练和验证，并比较 SVR 模型的预测值。

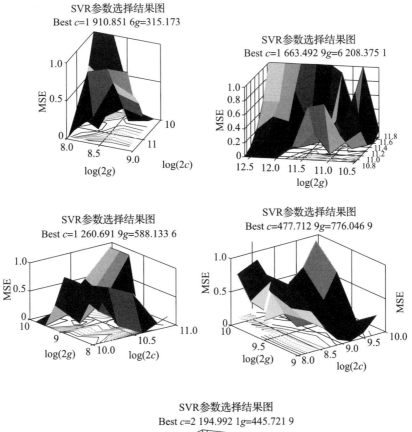

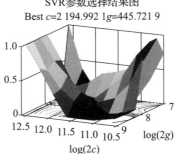

图 3.18　网格搜索法确定各模型 C 和 γ 值

3.4.5　仿真结果

图 3.19 所示为预测时域长度为 5 的模型训练效果和预测结果。图 3.20 所示

为 SVR 对训练效果和预测结果。图 3.19（a）和图 3.20（a）表明在预测时域长度为 5 或 10 的情况下，迭代训练基本于 22 次开始收敛，收敛速度较慢。图 3.19（b）表明 SVR 对预测时长 5 s 以内的预测误差在 ±1.5 m/s 以内，预测误差随着时域增长而缓慢递增。图 3.20（b）则表明时长大于 5 s 后，预测误差在 ±6 m/s 左右，预测效果不佳。结果表明，SVR 对预测时域内的任一速度预测都需要建立一个模型，它的短时预测效果较可靠，非短时域预测的训练效率和预测效率不佳，且模型嵌套复杂。

图 3.21 使用 SVR 提取样本工况历史时域 15 s 内的速度特征预测 5~10 s 的未来速度，表明预测精度要求不高的情况下，该方法对规律性较强的工况预测结果可靠。

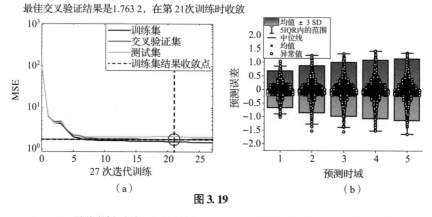

图 3.19

(a) SVR 预测时域长度为 5 的训练效率；(b) SVR 对预测时域长度为 1~5 的预测误差

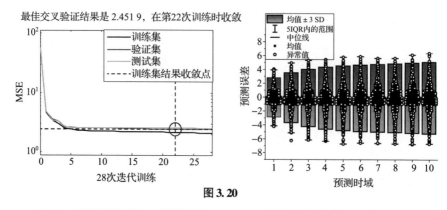

图 3.20

(a) SVR 预测时域长度为 10 的训练效率；(b) SVR 对预测时域长度为 1~10 的预测误差

第 3 章　机电复合传动车辆行驶工况预测方法研究　115

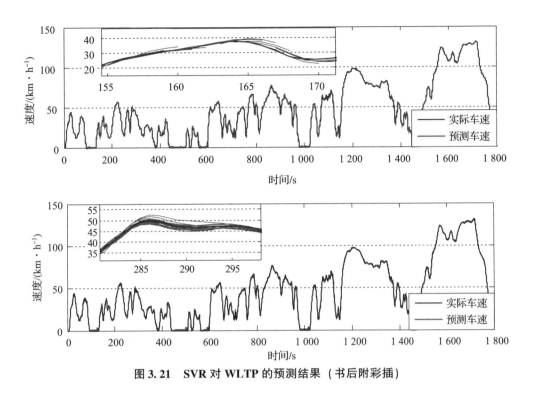

图 3.21　SVR 对 WLTP 的预测结果（书后附彩插）

本章小结

本章进行了车辆未来工况预测方法研究，提出了指数函数、马尔科夫链、径向基神经网络、支持向量机等工况预测方法，利用车辆当前与历史信息预测未来信息，增强车辆行驶过程中能量管理策略的前瞻性。针对高阶马尔可夫链工况预测模型输出概率矩阵权重因子难以选取的问题，本章提出基于线性规划算法优化输出概率矩阵参数向量间的权重因子的方法。本章还提出了一种两步预测方法，第一步利用聚类（K-means）和支持向量机算法（SVM）对速度进行模式分类；第二步采用支持向量回归（SVR）的预测方法，根据模式识别后的速度模式对未来时域的速度进行预测。

第4章
机电复合传动能量管理优化策略研究

　　机电复合传动系统包含多个能量源、动力元件和执行机构，在满足行驶需求和系统约束的情况下，如何根据多个能量源的特性协调分配各自的功率，是能量管理的核心。同时，针对不同的车辆需求，能量管理策略的侧重点也不尽相同，需要制定具有针对性的策略。能量管理策略可以分为基于规则的策略和基于优化的策略，本章将分别介绍这两类能量管理方法，并以基于模型预测控制的能量管理策略为例详细阐述机电复合传动车辆能量管理策略优化设计方法。

4.1 基于规则的能量管理策略

　　目前，在工业界使用最多的是基于规则的能量管理策略，其最大的优势是计算量小，设计简单，易于实现，能够实时在线使用。设计规则大都源于直觉、启发式发现和工程师经验，还有一些规则是在对相关部件工作特性和系统数学模型分析的基础上进行设计的。主要思路是：定义一系列系统运行规则来决定每一时刻系统中各个部件的工作状态，大体上包含确定性规则控制和模糊性规则控制两种控制算法。

1. 确定性规则控制

　　确定性规则控制的原理：离线设计出一系列确定的逻辑门限控制值，并在实时控制中采集车辆车速、发动机工作状态以及电池荷电状态等信息，在满足驾驶员行驶需求的基础上,以预设的确定性规则来完成各个动力源的能量分配以及各个执行元件的操作,将发动机工作点控制在预设的理想位置附近,以达到较优的系统工作效率。

2. 模糊性规则控制

由于确定性规则控制的效果对不同的车辆行驶环境适应性较差,难以在实际运行中很好地发挥机电复合传动系统的性能,所以人们通过将预设的确定性控制规则模糊化,加入专家经验建立起模糊性规则的控制方法。其原理为,先将输入量模糊化,再确立模糊规则,最后将输出量解模糊,是一种更接近模拟人类推理决策行为的过程,相较于确定性规则,具有更好的自校正性和自适应性,能够更好地适用于不同车辆行驶工况。

机电复合传动车辆在行驶中会经历起步、加减速和制动过程。在上述过程中,发动机是主要动力源,双电机为辅助驱动源,在不同工作模式下需要各动力源协调工作,根据不同工作模式,合理分配各动力源输入、输出转矩。本节将提出规则式策略,该策略设计整车的工作模式,并根据该模式分配电机和发动机的转矩,在各模式下通过电机的转矩补偿作用,使发动机工作点分布在最高效区域。

4.1.1 基于规则的控制参数

本节以最佳燃油经济性及最大化延长电池寿命为目标,将 HEV 工作模式切换逻辑按照表 4.3 内容制定。为了提升发动机的燃油经济性,基于规则的稳态控制策略利用电机使发动机工作在高效区域内。

$$T_{req} = T_e + \rho T_m \qquad (4-1)$$

式中,T_{req} 为整车需求转矩,根据整车动力学方程求得;ρ 为电机和发动机在不同模式间的工作系数;T_m 为正,表示电机作为驱动电机对外做功,为负,表示电机作为发电机为蓄电池充电。各模式的切换判断依据是发动机转矩阈值、发动机转速和电池 SOC 阈值的关系,如图 4.1 和图 4.2 所示。

图 4.1 中,Ice_launch_spd 代表发动机的怠速转速,低于该转速时发动机关闭;T_{eopt_low} 和 T_{eopt_hi} 分别代表发动机高效区域的下限阈值和上限阈值。

$$T_{eopt\_i} = f_{ice\_opt}(n_e) = E_1 n_e^2 + E_2 n_e + E_3 \qquad (4-2)$$

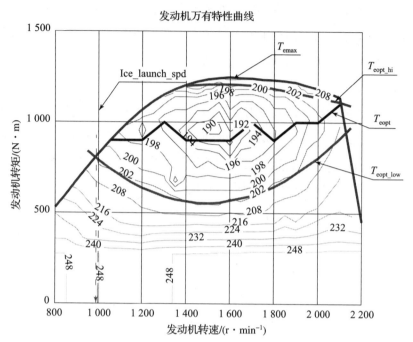

图 4.1　发动机基于规则的控制策略转矩阈值示意图

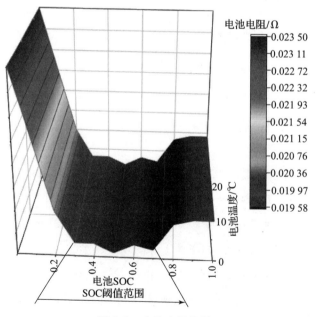

图 4.2　电池内阻特性

T_{eopt}是发动机在高效区域的最佳燃油经济转矩,发动机在高效区域工作于该线上时油耗最低。式(4-2)描述了发动机转矩阈值曲线与发动机转速的关系,其中E_1、E_2和E_3的值如表4.1所示。

表4.1 发动机转矩曲线拟合参数

发动机转矩曲线拟合参数	E_1	E_2	E_3
发动机最优转矩上限值 T_{eopt_hi}	-3.38×10^{-4}	1.055	386.9
发动机最优转矩下限值 T_{eopt_low}	9.72×10^{-4}	-2.904	2.722×10^3

由于电池内阻是SOC的非线性函数,且电池组的效率受电池温度影响较大,故应使其在工作时处于较低的内阻值,减少电池内部热功率,延长电池寿命。根据图4.2所示的电池内阻特性,设置基于规则的SOC上、下限阈值分别为$SOC_{low}=0.3$,$SOC_{hi}=0.7$,使电池SOC尽量维持在上下限区域内小幅波动。

表4.2列出了基于规则的静态参数和动态参数。控制策略中固定值参数是静态参数。为了保证整车的动力性和经济性,设置发动机稳定工作最低转速Ice_spd、蓄电池SOC上下限阈值为静态参数。Ice_spd是整车进入混合驱动或行车充电模式的重要判定参数。

表4.2 基于规则的稳态控制参数

参数名	单位	说明	
Ice_spd	$r \cdot min^{-1}$	发动机稳定工作最低转速	静态参数
SOC_{low}	—	蓄电池SOC低内阻下限阈值	
SOC_{hi}	—	蓄电池SOC低内阻上限阈值	
T_{eopt_low}	$N \cdot m$	发动机高效区域转矩下限阈值	动态参数
T_{eopt_hi}	$N \cdot m$	发动机高效区域转矩上限阈值	
T_{eopt}	$N \cdot m$	发动机最优转矩曲线	
T_{emax}	$N \cdot m$	发动机最大工作转矩	

根据工作状态改变的参数是动态参数,用于工作状态复杂多变的部件。在一定转速下,发动机最优转矩不恒定,故采用转矩阈值来限定高效区域并拟合转矩阈值曲线,使其易于计算和比较。将上文提到的控制参数进行整理,作为模式切换的判断依据。

主要可控制逻辑如表 4.3 所述:将电池 SOC 分为三挡,将发动机的转矩阈值分为三挡。根据发动机阈值所在的范围和电池 SOC 所在范围确定正常工作模式。各工作模式对应的发动机转矩和电机转矩的分配方式如表 4.4 所示。

(1) 纯电动模式:发动机、电机 A 停机,电机 B 提供驱动转矩,$T_B = T_m = T_r$。

(2) 发动机单独驱动模式:电机 A、B 均停机,发动机通过耦合机构驱动车轮,$T_e = T_r$。

(3) 混合驱动模式:发动机工作于高效区域的上限值即 $T_e = T_{\text{eopt\_hi}}$,电机 A、B 的工作转矩由耦合机构驱动模式确定,即 $T_A = f_A(T_e, T_o)$,$T_B = f_B(T_e, T_o)$。

(4) 行车充电模式:发动机工作于最优燃油经济曲线上,即 $T_e = T_{\text{eopt}}$,电机 A、B 的工作转矩由耦合机构驱动模式确定。

(5) 制动能量回收模式:发动机、电机 A 停机,电机 B 完成制动能量回收,$T_B = T_m = T_r$。

表 4.3 主要可控制逻辑

模式切换逻辑	发动机转矩阈值和电池 SOC 阈值	附加条件
纯电机驱动	$0 < T_r < T_{\text{eopt\_low}}$,$SOC_{\text{low}} < SOC < SOC_{\text{max}}$	$n_e < \text{Ice\_spd}$,$T_e < 100$
行车充电	$0 < T_r < T_{\text{eopt\_hi}}$,$0 < SOC < SOC_{\text{low}}$	$n_e > \text{Ice\_spd}$
混合驱动	$T_{\text{eopt\_hi}} < T_r < T_{\text{emax}}$,$SOC_{\text{low}} < SOC < SOC_{\text{max}}$	$T_r > 800$,$n_e < \text{Ice\_spd}$
发动机单独驱动	$T_{\text{eopt\_hi}} < T_r < T_{\text{emax}}$,$SOC_{\text{hi}} < SOC < SOC_{\text{max}}$ 或 $T_{\text{eopt\_low}} < T_r < T_{\text{eopt\_hi}}$,$0 < SOC < SOC_{\text{low}}$	

表 4.4 各模式转矩分配

模式编号	工作模式	发动机转矩	电机	耦合机构驱动模式
①	纯电机	$T_e = 0$	$T_m = T_r$	EVT1
②	发动机单独驱动	$T_e = T_r$	$T_m = 0$	EVT1 ‖ EVT2
③	混合驱动	$T_e = T_{eopt\_hi}$	$T_m = f(T_e, T_o)$	EVT1 ‖ EVT2
④	制动能量回收	$T_e = 0$	$T_m = T_r$	EVT1
⑤	行车充电	$T_e = T_{eopt}$	$T_m = f(T_e, T_o)$	EVT1 ‖ EVT2

4.1.2 仿真结果

本节利用 Simulink/Stateflow 建立工作模式切换逻辑，并采用数据自采集的典型工况进行仿真分析，如图 4.3 所示。本节建立的控制策略尽量使电池处于 SOC 下限值附近时充电，处于 SOC 上限值附近时放电，以保证蓄电池工作在高效区域。下面分别对重型车辆的典型工况进行仿真分析。

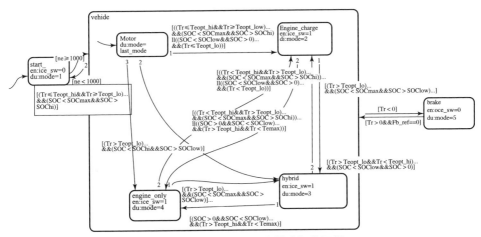

图 4.3 基于 Stateflow 的模式切换逻辑

由图 4.4 可知，该机电复合传动车辆实际速度基本可以跟随期望速度。图中还展示了耦合机构所处的模式，工况运行过程中，耦合机构模式不断切换。图 4.6（a）和图 4.7（b）表明当 SOC 初值较低时，车辆在运行过程中需要充电，故整车在该工况下基本处于模式⑤行车充电模式和模式④制动能量回收模式。

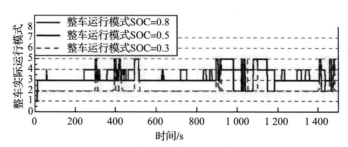

图4.4 整车工作模式（书后附彩插）

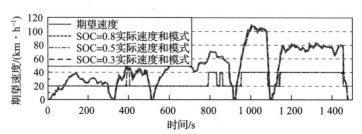

图4.5 不同SOC初值下实际速度值（书后附彩插）

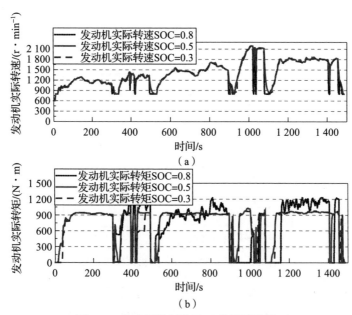

(a)

(b)

图4.6 发动机控制效果（书后附彩插）

(a) 发动机实际转速；(b) 发动机实际转矩

第4章 机电复合传动能量管理优化策略研究 123

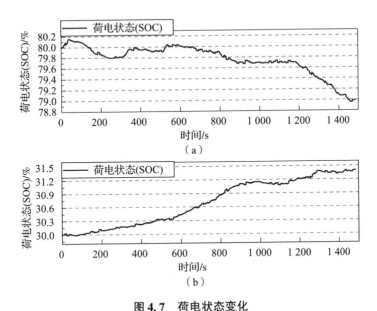

图 4.7 荷电状态变化

(a) SOC 初值为 0.8；(b) SOC 初值为 0.3

当电池 SOC 初值较高时，电池提供部分功率驱动电机与发动机混合驱动车辆，整车基本处于模式③混合驱动模式和模式②发动机驱动模式及④制动能量回收模式。

图 4.6 还展示了当电池初始 SOC 较低时，SOC 处于持续增长趋势，表示电池处在充电状态中；当电池初始 SOC 较高时，SOC 先增加后下降，表示电池刚开始吸收制动能量充电 100 s 左右，其后处于长时间放电过程中，因此电池向发动机和电机提供电能，以维持混合驱动模式。

本节设计的基于规则的能量分配策略可以有效分配发动机和电机转矩，并在制动能量回收和纯电动模式下实现发动机的怠速运转。在整车处于中低负荷情况下，发动机富余转矩为蓄电池充电；当汽车处于减速制动状态时，电机会利用制动转矩对电池进行充电。不同 SOC 初值下发动机工作点分布如图 4.8 所示，发动机工作点基本密集分布于规则制定的高效区域。

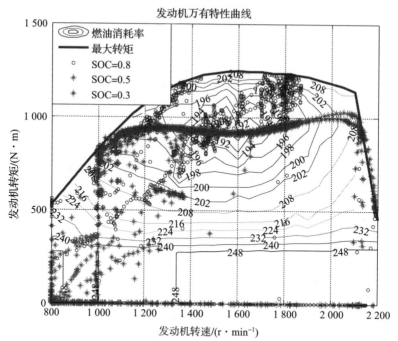

图 4.8 不同 SOC 初值下发动机工作点分布

4.2 基于瞬时优化的能量管理策略

机电复合传动系统的能量管理问题可以定义为一个多目标优化问题，即在部件特性、性能要求等约束下，对动力性、经济性、电池寿命、电池电量状态、状态变化平顺性等多目标进行综合优化。多目标优化问题在实际过程中，常体现为控制变量对不同优化目标的互斥关系。

本节提出分支定界法解决多目标优化问题，机电复合传动车辆的优化目标可表现为整车动力性、经济性、状态变化平顺性、电池寿命等。各项优化目标可使用对应公式进行量化，但是其优先级有显著差异。因此，要解决该优化问题需要：①明确控制变量；②建立优化目标；③寻找控制约束。

4.2.1 分支定界多目标优化方法

以典型的多目标优化数学问题为例，$f_1(x)$ 和 $f_m(x)$ 为定义在状态空间 $x \in \Omega$

内的 m 个目标优化函数 $f(x)$，控制变量和状态量的约束条件组成决策空间；多目标优化问题寻找决策空间最佳控制量，使目标函数在目标空间取最小值：

$$f(x) = f(J_1(x), J_2(x), \cdots, J_m(x))$$

$$\min \begin{cases} J_1 = c_{11}x_1 + c_{11}x_2 + \cdots + c_{1n}x_n \\ J_2 = c_{21}x_1 + c_{22}x_2 + \cdots + c_{2n}x_n \\ \vdots \qquad\qquad\qquad \vdots \\ J_{m-1} = c_{m-1,1}x_1 + c_{m-1,2}x_2 + \cdots + c_{m-1,n}x_n \\ J_m = c_{m1}x_1 + c_{m2}x_2 + \cdots + c_{mn}x_n \end{cases} \text{s. t.} \begin{cases} h_i(x_i(t), u_i(t), t) = 0 \\ g_i(x_i(t), u_i(t), t) \leq 0 \end{cases}$$

将多目标优化问题转化为单目标函数问题，求解其在决策域内的最优解和非劣解。即：对于可行域 Ω 中任意 x，如果存在 $x^* \in \Omega'_1$（且 $\Omega'_1 \subset \Omega$），使 $f(x) > f(x^*)$，则 x^* 为目标函数的最优解。非劣解则是对可行域 Ω 中任意 x，如果存在 $x^* \in \Omega_1$（且 $\Omega_1 \subset \Omega$），使 $f(x^*) - f(x) < C$，则 x^* 为目标函数的非劣解。非劣解是目标问题的一个有效解，扩大了解域范围。另外，绝对最优解一定是非劣解决策域的子集。

图 4.9（a）表明了分支定界法求解流程。所以针对多个目标函数，采用分支定界法对控制变量和状态变量决策域进行求解时，首先根据决策经验对目标优化函数重要性进行排序，假设目标函数重要性顺序为：$J_1(x(t), u(t), t) > J_2(x(t), u(t), t) > J_3(x(t), u(t), t)$。求解 $J_1(x(t), u(t), t)$ 在决策域中的解域。Z_1、Ω_1 为 $J_1(x(t), u(t), t)$ 的非劣解决策域，Z'_1、Ω'_1 为 $J_1(x(t), u(t), t)$ 的绝对最优解决策域。在 Z_1、Ω_1 和 Z'_1、Ω'_1 决策域中求解 $J_2(x(t), u(t), t)$ 的非劣解决策域 Z_2、Ω_2 和最优解决策域 Z'_2、Ω'_2，若 Z_2、Ω_2 不是原决策域 Z'_1、Ω'_1 的子集，则说明 Z'_1、Ω'_1 是不合理的，终止决策树在该解域内的求解路线。若 Z_2、Ω_2 是原决策域 Z_1、Ω_1 的子集且 $J_2(x(t), u(t), t)$ 在 Z'_2、Ω'_2 中能取得绝对最小值，则该决策树分支求解路线是有效的。然后继续在 Z_2、Ω_2 和 Z'_2、Ω'_2 决策域中求解 $J_3(x(t), u(t), t)$ 的绝对最优解和非劣解，直到确定满足成本函数 $J_3(x(t), u(t), t)$ 的最优解和非劣解决策域。图 4.9（b）展示了分支定界法一步步缩小决策域求解范围的过程。

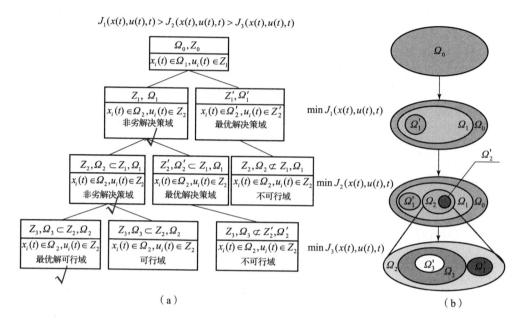

图 4.9 分支定界法

(a) 分支定界法求解流程；(b) 决策域缩小过程

根据以上思路将控制优化问题细化。

控制变量可行域求解流程如下：

1）确定发动机控制域

在模型正向仿真过程中，首先根据第 2 章驾驶员模型确定驾驶员需求功率 P_{req}，在此基础上考虑电池荷电状态加入电池充放电功率需求。

$$\begin{cases} P_e = P_{req} + P_{ch/disch} \\ P_{ch/disch} = f_e^{soc}(SOC) \end{cases} \text{s.t.} \quad P_{emin} \leqslant P_e \leqslant P_{emax} \quad (4-3)$$

求解发动机在等功率需求下最低等效燃油消耗率对应转速，将其相连得到燃油经济性最佳的转速曲线进行拟合，建立如下函数关系：

$$n_e^* = f_e(P_e) = r_3 P_e^3 + r_2 P_e^2 + r_1 P_e + r_0 \quad (4-4)$$

式中，$r_3 = 2.6195 \times 10^{-4}$，$r_2 = -0.1079$，$r_1 = 17.2962$，$r_0 = 473.32$。

图 4.10（b）所示为发动机最优工作曲线、发动机等效燃油消耗曲线与等功率曲线切线的连接线。在该曲线进行插值运算得到发动机需求功率下参考最优转

第 4 章　机电复合传动能量管理优化策略研究　　**127**

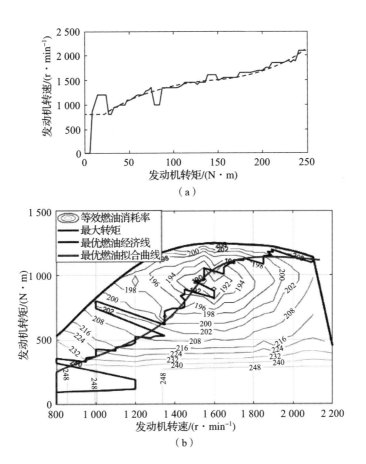

图 4.10　发动机特性图（书后附彩插）

(a) 发动机转速与发动机功率关系图；(b) 发动机等效燃油消耗 MAP 图

速。式（4-4）得到的发动机转速 n_e 结合发动机功率 P_e，得到最佳转速下参考发动机转矩 T_g：

$$T_g = \frac{9\,549 P_e}{n_e^*} \tag{4-5}$$

发动机参考最佳工作点在图 4.10（b）最佳燃油经济性红色拟合曲线附近。考虑发动机自身惯性和外界阻尼及发动机外特性约束，加入发动机调速约束后，发动机控制转矩决策域缩小为 Ω_e，如式（4-6）所示。

$$\begin{cases} \Omega_{e_1} = \left\{ T_e \mid T_{\text{emin}} \leqslant T_e \leqslant \dfrac{(1+k_1)(1+k_2)}{k_1 k_2 i_f \eta_f} T_A^i \right\}, \dfrac{\partial v^{\text{com}}}{\partial t} < 0 \\ \Omega_{e_2} = \left\{ T_e \mid \dfrac{(1+k_1)(1+k_2)}{k_1 k_2 i_f \eta_f} T_A^i \leqslant T_e \leqslant T_{\text{emax}} \right\}, \dfrac{\partial v^{\text{com}}}{\partial t} \geqslant 0 \\ \Omega_{e_3} = \left\{ T_e \mid T_{\text{emin}} \leqslant T_e \leqslant \dfrac{1+k_2}{k_1 i_f \eta_f} T_A^i - \dfrac{1+k_2}{i_f \eta_f} T_B^j \right\}, \dfrac{\partial v^{\text{com}}}{\partial t} < 0 \\ \Omega_{e_4} = \left\{ T_e \mid \dfrac{1+k_2}{k_1 i_f \eta_f} T_A^i - \dfrac{1+k_2}{i_f \eta_f} T_B^j \leqslant T_e \leqslant T_{\text{emax}} \right\}, \dfrac{\partial v^{\text{com}}}{\partial t} \geqslant 0 \end{cases} \begin{matrix} \text{EVT1} \\ \\ \text{EVT2} \end{matrix}$$

$$\Omega_e = \Omega_{e_1} \mid \Omega_{e_1} \mid \Omega_{e_1} \mid \Omega_{e_1}$$

$$\text{s. t.} \begin{cases} T_{\text{emin}} = 0 \\ T_{\text{emax}} = \psi_e(n_e^*) \end{cases} \tag{4-6}$$

式中，ψ_e 为发动机外特性曲线；n_e^* 为发动机参考最优转速。根据发动机控制决策域和最优转速可以计算该时刻下不同发动机工作点的等效燃油消耗，获得对应燃油消耗率 $\dot{m}_f(T_e, n_e)$。对 $\dot{m}_f(T_e, n_e)$ 积分可得发动机运行时长为 T 的燃油消耗量 Q：

$$Q = \int_0^T \dot{m}_f(T_e, n_e) \mathrm{d}t \tag{4-7}$$

2）确定电机控制域

同样，首先根据 ω_e^{act} 和 ω_o^{act} 求得该模式下电机参考转速，根据电机最大转矩特性图确定电机 A 控制转矩可行域 Ω_A，电机 B 控制域 Ω_B。ϕ_A、ϕ_B 分别为电机 A、电机 B 的最大转矩特性查表函数。

$$\Omega_A = \{ T_A \mid -T_{A\max} \leqslant T_A \leqslant -T_{A\max} \}$$

$$\begin{cases} \text{EVT1}: T_{A\max} = \phi_A \left(\dfrac{(1+k_1)(1+k_2) i_f}{k_1 k_2} \omega_e^{\text{act}} - \dfrac{(1+k_1+k_2)(1+k_3)}{k_1 k_2} \omega_o^{\text{act}} \right) \\ \text{EVT2}: T_{A\max} = \phi_A \left(-\dfrac{1+k_2}{k_1 i_f} \omega_e^{\text{act}} - \dfrac{1+k_1+k_2}{k_1} \omega_o^{\text{act}} \right) \end{cases} \tag{4-8}$$

$$\Omega_B = \{ T_B \mid -T_{B\max} \leqslant T_B \leqslant -T_{B\max} \}$$

$$\begin{cases} \text{EVT1}: T_{B\max} = \phi_B((1+k_3)\omega_o^{\text{act}}) \\ \text{EVT2}: T_{B\max} = \phi_B \left(-\dfrac{1+k_2}{i_f} \omega_e^{\text{act}} - k_2 \omega_o^{\text{act}} \right) \end{cases} \tag{4-9}$$

对电机 A 和电机 B 的控制转矩在控制域进行离散化处理：

$$\begin{cases} T_B^{j+1} = T_B^j + \delta T_B \in \Omega_B \\ T_A^{i+1} = T_A^i + \delta T_A \in \Omega_A \end{cases} \text{s. t.} \begin{cases} \delta T_A = \dfrac{T_{Amax} - T_{Amin}}{n_A} \\ \delta T_B = \dfrac{T_{Bmax} - T_{Bmin}}{n_B} \end{cases} \quad (4-10)$$

3）确定状态量可行域

该系统选择的状态量为 $\boldsymbol{x} = [\delta SOC,\ \delta v,\ \delta \omega_e,\ SOC,\ v,\ \omega_e]^T$；这里只讨论电池 SOC 处于 SOC 最低门限值与 SOC 最高门限值之间的情况，$\Omega_{SOC} = \{SOC | 0.3 < SOC < 0.8\}$。期望速度为系统输入，发动机转速波动域 $\Omega_{\omega_e} = \{\omega_e | 800 < \omega_e < 2\,200\}$。发动机转速应满足对应发动机控制域在离散时间系统的调速需求，取采样时间为 δt，即

$$\begin{aligned} \delta \omega_e &= \frac{30\delta t}{J_e \pi} \left[T_e - \frac{(1+k_1)(1+k_2)}{k_1 k_2 i_f \eta_f} T_A^i \right] \\ \delta \omega_e &= 30 \frac{\delta t}{J_e \pi} \left(T_e - \frac{1+k_2}{k_1 i_f \eta_f} T_A^i + \frac{1+k_2}{i_f \eta_f} T_B^j \right) \end{aligned} \quad (4-11)$$

4）非线性系统转化为线性离散时间系统

电机 A 和电机 B 作为发动机的负载端与发动机动力相耦合输出到整车输出轴上。假设行星轮各机械结构之间为刚性连接且不考虑摩擦力，根据耦合机构的传动关系，在机电复合传动驱动和行车充电模式下的稳态系统转矩关系为

$$\begin{cases} T_{oL} = (1+k_3) T_A^i + \dfrac{(1+k_3)(1+k_1+k_2)}{-k_1 k_2} T_B^j \\ T_{oH} = \dfrac{(1+k_1+k_2)}{k_1} T_A^i - k_2 T_B^j \end{cases} \quad (4-12)$$

式中，T_{oL} 为 EVT1 模式的输出轴转矩；T_{oH} 为 EVT2 模式下的输出轴转矩。电机目标转速满足如下约束：

$$\begin{cases} \omega_A^{com} = a_1 \omega_e^{act} + b_1 \omega_o^{act} \\ \omega_B^{com} = a_2 \omega_e^{act} + b_2 \omega_o^{act} \end{cases} \quad (4-13)$$

式中，a_1，a_2，b_1，b_2 由第 3 章耦合机构转速关系式确定。由于电机 A 和电机 B 工作于互补的状态，富余电功率给电池充电，不足功率由电池补充，故电机 A 和

电机 B 与电池之间的功率交换 P_{batt} 为

$$\eta_A = \psi_A(T_A^i, \omega_A^{\text{com}}); \quad \eta_B = \psi_B(T_B^j, \omega_B^{\text{com}})$$
$$P_{\text{batt}} = T_A^i \omega_A^{\text{com}} \eta_A^{\text{sgn}(T_A^i \omega_A^{\text{com}})} + T_B^j \omega_B^{\text{com}} \eta_B^{\text{sgn}(T_B^j \omega_B^{\text{com}})} \tag{4-14}$$

式中，ψ_A、ψ_B 为电机 A 和电机 B 的效率 MAP 图。对于耦合机构的输入端，在整车加减速过程中，双电机实时对发动机进行调速、调矩。在整车调速过程中，双电机与电池之间的功率交换对荷电状态变化影响较大。对于稳态控制系统，选择电池荷电状态和整车速度变化量为状态量，其中荷电状态变化量与控制变量有以下关系：

$$\dot{\text{SOC}}(t) = \frac{-V_{\text{oc}}(t) + \sqrt{V_{\text{oc}}(t)^2 - 4R_{\text{batt}}(t)f_{\text{batt}}(T_A(t), T_B(t))}}{2C_{\text{batt}}R_{\text{batt}}(t)}$$
$$\text{s. t.} \quad \text{SOC}_{\min} \leqslant \text{SOC} \leqslant \text{SOC}_{\max} \tag{4-15}$$

在整车行驶过程中，速度变化量与控制变量的关系如下：

$$\dot{v}(t) = \left(\frac{T_o(t)i_r i_t}{r_w} - \frac{C_D A v(t)^2}{21.15} - C_g G\right)\frac{1}{\delta_m} \tag{4-16}$$

显然该控制系统是非线性的，故本节使用泰勒级数在平衡点展开使非线性方程线性化。根据非线性系统的动态特性：

$$\begin{cases} \dot{x}_i = f_i(x_1, x_2, \cdots, x_n; u_1, u_2, \cdots, u_r; t) \\ y_i = g_i(x_1, x_2, \cdots, x_n; u_1, u_2, \cdots, u_r; t) \end{cases} \tag{4-17}$$

将 $f(x)$ 和 $g(x)$ 在 x_0 和 u_0 附近泰勒级数展开：

$$\begin{cases} f(x, u) = f(x_0, u_0) + \frac{\partial f}{\partial x}\bigg|_{x_0, u_0} \delta x + \frac{\partial f}{\partial u}\bigg|_{x_0, u_0} \delta u + \alpha(\delta x, \delta u) \\ g(x, u) = g(x_0, u_0) + \frac{\partial g}{\partial x}\bigg|_{x_0, u_0} \delta x + \frac{\partial g}{\partial u}\bigg|_{x_0, u_0} \delta u + \beta(\delta x, \delta u) \end{cases} \tag{4-18}$$

忽略高次项 $\alpha(\delta x, \delta u)$，$\beta(\delta x, \delta u)$，将式（4-18）化为

$$\begin{cases} \delta \dot{x} = \frac{\partial f}{\partial x}\bigg|_{x_0, u_0} \delta x + \frac{\partial f}{\partial u}\bigg|_{x_0, u_0} \delta u \\ \delta y = \frac{\partial f}{\partial x}\bigg|_{x_0, u_0} \delta x + \frac{\partial f}{\partial u}\bigg|_{x_0, u_0} \delta u \end{cases} \tag{4-19}$$

其中，

$$A = \left.\frac{\partial f}{\partial x}\right|_{x_0,u_0} = \begin{pmatrix} \frac{\partial f_1}{\partial x_1} & \frac{\partial f_1}{\partial x_2} & \cdots & \frac{\partial f_1}{vx_n} \\ \frac{\partial f_2}{\partial x_1} & \frac{\partial f_2}{\partial x_2} & \cdots & \frac{\partial f_2}{\partial x_n} \\ \vdots & & & \vdots \\ \frac{\partial f_n}{\partial x_1} & \frac{\partial f_n}{\partial x_2} & \cdots & \frac{\partial f_n}{\partial x_n} \end{pmatrix}, \quad B = \left.\frac{\partial f}{\partial u}\right|_{x_0,u_0} = \begin{pmatrix} \frac{\partial f_1}{\partial u_1} & \frac{\partial f_1}{\partial u_2} & \cdots & \frac{\partial f_1}{\partial u_n} \\ \frac{\partial f_2}{\partial u_1} & \frac{\partial f_2}{\partial u_2} & \cdots & \frac{\partial f_2}{\partial u_n} \\ \vdots & & & \vdots \\ \frac{\partial f_n}{\partial u_1} & \frac{\partial f_n}{\partial u_2} & \cdots & \frac{\partial f_n}{\partial u_n} \end{pmatrix}$$

针对系统优化问题,首先确定系统控制量 $\boldsymbol{u} = [T_A(t) \quad T_B(t) \quad T_e(t)]^T$,系统状态量为 $\boldsymbol{x} = [\mathrm{SOC}(t) \quad v(t) \quad \omega_e(t)]^T$,将系统状态量和控制量在控制域和状态空间内离散以求解单步优化问题。联立式(4-5)~式(4-19),得到处于 EVT1 模式下的线性化系统方程:

$$\begin{pmatrix} \delta\dot{\mathrm{SOC}} \\ \delta\dot{v} \\ \delta\dot{\omega}_e \\ \dot{\mathrm{SOC}} \\ \dot{v} \\ \dot{\omega}_e \end{pmatrix} = \underbrace{\begin{pmatrix} 0 & 0 & 0 & 0 & 0 & 0 \\ 0 & -\dfrac{2C_D A v}{21.15\delta_m} & 0 & 0 & 0 & 0 \\ 0 & 0 & 0 & 0 & 0 & 0 \\ \dfrac{1}{\tau_s} & 0 & 0 & 0 & 0 & 0 \\ 0 & \dfrac{1}{\tau_v} & 0 & 0 & 0 & 0 \\ 0 & 0 & \dfrac{1}{\tau_e} & 0 & 0 & 0 \end{pmatrix}}_{A} \underbrace{\begin{pmatrix} \delta\mathrm{SOC} \\ \delta v \\ \delta\omega_e \\ \mathrm{SOC} \\ v \\ \omega_e \end{pmatrix}}_{x} +$$

$$\underbrace{\begin{pmatrix} 0 & -\dfrac{\omega_A \eta_A}{C_{\mathrm{batt}}\sqrt{V_{\mathrm{oc}}^2 - 4R_{\mathrm{batt}}(T_A^i \omega_A^{\mathrm{com}} \eta_A^{\mathrm{sgn}(T_A^i \omega_A^{\mathrm{com}})} + T_B^j \omega_B^{\mathrm{com}} \eta_B^{\mathrm{sgn}(T_B^j \omega_B^{\mathrm{com}})})}} & -\dfrac{\omega_B \eta_B}{C_{\mathrm{batt}}\sqrt{V_{\mathrm{oc}}^2 - 4R_{\mathrm{batt}}(T_A^i \omega_A^{\mathrm{com}} \eta_A^{\mathrm{sgn}(T_A^i \omega_A^{\mathrm{com}})} + T_B^j \omega_B^{\mathrm{com}} \eta_B^{\mathrm{sgn}(T_B^j \omega_B^{\mathrm{com}})})}} & 0 & 0 & 0 \\ 0 & \dfrac{(1+k_3)i_r i_t}{r_w \delta_m} & -\dfrac{(1+k_3)(1+k_1+k_2)i_r i_t}{r_w \delta_m} & 0 & 0 & 0 \\ 1 & -\dfrac{(1+k_1)(1+k_2)}{k_1 k_2 i_f \eta_f} & 0 & 0 & 0 & 0 \\ 0 & 0 & 0 & 0 & 0 & 0 \\ 0 & 0 & 0 & 0 & 0 & 0 \\ 0 & 0 & 0 & 0 & 0 & 0 \end{pmatrix}}_{B} \underbrace{\begin{pmatrix} \delta T_e \\ \delta T_A \\ \delta T_B \\ T_e \\ T_A \\ T_B \end{pmatrix}}_{u}$$

$$(4-20)$$

$$\underbrace{\begin{pmatrix} \text{SOC} \\ v \\ \omega_e \\ T_e \\ T_A \\ T_B \end{pmatrix}}_{y} = \underbrace{\begin{pmatrix} 0 & 0 & 0 & 1 & 0 & 0 \\ 0 & 0 & 0 & 0 & 1 & 0 \\ 0 & 0 & 0 & 0 & 0 & 1 \\ 0 & 0 & 0 & 0 & 0 & 0 \\ 0 & 0 & 0 & 0 & 0 & 0 \\ 0 & 0 & 0 & 0 & 0 & 0 \end{pmatrix}}_{C} \underbrace{\begin{pmatrix} \delta\text{SOC} \\ \delta v \\ \delta\omega_e \\ \text{SOC} \\ v \\ \omega_e \end{pmatrix}}_{x} + \underbrace{\begin{pmatrix} 0 & 0 & 0 & 0 & 0 & 0 \\ 0 & 0 & 0 & 0 & 0 & 0 \\ 0 & 0 & 0 & 0 & 0 & 0 \\ 0 & 0 & 0 & 1 & 0 & 0 \\ 0 & 0 & 0 & 0 & 1 & 0 \\ 0 & 0 & 0 & 0 & 0 & 1 \end{pmatrix}}_{D} \underbrace{\begin{pmatrix} \delta T_e \\ \delta T_A \\ \delta T_B \\ T_e \\ T_A \\ T_B \end{pmatrix}}_{u}$$

(4-21)

式 (4-21) 为系统的状态空间表达式，式 (4-21) 为观测方程，观测量为 $y = [\text{SOC} \quad v \quad \omega_e \quad T_e \quad T_A \quad T_B]^T$。对非线性系统使用等采样周期 T 作离散化处理。由于本模型的仿真步长较小且 $T = 0.001$ s，故可以对模型进行近似离散化处理，即 $G(T) \approx TA + I$，$H(T) \approx TB$，则离散化的线性系统为

$$\begin{cases} x(k+1) = G(T)x(k) + H(T)u(k) \\ y(k) = Cx(k) + Du(k) \end{cases} \quad (4-22)$$

其中，EVT1 模式下的离散化系统的状态矩阵为 $G_L(T)$，控制矩阵为 $H_L(T)$。同理可得 EVT2 模式下离散化系统的状态矩阵 $G_H(T)$ 和控制矩阵 $H_H(T)$：

$$G_L(T) = \begin{pmatrix} 1 & 0 & 0 & 0 & 0 & 0 \\ 0 & 1 - \dfrac{2C_D A v}{21.15\delta_m}T & 0 & 0 & 0 & 0 \\ 0 & 0 & 1 & 0 & 0 & 0 \\ \dfrac{1}{\tau_s}T & 0 & 0 & 0 & 0 & 1 \\ 0 & \dfrac{1}{\tau_v}T & 0 & 0 & 1 & 0 \\ 0 & 0 & \dfrac{1}{\tau_e}T & 0 & 0 & 1 \end{pmatrix}$$

$$H_{\mathrm{L}}(T) = \begin{pmatrix} 0 & -\dfrac{\omega_{\mathrm{A}}\eta_{\mathrm{A}}T}{C_{\mathrm{batt}}\sqrt{V_{\mathrm{oc}}^2-4R_{\mathrm{batt}}P_{\mathrm{s}}}} & -\dfrac{\omega_{\mathrm{B}}\eta_{\mathrm{B}}T}{C_{\mathrm{batt}}\sqrt{V_{\mathrm{oc}}^2-4R_{\mathrm{batt}}P_{\mathrm{s}}}} & 0 & 0 & 0 \\ 0 & \dfrac{(1+k_3)i_r i_t T}{r_w \delta_{\mathrm{m}}} & -\dfrac{(1+k_3)(1+k_1+k_2)i_r i_t T}{r_w \delta_{\mathrm{m}}} & 0 & 0 & 0 \\ T & -\dfrac{(1+k_1)(1+k_2)T}{k_1 k_2 i_f \eta_f} & 0 & 0 & 0 & 0 \\ 0 & 0 & 0 & 0 & 0 & 0 \\ 0 & 0 & 0 & 0 & 0 & 0 \\ 0 & 0 & 0 & 0 & 0 & 0 \end{pmatrix}$$

$$G_{\mathrm{H}}(T) = \begin{pmatrix} 1 & 0 & 0 & 0 & 0 & 0 \\ 0 & 1-\dfrac{2C_{\mathrm{D}}Av}{21.15\delta_{\mathrm{m}}}T & 0 & 0 & 0 & 0 \\ 0 & 0 & 1 & 0 & 0 & 0 \\ \dfrac{1}{\tau_{\mathrm{s}}}T & 0 & 0 & 1 & 0 & 0 \\ 0 & \dfrac{1}{\tau_{\mathrm{v}}}T & 0 & 0 & 1 & 0 \\ 0 & 0 & \dfrac{1}{\tau_{\mathrm{e}}}T & 0 & 0 & 1 \end{pmatrix}$$

$$H_{\mathrm{H}}(T) = \begin{pmatrix} 0 & -\dfrac{\omega_{\mathrm{A}}\eta_{\mathrm{A}}T}{C_{\mathrm{batt}}\sqrt{V_{\mathrm{oc}}^2-4R_{\mathrm{batt}}P_{\mathrm{s}}}} & -\dfrac{\omega_{\mathrm{B}}\eta_{\mathrm{B}}T}{C_{\mathrm{batt}}\sqrt{V_{\mathrm{oc}}^2-4R_{\mathrm{batt}}P_{\mathrm{s}}}} & 0 & 0 & 0 \\ 0 & \dfrac{(1+k_1+k_2)i_r i_t T}{k_1 r_w \delta_{\mathrm{m}}} & -\dfrac{k_2(1+k_1+k_2)i_r i_t T}{k_1 r_w \delta_{\mathrm{m}}} & 0 & 0 & 0 \\ T & -\dfrac{(1+k_1)(1+k_2)T}{k_1 k_2 i_f \eta_f} & 0 & 0 & 0 & 0 \\ 0 & 0 & 0 & 0 & 0 & 0 \\ 0 & 0 & 0 & 0 & 0 & 0 \\ 0 & 0 & 0 & 0 & 0 & 0 \end{pmatrix}$$

5) 确定优化目标

本节从三个方面分析能量管理策略对机电复合传动系统的动力性、经济性及蓄电池寿命的影响。首先需要建立动力性、经济性及蓄电池寿命性能评价指标，对各评价指标的重要性进行排序，进而完成性能优化。

（1）动力性指标。动力性指标旨在优化整车需求功率，并使得实际作用在车轮上的功率尽可能小。L_D 为汽车动力性指标函数，在控制域和状态空间内，L_D 越小，车辆的动力性和驾驶性越好。

$$L_D(t) = |P_{req}(t) - P_{act}(t)| \qquad (4-23)$$

（2）经济性指标。整车经济性指标主要由整车燃油经济性衡量。发动机燃油经济性主要受转速和转矩影响，可以通过改变双电机转矩来调节发动机转矩，从而优化燃油经济性。所以第二个优化函数是关于整车单位采样时间内燃油消耗量的函数 L_f。

$$L_f(t) = \dot{m}_f(t) = f_e[T_e(t), \omega_e(t)] \qquad (4-24)$$

（3）电池寿命指标。本节设定的能量管理策略主要使电池根据不同 SOC 状态进行不同程度充放电以延长电池寿命。电池需求功率是根据电池模型固有参数拟合出与电池 SOC 有关的函数 f_{batt}，其中 s 为 SOC 变动系数，由式（4-25）计算。P_{batt}^{max} 为电池组最大放电功率。

$$s = p_1 l^3(t) + p_2 l^2(t) + p_3 l(t) + p_4 l; \text{ s.t. } l(t) = \frac{SOC(t) - \frac{SOC_{max} + SOC_{min}}{2}}{\frac{SOC_{max} - SOC_{min}}{2}}$$

$$(4-25)$$

$$P_{ch/disch}(t) = f_{batt}(SOC) = \begin{cases} s^2 P_{batt}^{max}, & SOC < 0.5 - 1/2s \cdot SOC \\ e_1 SOC^2 + e_2 SOC + e_3, & |SOC - 0.5| < 1/2s \cdot SOC \\ -s^2 P_{batt}^{max}, & SOC > 0.5 - 1/2s \cdot SOC \end{cases}$$

$$(4-26)$$

双电机与电池交换功率 $P_{ch/disch}(t)$ 应该与电池需求功率尽可能接近，从而减少其峰值充放电电流。所以 L_{batt} 越小越利于延长电池寿命。

$$L_{batt}(t) = |P_{batt}(t) - P_{ch/disch}(t)| \qquad (4-27)$$

使用各指标函数对时间进行积分得到一段时域内的综合动力性、经济性、电池寿命成本函数:

$$J_1 = \int_0^t L_E(t)dt = \int_0^t |P_{req}(t) - P_{act}(t)|dt \qquad (4-28)$$

$$J_2 = \int_0^t L_D(t)dt = \int_0^t |P_{batt}(t) - P_{ch/disch}(t)|dt \qquad (4-29)$$

$$J_3 = \int_0^t L_F(t)dt = \int_0^t \dot{m}_f[T_e(t), \omega_e(t)]dt \qquad (4-30)$$

接下来对各控制量对评价函数的影响逐一分析。

(1) 发动机控制转矩对各指标影响。发动机控制转矩与整车速度联系较多,故首先考虑发动机转矩在不同期望速度情况下对各指标函数的影响。以相同初始 SOC 值对不同工况下发动机转矩的多目标优化函数进行仿真分析。如图 4.11 所示,在不同的行驶速度下,发动机控制转矩对各评价函数的影响有所矛盾,发动机转矩增大,动力性指标函数先增大后减小,换电功率指标函数逐渐减小,燃油消耗指标函数先减小后增大。图 4.11 (d) 表示 SOC 初值不同也会对发动机动力性评价函数有细微影响。

(2) 电机控制转矩对各指标影响。本部分研究电机控制转矩对整个系统多目标优化结果的影响。如图 4.12 所示,电机控制转矩与电池 SOC 状态量关系较为密切。以不同 SOC 初值对同一工况各评价指标逐步分析。为了针对性研究电机控制转矩对于各评价函数的影响,先分配电机功率,再分配发动机功率,以得到特性关系曲线。由图 4.12 (a) 可以看出,电机控制转矩与动力性评价指标函数呈现逐步增大趋势,代表电机转矩越大整车动力性、驾驶性越好。由图 4.12 (b) 可以看出,选取不同初始 SOC 值,换电功率指标函数随着电机转矩增加先减小后增大或一直增大。代表不同电机转矩下,换电功率指标函数存在一个关于 SOC 的极小值。图 4.12 (c) 表明,整车速度较低时电机转矩增加,油耗增加较多;中高速状态下电机转矩增加,油耗增加较少。所以电机转矩影响发动机转矩分配,从而影响整车油耗。

综上所述,多目标优化求解复杂系统问题无法得到一个普遍适用于各评价函数极小值的最优解,故先求解各评价函数非劣解,采用分支定界法求解其可行决策域,在此域内重点优化某一评价指标。

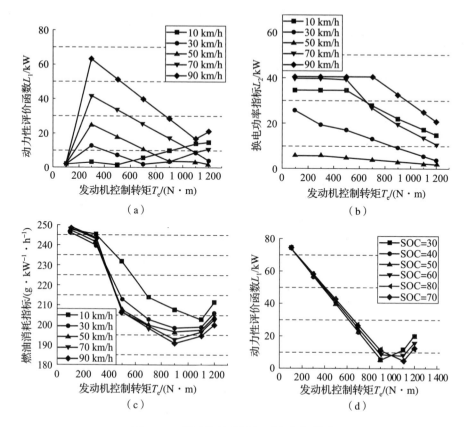

图 4.11　发动机控制转矩对各指标影响

(a) 发动机转矩与动力性指标函数关系；(b) 发动机转矩与换电功率指标函数关系；
(c) 发动机转矩与燃油消耗指标函数关系；(d) 动力性评价函数与 SOC 的关系

采用上文介绍的方法，首先对优化目标重要性进行排序，其后在控制域中逐个求解各优化函数的最小值，逐步缩小控制变量决策域，最终求得满足多个优化函数相对极小值的控制量决策域。该方法求解的主要步骤是：

(1) 初始化系统控制量决策域和状态量可行域。

(2) 在控制量决策域 Ω_e、Ω_A、Ω_B 内搜索，求解动力性评价函数 J_1 尽可能小的非劣解决策域 Ω_1 和最优解决策域 Ω_1'。

(3) 在非劣解决策域 Ω_1 和最优解决策域 Ω_1' 内进行搜索，优化换电功率指标函数，使其达到最小值。求解使其达到极小值附近的非劣解决策域 Ω_2 以及最优解决策域 Ω_2'。

第 4 章 机电复合传动能量管理优化策略研究 137

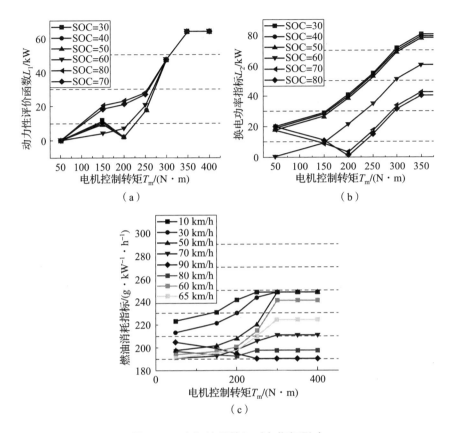

图 4.12 电机控制转矩对各指标影响

(a) 电机控制转矩与动力性指标函数关系；(b) 发动机控制转矩与换电功率指标函数关系；
(c) 电机控制转矩与燃油消耗指标关系

（4）若未找到这样的非劣解决策域 Ω_2，则扩大非劣解可行域 Ω_1；若找到满足换电功率指标和动力性指标函数最小的最优解决策域 Ω_2'，可在此决策域中搜索满足下一步条件的决策域。

（5）在 Ω_2 或 Ω_2' 中进一步搜索，优化整车油耗最小。若在 Ω_2 中找到满足整车燃油消耗最小的最优决策域 Ω_3'，则最优决策域 Ω_3' 为满足三种评价指标的最佳控制量。

（6）在求解过程中如果通过状态空间方程计算得到的下一时刻状态量不满足状态量约束，即 $Z_i \not\subset Z_{i-1}$，则终止当前控制决策域搜索求解，返回上一层目标函数优化过程，扩大上一层目标函数非劣解可行域 Ω_{i-1}。

图 4.13 展示了分支定界法优化各指标函数使其取极小值的过程。该图省略了在最优解决策域中搜索并优化下一层目标函数过程。整车实际运行过程中，前两级目标函数取非劣解可使其同时满足多种评价指标和控制决策约束，故目标函数搜索域一般在非劣解决策域中展开。对于最后一级优化函数，由于燃油消耗对

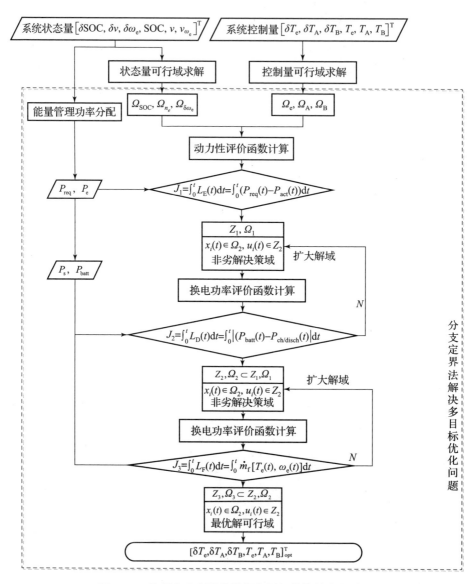

图 4.13 使用分支定界法进行多目标优化的主要流程

整车燃油经济性至关重要,故对其取绝对最优解。使用该方法可以极大程度提高程序运行效率,并获得最佳燃油经济性。

4.2.2 仿真结果

本节采用某大负荷循环工况对多目标优化控制策略进行仿真验证。仿真结果表明,两种控制策略均可跟随期望速度,但多目标优化方法对大幅加速工况的跟踪效果更加稳定。另外,本节就二者的发动机和电机工作点做对比(图4.14、图4.15):基于多目标优化策略的发动机工作点("*"形)在高效区域分布更为集中。图4.15(b)虚线椭圆区域表明电机工作点分布较基于规则的策略更加高效,各部件工作点在优化条件边界约束以内。图4.14(c)表明基于多目标优化的策略油耗更少,相同工况下整体节省燃油达4.5 L。

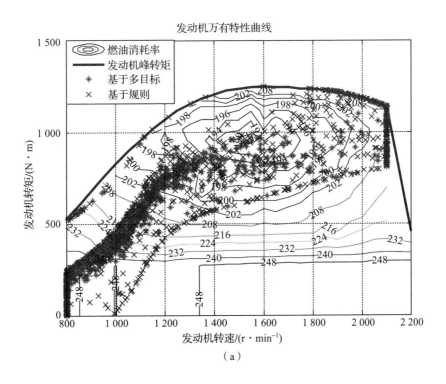

(a)

图 4.14 发动机工作点对比(书后附彩插)

(a) 发动机工作点

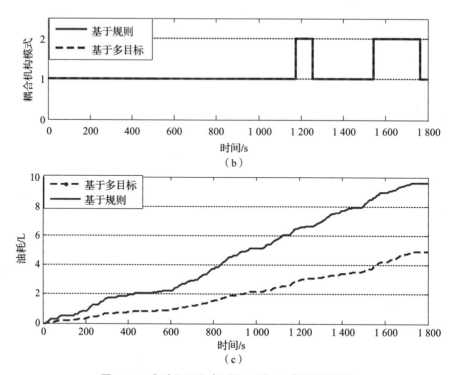

图4.14 发动机工作点对比(续)(书后附彩插)

(b)耦合机构模式;(c)发动机油耗对比

图4.16表明,基于多目标优化控制策略在各种负荷条件下均能保证速度稳定跟随,故加速阻力减小,整车需求功率减小,发动机负荷减小,整车动力性增强,即有利于发动机将工作点分配于高效区域,减少发动机和电机转矩的高频调整。另一方面,图4.18(a)表明,基于多目标优化的电池充放电电流稳定在±100 A以内,峰值放电在200 A左右,与基于规则的方法相比,该策略降低电池高倍率充放电频率。图4.18(b)表明,SOC初值均为0.3情况下基于多目标优化的策略SOC始末波动值为0.2,比基于规则的策略减少了0.11的波动。所以该策略优化换电功率有利于降低电池负荷,稳定电池荷电状态。双电机的工作状态根据行驶负荷需求和发动机节油需求补偿发动机工作点,更有利于减少发动机油耗。所以该策略可有效增强整车动力性及燃油经济性。

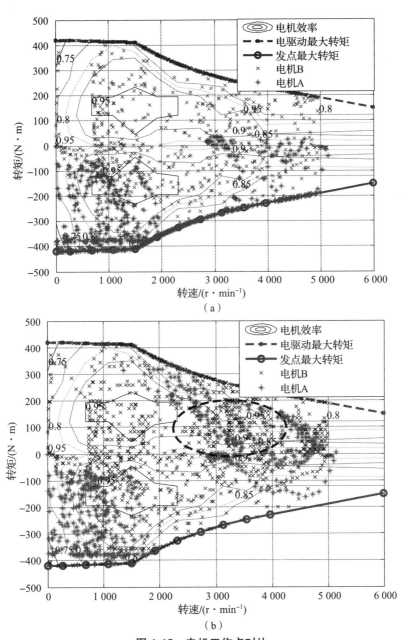

图 4.15 电机工作点对比

(a) 基于规则优化;(b) 基于多目标优化

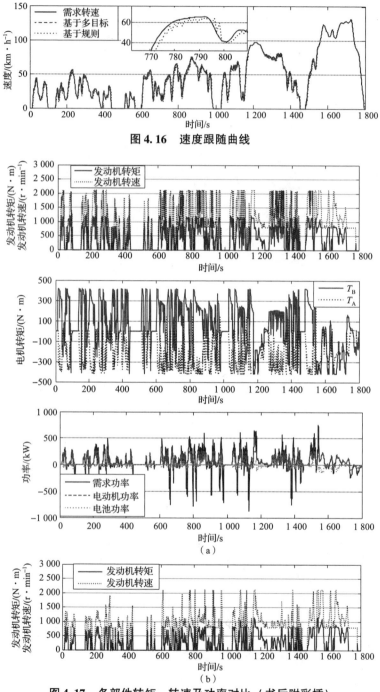

图 4.16 速度跟随曲线

（a）

（b）

图 4.17 各部件转矩、转速及功率对比（书后附彩插）

（a）基于规则优化；（b）基于多目标优化

第 4 章 机电复合传动能量管理优化策略研究 143

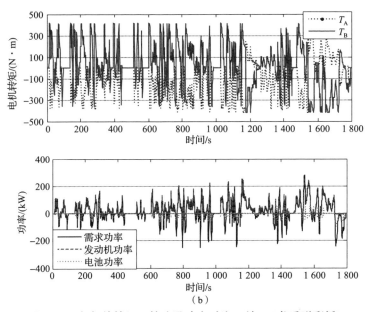

图 4.17 各部件转矩、转速及功率对比（续）（书后附彩插）

(b) 基于多目标优化

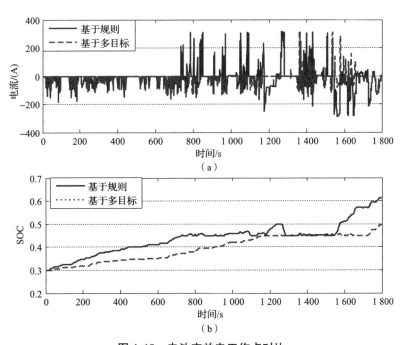

图 4.18 电池充放电工作点对比

(a) 电流对比；(b) SOC 曲线变化

4.3 基于有限时域优化的模型预测的能量管理策略

4.3.1 线性模型预测能量管理

4.3.1.1 线性模型预测控制基本原理

本节将简要介绍线性 MPC 的基本原理和控制方法。模型预测控制的三个主要元素为模型预测、滚动优化和反馈校正,滚动优化为 MPC 的核心思想,所以 MPC 又称为滚动时域控制(Receding Horizon Control),而滚动优化的本质为基于在线优化的控制,利用模型预测进行在线优化,通过滚动的步骤,达到常规优化控制不具有的反馈校正能力。

图 4.19 较直观地表现出模型预测控制的基本原理,图中横坐标为采样时刻,纵坐标中 u 为控制量,y 为系统输出值,$\hat{y}$ 为预测的系统输出值,最上端虚线为期望 y 所能达到的目标值(Set point)。

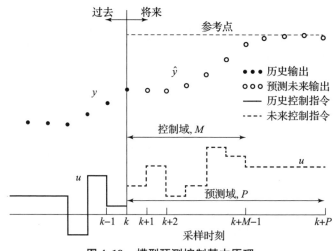

图 4.19 模型预测控制基本原理

4.3.1.2 线性模型预测控制基本算法

为了确保模型预测控制的在线计算速度,上文中所涉及的优化过程一般转化为一个二次规划问题进行求解。这里以对线性模型系统的状态跟踪问题为例,在线性 MPC 中，一般非线性的系统模型需要先进行模型线性化。如式（4-31）为一包含约束的线性离散系统方程：

$$\begin{cases} x(k+1) = Ax(k) + B_u u(k) + B_v v(k) \\ y(k) = Cx(k) + D_v v(k) \end{cases} \quad (4-31)$$

系统控制量约束与输出变量约束如下：

$$\begin{cases} u^{\min} \leq u(k) \leq u^{\max} \\ \Delta u^{\min} \leq \Delta u(k) \leq \Delta u^{\max} \\ y^{\min} \leq y(k) \leq y^{\max} \end{cases} \quad (4-32)$$

在时刻 k，对于参考目标跟踪型控制问题的目标函数为

$$\min_{\Delta U} J = \sum_{i=0}^{P-1} \| \Delta u(k+i|k) \|_{w_i^{\Delta u}}^2 + \| y(k+i+1|k) - r(k+i+1) \|_{w_{i+1}^y}^2 \quad (4-33)$$

式中，P 为预测区间，$\Delta U = [\Delta u(k|k), \cdots, \Delta u(k+M-1|k)]^T$ 为需要被优化的连续控制输入增量，$x(i|k)$ 为从时刻 k 算起变量 x 在第 i 步的值，$w_i^{\Delta u}$，w_{i+1}^y 为各变量在第 i 步时对应的权重。代入系统方程（4-31），可以得到关于上述控制输入序列的系统输出序列：

$$\begin{aligned} & y(k+i+1|k) \\ & = C\left[A^{i+1} x(k) + \sum_{l=0}^{i} A^l B_u \left(u(k-1) + \sum_{j=0}^{l} \Delta u(k+j|k) \right) + B_v v(k+l|k) \right] + D_v v(k) \end{aligned} \quad (4-34)$$

预测控制的目标函数可以转换为二次规划问题（QP）。该二次规划问题（QP）中需要被优化的目标为连续控制输入增量 $\Delta U = [\Delta u(k|k), \cdots, \Delta u(k+M-1|k)]^T$。

$$\Delta U^{opt} = \arg \min_{\Delta U} \frac{1}{2} \Delta U^T H \Delta U + F^T \Delta U \quad (4-35)$$

约束条件为

$$G_u \Delta U \leq W + Sx(k) \quad (4-36)$$

式中，H，F，G_u，W 和 S 可以通过 k 时刻的系统状态参考值，测量或观测的系统状态值等求出。此二次规划问题可以通过优化求解算法（如二次规划算法）

在线求得。通过求解这一二次规划问题，可以得到控制序列 ΔU。控制序列 ΔU 第一步中的控制值将用于实时控制，当系统运行到下一时刻 $k+1$，上述步骤将会被重复，从而得到控制量 $u(k+1)$。

4.3.1.3 系统模型线性化

针对线性 MPC 对系统状态方程的要求，需要对系统模型进行线性化。这里结合机电复合传动特点，通过将车辆行驶中的阻力作为状态方程中的扰动项 B_v，建立系统的线性化离散状态方程。EVT1 模式下的系统状态方程如下：

$$\underbrace{\begin{bmatrix} \dot{\omega}_e \\ \dot{\omega}_a \\ \dot{T}_a^{act} \\ \dot{T}_a^{act} \\ \dot{T}_e^{ind} \\ \dot{T}_e^{act} \end{bmatrix}}_{\dot{x}} = \underbrace{\begin{bmatrix} \eta_{111}e_1 & \eta_{112}e_2 & \eta_{121}N_{11} & \eta_{122}N_{12} & 0 & \eta_{123}N_{13} \\ \eta_{113}a_1 & \eta_{114}a_2 & \eta_{125}N_{21} & \eta_{126}N_{22} & 0 & \eta_{127}N_{23} \\ 0 & 0 & -\dfrac{1}{\tau_a} & 0 & 0 & 0 \\ 0 & 0 & 0 & -\dfrac{1}{\tau_b} & 0 & 0 \\ 0 & 0 & 0 & 0 & -\dfrac{1}{\tau_{e1}} & -\dfrac{1}{\tau_{e2}} \\ 0 & 0 & 0 & 0 & -\dfrac{1}{\tau_{e3}} & 0 \end{bmatrix}}_{A} \underbrace{\begin{bmatrix} \omega_e \\ \omega_a \\ T_a^{act} \\ T_b^{act} \\ T_e^{ind} \\ T_e^{act} \end{bmatrix}}_{x} + \underbrace{\begin{bmatrix} 0 & 0 & 0 \\ 0 & 0 & 0 \\ \dfrac{1}{\tau_a} & 0 & 0 \\ 0 & \dfrac{1}{\tau_b} & 0 \\ 0 & 0 & \dfrac{1}{\tau_e} \\ 0 & 0 & 0 \end{bmatrix}}_{B_u} \underbrace{\begin{bmatrix} T_a^{cmd} \\ T_b^{cmd} \\ T_e^{cmd} \end{bmatrix}}_{u} + \underbrace{\begin{bmatrix} e_3 \\ a_3 \\ 0 \\ 0 \\ 0 \\ 0 \end{bmatrix}}_{B_v}$$

(4 – 37)

$$\underbrace{\begin{bmatrix} \omega_e \\ P_{batt} \\ P_e \end{bmatrix}}_{y} = \underbrace{\begin{bmatrix} 1 & 0 & 0 & 0 & 0 & 0 \\ b_1 T_b^{act} & b_2 T_a^{act} + b_3 T_b^{act} & 0 & 0 & 0 & 0 \\ T_e^{act} & 0 & 0 & 0 & 0 & 0 \end{bmatrix}}_{C} \begin{bmatrix} \omega_e \\ \omega_a \\ T_a^{act} \\ T_b^{act} \\ T_e^{ind} \\ T_e^{act} \end{bmatrix}$$

(4 – 38)

式（4 – 38）中选择发动机角速度 ω_e、电池功率 P_{batt} 和发动机功率 P_e 作为输出值 y 用以跟踪上层能量管理策略的能量分配与控制发动机的工作点。式中，$e_1 \sim e_6$，$a_1 \sim a_6$ 和 $b_1 \sim b_3$ 为常数，定义如下：

$$\begin{cases} e_1 = \dfrac{\dfrac{(Z_{r1}/Z_{s1})^3 Z_{r2}/Z_{s2} J_b}{Z_{r1}/Z_{s1}(1+Z_{r1}/Z_{s1} Z_{r2}/Z_{s2}) J_a}}{DM1} \\[2ex] e_2 = \dfrac{1}{DM1} \\[2ex] e_3 = \dfrac{\eta_{124} \dfrac{(Z_{r1}/Z_{s1})^2 Z_{r2}/Z_{s2} J_b + (1+Z_{r1}/Z_{s1} Z_{r2}/Z_{s2}) J_a}{(1+Z_{r1}/Z_{s1})(1+Z_{r2}/Z_{s2})(1+k_1 k_2)} \cdot \dfrac{Z_{r2}/Z_{s2} i_f}{(1+Z_{r1}/Z_{s1})(1+Z_{r2}/Z_{s2}) J_a} + \dfrac{i_f}{(1+Z_{r2}/Z_{s2})}}{DM1} \\[2ex] DM1 = \dfrac{(1+Z_{r1}/Z_{s1})(1+Z_{r2}/Z_{s2})^2 J_b + (1+Z_{r1}/Z_{s1}+Z_{r2}/Z_{s2}) J_e i_f^2}{(1+Z_{r1}/Z_{s1}+Z_{r2}/Z_{s2})(1+Z_{r2}/Z_{s2}) i_f} + \\[2ex] \qquad \dfrac{Z_{r1}/Z_{s1} Z_{r2}/Z_{s2} J_e i_f}{(1+Z_{r1}/Z_{s1})(1+Z_{r2}/Z_{s2}) J_a} \cdot \dfrac{Z_{r1}/Z_{s1}^2 Z_{r2}/Z_{s2} J_b + (1+Z_{r1}/Z_{s1} Z_{r2}/Z_{s2}) J_a}{Z_{r1}/Z_{s1}(1+Z_{r1}/Z_{s1} Z_{r2}/Z_{s2})} \end{cases}$$

$$(4-39)$$

$$\begin{cases} a_1 = \dfrac{\dfrac{(1+Z_{r1}/Z_{s1})(1+Z_{r2}/Z_{s2})}{Z_{r1}/Z_{s1} Z_{r2}/Z_{s2}} + \dfrac{(1+Z_{r1}/Z_{s1}+Z_{r2}/Z_{s2})(1+Z_{r2}/Z_{s2}) J_e i_f^2}{Z_{r1}/Z_{s1}(1+Z_{r1}/Z_{s1})(1+Z_{r2}/Z_{s2}) J_b + k_1(1+Z_{r1}/Z_{s1}+Z_{r2}/Z_{s2}) J_e i_f^2}}{DM2} \\[2ex] a_2 = -\dfrac{\dfrac{(1+Z_{r1}/Z_{s1}+Z_{r2}/Z_{s2})(1+Z_{r2}/Z_{s2}) J_e i_f^2}{(1+Z_{r1}/Z_{s1})(1+Z_{r2}/Z_{s2}) J_b + (1+Z_{r1}/Z_{s1}+Z_{r2}/Z_{s2}) J_e i_f^2}}{DM2} \\[2ex] a_3 = \dfrac{\eta_{128} \dfrac{(R_w(0.5\rho A_f C_d V^2 + C_r m_V g\cos\theta - m_T g\sin\theta) + T_b)}{(1+Z_{r3}/Z_{s3})} \cdot \dfrac{(1+Z_{r1}/Z_{s1}+Z_{r2}/Z_{s2})(1+Z_{r2}/Z_{s2}) J_e i_f^2}{(1+Z_{r1}/Z_{s1})(1+Z_{r2}/Z_{s2}) J_b + (1+Z_{r1}/Z_{s1}+Z_{r2}/Z_{s2}) J_e i_f^2}}{DM2} \\[2ex] DM2 = \dfrac{(1+Z_{r1}/Z_{s1})(1+Z_{r2}/Z_{s2})}{Z_{r1}/Z_{s1} Z_{r2}/Z_{s2}} + \dfrac{(1+Z_{r1}/Z_{s1}+Z_{r2}/Z_{s2})(1+Z_{r2}/Z_{s2}) J_e i_f^2}{(1+Z_{r1}/Z_{s1})(1+Z_{r2}/Z_{s2}) J_b + (1+Z_{r1}/Z_{s1}+Z_{r2}/Z_{s2}) J_e i_f^2} \cdot \\[2ex] \qquad \dfrac{(Z_{r1}/Z_{s1})^2 Z_{r2}/Z_{s2} J_b + (1+Z_{r1}/Z_{s1} Z_{r2}/Z_{s2}) J_a}{Z_{r1}/Z_{s1}(1+Z_{r1}/Z_{s1} Z_{r2}/Z_{s2})} \end{cases}$$

$$(4-40)$$

$$\begin{cases} b_1 = \dfrac{(1+\eta_b^{-\text{sign}(\omega_b \cdot T_b)})(1+Z_{r1}/Z_{s1})(1+Z_{r2}/Z_{s2})}{(1+Z_{r1}/Z_{s1}+Z_{r2}/Z_{s2}) i_f} \\[2ex] b_2 = (1+\eta_a^{-\text{sign}(\omega_b \cdot T_b)}) \\[2ex] b_3 = \dfrac{(1+\eta_b^{-\text{sign}(\omega_b \cdot T_b)}) Z_{r1}/Z_{s1} Z_{r2}/Z_{s2}}{1+Z_{r1}/Z_{s1} Z_{r2}/Z_{s2}} \end{cases} \quad (4-41)$$

4.3.1.4 快速模型预测算法

对于模型预测控制,当在线运算的频率达到 10 Hz 时,对控制器的运算负担将大大增加。为了能实现协调控制器的在线运算,这里采用一种快速模型预测算法以降低在线运算量。当模型预测控制转换为二次规划问题进行在线求解时,原始障碍法常用于二次规划问题的在线求解,此时该算法中的障碍参数 κ 和最大迭代值 $K^{\max}$ 可以选择一定值来确保在线求解的计算量满足控制器的计算性能。尽管这种算法将在一定程度上降低原始障碍算法的精度,但由于模型预测控制的反馈特性,即使二次规划问题的求解在一定程度上偏离了最优值,但模型预测控制仍能保持较高的控制性能。

在原始障碍算法中,首先通过将二次规划问题中的不等式约束转换为优化函数中的障碍项来得到原问题的近似等效问题(4-42)。注意到本协同调控问题中没有等式约束。

$$\min \quad z^T H z + g^T z + \kappa \left(\sum_{i=1}^{m} - \log(h_i - p_i z) \right)$$

$$\text{s.t.} \quad C z = b$$

(4-42)

式中,$\kappa > 0$ 为障碍参数,在标准原始障碍函数算法中,式(4-42)通过牛顿法进行求解。通过一组逐渐减小的 κ,二次规划问题最终保证解具有一定的精度。为了减小计算量,这里不再使用一组 κ,替代为一个具有固定值的 κ。通过跟踪一组发动机转速参考信号,上述方法的有效性将得以证实。

在 $\kappa = 10$,$\kappa = 100$,$\kappa = 1\ 000$ 和标准原始对偶算法下的模型预测控制(exactMPC)的仿真结果对比如图 4.20 所示。标准原始对偶算法下的模型预测控制使用一组递减的 κ 值。图 4.20(a)为发动机转速跟踪性能展示,如图所示,当 $\kappa = 10$ 时,对应的控制结果就已经很接近标准原始对偶算法下模型预测控制的结果。随着 κ 值的增加,转速的超调量及稳定时间都有所增加。但即使达到 $\kappa = 1\ 000$,对发动机参考转速跟踪性能仍可以接受。图 4.20(b)为相应的在每一步控制中,优化计算的迭代步数。通过固定 κ 的值,平均迭代步数被大大降低。但是当 κ 值大于 100 后,通过增加 κ 值而取得的计算量下降不再明显。综合考虑控制性能和在线计算速度,这里选择 $\kappa = 100$ 作为固定的 κ 值。

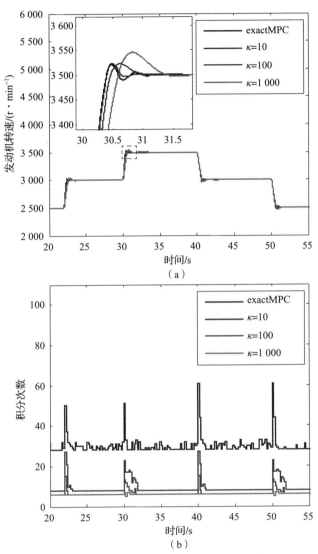

图 4.20 在不同 κ 下的发动机转速参考值跟踪仿真性能对比（书后附彩插）

(a) 发动机转速；(b) 迭代次数

从图 4.20 (b) 中还可以看出，当状态变量发生改变时，迭代步数大幅增加。通过合理选择最大迭代值 K^{max}，即使此 K^{max} 值略小于实际需要的迭代步数，实际的控制性能下降在一定程度上可以忽略，如图 4.21 所示。在图 4.21 中，为了确保选出的 K^{max} 值在各种条件下都能确保系统的稳定性，这里选择发动机的转速参考值从 1 300 r/min 阶跃到 3 400 r/min，同时发动机的转矩也从 1 000 N·m

阶跃到 2 050 N·m。图 4.21（a）显示，即使 $K^{max}=10$，耦合机构仍然保持在可控状态。但是由于发动机转速的超调，发动机的转矩发生了较大波动。当 $K^{max}=15$ 时，发动机的转矩波动有所减小；当 $K^{max}=25$ 时，发动机转速和转矩几乎与标准原始对偶算法下模型预测控制的结构重合。而当使用标准原始对偶算法下的模型预测控制时，迭代步数最高能达到 200。所以通过固定最大步长 $K^{max}=25$，计算量可以减小到原计算量的 1/10，而控制性能的下降几乎可以忽略。

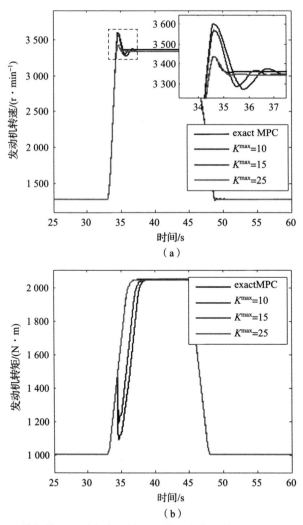

图 4.21 不同 K^{max} 的取值下，对发动机转速、转矩参考值的跟踪控制效果（书后附彩插）

(a) 发动机转速；(b) 发动机转矩

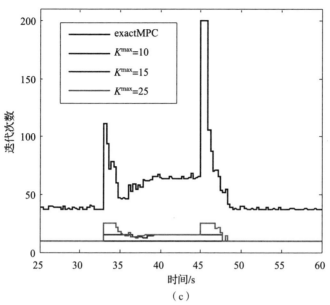

图4.21 不同K^{max}的取值下,对发动机转速、转矩参考值的跟踪控制效果(续)(书后附彩插)

(c)迭代步数

4.3.1.5 仿真结果与分析

为了验证协调控制器的性能,这里设置两组仿真试验。第一组试验为参考值跟踪试验,在第一组试验中,车速将保持在三组时速下,分别为 25 km/h、45 km/h 和 65 km/h。初始阶段车辆的动力完全由发动机提供,电池的功率为零。在第 40 s,上层能量管理将发送给下层协调控制器 100 kW 的电池充电功率指令,同时维持车速不变。该试验下发动机的初始值与参考目标如表 4.5 所示,为了使电池的充电功率达到 100 kW,发动机增加的功率大于 100 kW,用以弥补传递过程中的功率损失。第二组试验为一路况循环试验,该试验用来验证使用基于 MPC 的协调控制对车辆燃油经济性的提高与路况循环下协调控制的稳定性。

表4.5 发动机初始与参考状态值

	车速/(km·h^{-1})	25	45	65
初始发动机状态值	功率/kW	210	237	389
	转速/(r·min^{-1})	2 400	2 500	2 800
	转矩/(N·m)	835	905	1 325

续表

	车速/(km·h^{-1})	25	45	65
发动机状态目标值	功率/kW	327	359	530
	转速/(r·min^{-1})	2 800	2 900	3 200
	转矩/(N·m)	1 115	1 225	1 580

1) 参考值跟踪仿真测试

图 4.22 所示为参考值跟踪仿真测试的结果。从图（Ⅰ-a）、（Ⅱ-a）和（Ⅲ-a）可以看出，在基于规则的协调控制下，在不同车速下，发动机的转速分别会有 24 r/min、35 r/min 和 39 r/min 的超调量。此发动机转速超调将影响传动系统的稳定性，同时车辆燃油经济性也将受到影响。作为对比，当使用基于 MPC 的协调控制时，发动机的转速超调量将降低至 8 r/min、19 r/min 和 23 r/min。同时，基于 MPC 的协调控制下的发动机转速稳定时间相比基于规则的协调控制也有大幅缩短。

图 4.22 中（Ⅰ-b）、（Ⅱ-b）和（Ⅲ-b）为发动机功率跟踪仿真对比结果，图（Ⅰ-c）、（Ⅱ-c）和（Ⅲ-c）为电池功率跟踪对比结果。在基于规则的协调调控下，发动机功率的超调值分别达到 21 kW、22 kW 和 25 kW；当使用基于 MPC 的协调控制时，发动机的功率超调值基本可以忽略，并且稳定时间也大幅降低。对发动机参考功率的跟踪结果直接影响对电池参考功率的跟踪，如图 4.22 中（Ⅰ-b）、（Ⅱ-b）和（Ⅲ-b），在基于 MPC 的协调控制下电池功率的跟踪速度与稳定性较基于规则的协调控制下的结果均有较大提高。

2) 驾驶循环工况仿真对比

本部分通过基本道路仿真测试，进一步验证协调控制对燃油经济性等性能的提升。如图 4.23（a）所示，在基于规则和基于 MPC 的协调控制策略下，车速均能较好地跟踪目标车速，说明两种协调控制策略均能达到基本的动力性要求。这里使用的上层能量管理策略以 1 Hz 的速率向下层协调控制器发送参考目标指令。不同于上文，在参考值跟踪试验中，参考值发生变化前（40 s 前），传动系统各状态量已处于稳定状态，所以基于规则的协调控制能够保证在 1 s 内基本达到上层能量管理策略的参考值。但在这里的路况循环试验中，无法保证在协调控

第 4 章 机电复合传动能量管理优化策略研究

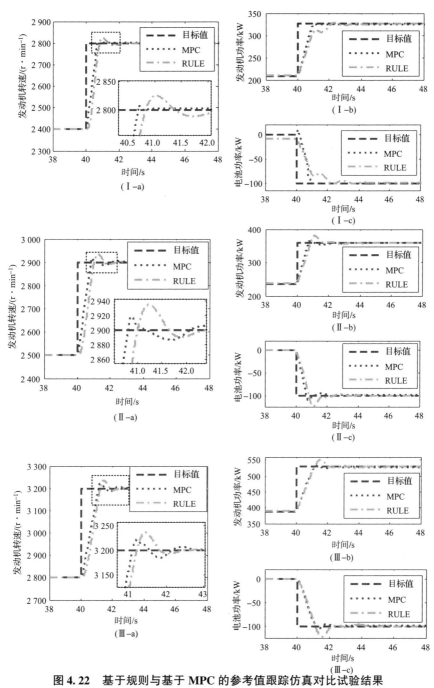

图 4.22 基于规则与基于 MPC 的参考值跟踪仿真对比试验结果

（Ⅰ）25 km/h；（Ⅱ）45 km/h；（Ⅲ）65 km/h

（a）发动机转速对比；（b）发动机功率对比；（c）电池功率对比

制每一次接受新的参考值时,传动系统的各状态量为稳定值,所以各状态量的实际值与参考值间都有一定的偏差。从图4.23(b)、(c)和(d)可以看出,在基于MPC的协调控制下,发动机转速、发动机功率和电池功率对参考指令的跟踪效果优于基于规则的协调控制。从图4.21(c)的放大图可以看出,在发动机参考功率值变化速度较快时,基于规则的协调控制下的发动机功率相对参考值有较大的偏离,为了能够及时响应上层的总功率需求,电池将对这部分偏离的功率进行补偿,从而造成电池功率的大幅波动。

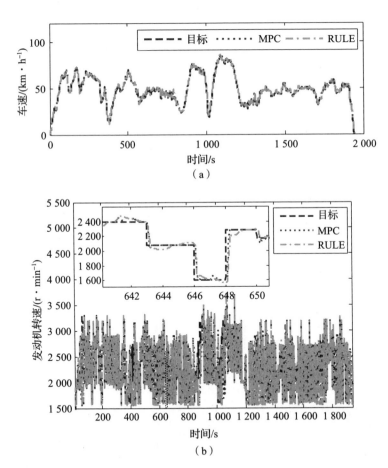

图4.23 基于规则与基于MPC的协调控制路况循环下的仿真试验对比

(a) 车速;(b) 发动机转速

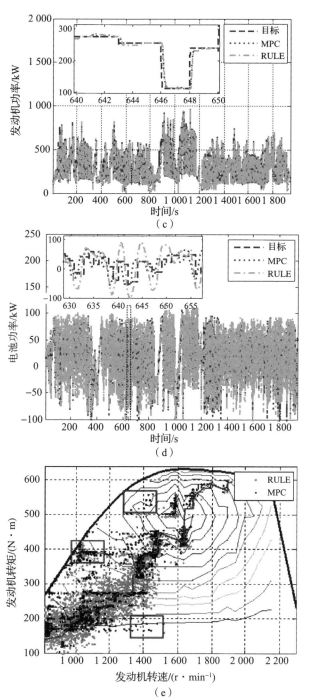

图 4.23 基于规则与基于 MPC 的协调控制路况循环下的仿真试验对比（续）
(c) 发动机功率；(d) 电池功率；(e) 发动机工作点

两种协调控制下的发动机工作点分布如图 4.23（e）所示。图中等高线为发动机等热效率线，红线为每一功率下发动机最高热效率点组成的连线，该连线一般称为发动机最优工作点连线（Optimal Operation Line, OOL）。在两种协调控制下的发动机工作点均主要分布在 OOL 附近，发动机均能工作在高效工作区。从放大图可以看出，基于规则的协调控制下，发动机的工作点相比基于 MPC 协调控制下的工作点更加分散。从而说明，基于 MPC 的协调控制可以提高发动机工作点对参考值的跟踪，从而提高车辆燃油经济性。

实际发动机燃油消耗如表 4.6 所示，为了能够消除 SOC 变化对燃油消耗的影响，表 4.6 给出了两种协调控制下通过下式计算的等效燃油消耗值：

$$\text{Fuel}_{\text{equl}} = \text{Fuel}_{\text{real}} + \frac{(\text{SOC}_{\text{start}} - \text{SOC}_{\text{end}})Q_{\text{batt}}}{\eta_{\text{eng\_mean}} \eta_{\text{motors\_mean}} Q_{\text{LHV}}} \quad (4-43)$$

式中，Q_{batt} 为电池组总电量；$\text{SOC}_{\text{start}}$ 为电池初始 SOC，此处为 60%；SOC_{end} 为电池初始时的；Q_{LHV} 为燃油低发热值（LHV）；$\eta_{\text{eng\_mean}}$ 为发动机效率平均值；$\eta_{\text{motors\_mean}}$ 为机械功率转换为电功率的平均值。通过等效燃油消耗的计算，可以得出在同一上层能量管理策略，同一路况循环下，基于 MPC 的协调控制的油耗较基于规则的协调控制的油耗下降了 3.12%。

表 4.6 基于 MPC 和基于规则的协调控制下的燃油消耗

	基于 MPC	基于规则
燃油消耗/L	56.77	58.18
$SOC_{\text{end}}/\%$	60.76	60
等效燃油消耗/L	56.60	58.18

4.3.2 非线性模型预测能量管理

由于机电复合传动车辆传动系统具有很强的非线性，同时，基于等效燃油消耗的成本函数也为优化变量的非线性与非二次型形式，线性模型预测控制无法较好地运用。为了获得更好的实时优化能量管理效果，本节将介绍非线性模型预测控制，并通过改进的前向动态规划算法在线求解优化问题，以更好地改善实时能量管理。

在能量管理策略中，由于需要实时优化进行功率分配，运行频率较低，因此主要考虑系统较慢的动态特性，经在线优化得到各部件运行状态，再由动态过程依据发动机与电机的快速动态响应完成各部件的控制。因此，为了简化面向控制的预测模型，使得在线实时优化可实现，预测模型中忽略系统较快的动态特性，如发动机 2 Hz 频率的转矩响应动态特性、电机 10 Hz 频率的转矩响应动态特性等，仅考虑电池 SOC 变化的慢动态特性以及各部件的稳态关系，采用非线性的预测模型预测系统未来各部件状态的变化。令预测模型中状态量 x 为电池 SOC，控制输入量 u 为发动机转矩和发动机转速，干扰输入量 v 为预测时域内的车速和需求转矩，输出量 y 为电池 SOC 和燃油消耗率，可以得到系统预测模型：

$$\dot{x} = \frac{-V_{oc}(x) + \sqrt{V_{oc}^2(x) - 4R_{batt}(x) \cdot (T_A(u,v)\omega_A(u,v)\eta_A^{k_A}(u,v) + T_B(u,v)\omega_B(u,v)\eta_B^{k_B}(u,v))}}{2C_{batt}R_{batt}(x)}$$

(4-44)

式中，电池开路电压 $V_{oc}(x)$ 与电池内阻 $R_{batt}(x)$ 为电池 SOC 的函数，忽略了温度对其的影响；电机 A 与电机 B 的转速、转矩为控制输入量 u 和干扰输入量 v 的函数，当系统运行于不同的 EVT 模式时，该函数随之改变。发动机燃油消耗率通过 MAP 图得到，电机 A 与电机 B 的效率也通过 MAP 图得到，其指数系数根据工作状态变化而变化。由上式也可知，电池 SOC 具有很强的非线性特性，由数学方法线性化得到的模型无法较好地表示出电池特性。

综上，非线性预测模型的离散形式可表述为

$$\begin{aligned} x(k+1) &= f(x(k), u(k), v(k)) \\ y(k) &= g(x(k), u(k), v(k)) \end{aligned}$$

(4-45)

式中，

$$x = [\text{SOC}], \quad u = \begin{bmatrix} T_e \\ \omega_e \end{bmatrix}, \quad v = \begin{bmatrix} V_{dmd\_p} \\ T_{dmd\_p} \end{bmatrix}, \quad y = \begin{bmatrix} \text{SOC} \\ \dot{m}_f \end{bmatrix}$$

其状态量与控制输入量需满足以下约束：

$$x(k) \in X, \quad u(k) \in U$$

(4-46)

将成本函数转化为离散形式，在每一采样时刻 k，其可表述为

$$J = \sum_{i=0}^{P-1} (\dot{m}_f(k+i) + w_s(\mathrm{SOC}(k+i) - \mathrm{SOC}_r)^2 + w_t(\Delta T_e(k+i))^2 +$$
$$w_w(\Delta \omega_e(k+i))^2) + f_s(\mathrm{SOC}(k+P) - \mathrm{SOC}_r)$$
(4-47)

根据式（4-45）~式4-47）可以得到，在每一采样时刻 k，预测时域内的优化问题为

$$\min_{u(k)} J(x(k), u(k))$$
$$\mathrm{s.t.} : \begin{cases} x(k+1) = f(x(k), u(k), v(k)) \\ y(k) = g(x(k), u(k), v(k)) \\ x(k) \in X \\ u(k) \in U \end{cases}$$
(4-48)

假设 $U^*(k) = [u^*(k), \cdots, u^*(k+P-1)]$ 为预测时域内优化问题的最优控制量序列，则当前时刻系统所采用的控制量为

$$u(x(k)) = u^*(k) \tag{4-49}$$

4.3.2.1 非线性模型预测能量管理步骤

综合上文中对车辆行驶未来工况的预测以及非线性模型预测控制的优化，本节将介绍针对机电复合传动车辆的基于非线性模型预测控制的能量管理策略。该策略在车辆实际行驶过程中，在每一个采样时刻预测未来车速，并通过实时优化分配功率需求，在满足驾驶需求和系统约束的前提下，合理调整发动机工作点，并维持电池 SOC，其流程如图 4.24 所示。具体来说，在每一个采样时刻 k，将进行以下步骤：

（1）观测当前系统状态，包括车辆行驶速度、驾驶员踏板信息、电池 SOC 等。

（2）由车辆行驶速度与驾驶员踏板信息判断当前 EVT 模式状态，并更新当前系统模型与系统约束。假设在预测时域内 EVT 模式状态保持不变。

（3）依据第 3 章中提出的车辆未来工况综合预测方法，判断当前工况为稳定工况或变化工况，再通过基于径向基神经网络或基于马尔可夫链的方法，得到预测时域内预测车速和预测需求转矩。

第4章 机电复合传动能量管理优化策略研究

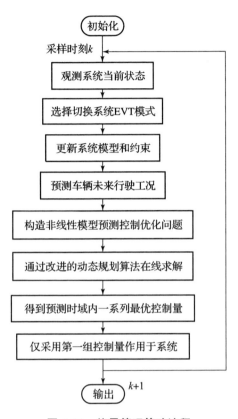

图 4.24 能量管理策略流程

(4) 在预测时域内构造非线性模型预测控制优化问题如式（4-48）所示，并通过改进的动态规划算法在线数值求解优化问题。

(5) 计算得到预测时域内各时刻的一系列最优控制量。

(6) 仅采用预测时域内第一组最优控制量，在该采样时刻 k 作用于系统，舍弃其余控制量。

(7) 在下一时刻重复这一过程。

4.3.2.2 仿真结果分析

为了验证基于非线性模型预测控制的能量管理策略的有效性，本节将针对不同的循环工况进行多组仿真试验，仿真过程中采样间隔为 1 s，预测时域和控制时域皆为 5 s，预测时域内通过综合预测方法预测车辆行驶工况，仿真结果如下。

图 4.25 所示为针对综合循环工况 2 的仿真结果。由图中可以看出，实际车速基本与目标车速一致，电池 SOC 能够维持在 0.65 附近波动，说明能量管理策略能够在首先满足驾驶员需求的情况下很好地维持住电池 SOC，并在一定程度上通过电池的充放电调节发动机提供的能量，以更好地调整发动机工作点。

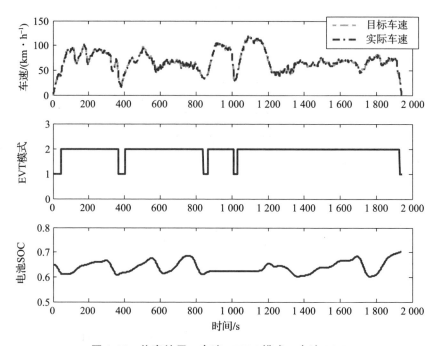

图 4.25　仿真结果：车速，EVT 模式，电池 SOC

图 4.26 所示为该工况下发动机、电机 A 与电机 B 的转速和转矩。由图中可以看出，发动机转速波动较小，这是由于路面与发动机解耦，电机的调速性能又远优于发动机，使得车速的波动主要由两个电机的转速变化来弥补。而电机的转矩由于相对较小，由路面变化而引发的发动机转矩波动只能在一定程度上被电机所弥补。

图 4.27 所示为该工况下发动机工作点分布图。由图中可以看出，能量管理策略能够较好地调整发动机工作点，使得发动机在绝大多数情况下能够工作在最优燃油经济曲线附近，发动机工作效率较高，也就能够使得车辆经济性更优。

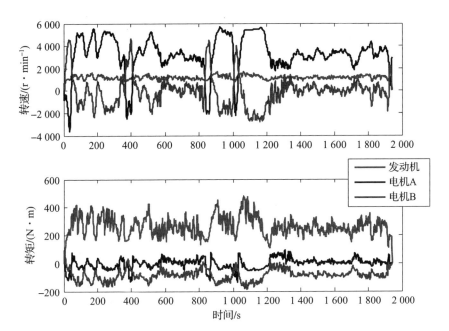

图 4.26 仿真结果：发动机、电机 A 与电机 B 的转速和转矩

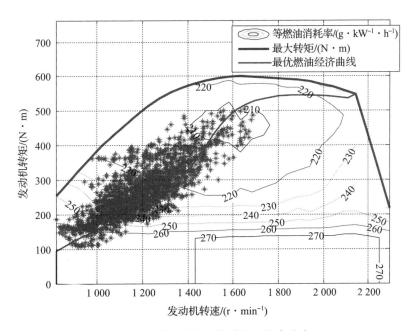

图 4.27 仿真结果：发动机工作点分布

图 4.28 所示为该工况下电机 A 与电机 B 的工作点分布。由图中可以看出，电机的工作点能够较好地分布在额定最大转矩约束范围以内，并且其分布范围较广，能够在不同路面负载下帮助调节发动机工作点。

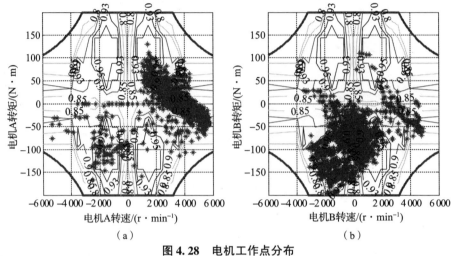

图 4.28 电机工作点分布

(a) 电机 A；(b) 电机 B

图 4.29～图 4.32 所示为针对综合循环工况 1 的仿真结果。由图中可以看出，该能量管理策略能够应对不同的循环工况而做出有效的功率分配决策，使得在不同循环工况下电池 SOC 皆可以较好地被维持在参考值附近，发动机能够在耦合机构和电机的帮助下解耦路面负载，更多地工作在高效区，车辆经济性得到相应提高。

这里，图 4.32 中电机工作点个别分布在额定最大转矩约束范围以外，但是因为电机特性使得其工作转矩可以短暂超过额定最大转矩，并最大可达约为 1.8 倍额定最大转矩的峰值转矩，所以其结果也是合理的。

4.3.3 显式模型预测能量管理

MPC 适合解决机电复合传动这类具有多输入、多输出和多约束复杂耦合系统的优化控制问题，并且 MPC 允许控制器对目标函数进行在线优化。此外，MPC 还具有处理时间延迟的能力。尽管 MPC 具有明显的优点，但由于 MPC 的在线优化过程需要大量的计算工作，因此其处理机电复合传动实时控制问题的能力有限，难以在工程应用中用于实时控制。

第 4 章 机电复合传动能量管理优化策略研究 163

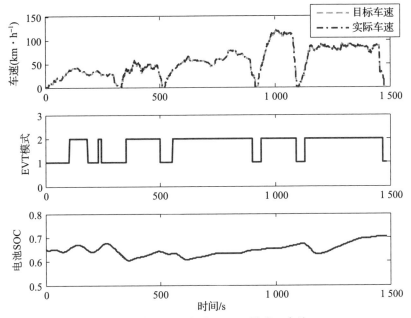

图 4.29 仿真结果：车速，EVT 模式，电池 SOC

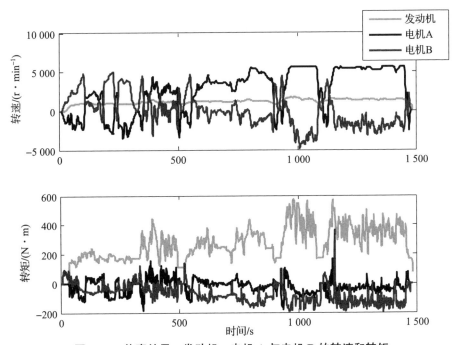

图 4.30 仿真结果：发动机、电机 A 与电机 B 的转速和转矩

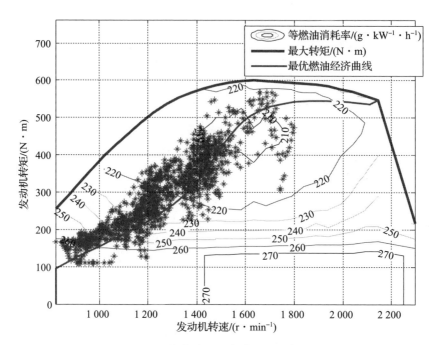

图 4.31 仿真结果：发动机工作点分布

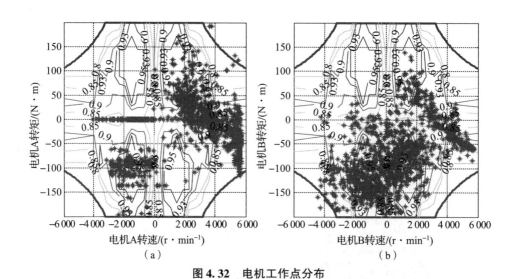

图 4.32 电机工作点分布

(a) 电机 A；(b) 电机 B

为了解决上述问题，同时作为机电复合传动多动力源协同实时控制策略的重要组成部分，本节开展基于显式模型预测控制的机电复合传动实时能量管理策略研究，兼顾整车燃油经济性和控制算法实时性。建立一种新颖的面向机电复合传动实时能量管理控制的模型，提出一种基于显式模型预测控制的机电复合传动实时能量管理优化问题求解算法。

4.3.3.1 能量管理控制器状态定义

当前用于表征电池剩余电量的参数使用最多的为电池荷电状态，即 SOC，但是该参数与机电复合传动的需求功率不能有效对应，并且电池在实际运行中的电压变化是无法准确模拟的，因此很难为车辆能量管理和控制提供准确的系统状态预测条件，导致存在较大的系统估计误差。SOE 表示电池剩余能量，与功率具有良好的线性关系，避免了 SOC 估计电池剩余电量的不足。SOE 能够更有效地反映电池以往充放电状态对当前充放电的影响，更适合于机电复合传动的能量管理控制。

SOE 定义为电池剩余能量占总可用能量的百分比，数学表达式如下：

$$\mathrm{SOE}(t) = \frac{E_{\mathrm{remain}}}{E_{\mathrm{bat}}} \times 100\% = 1 - \frac{E_{\mathrm{consume}}}{E_{\mathrm{bat}}} \times 100\% \tag{4-50}$$

式中，$\mathrm{SOE}(t)$ 为电池任何时刻的能量状态；E_{remain} 为电池剩余的能量（kJ）；E_{consume} 为消耗的电能；E_{bat} 为电池的额定能量，其定义为电池最大容量和母线电压的乘积：$E_{\mathrm{bat}} = C_{\max} \cdot U$。

电池剩余能量与电机 A 和电机 B 的电功率关系如下：

$$\mathrm{SOE}(k+1) = \mathrm{SOE}(k) + \frac{T_{\mathrm{s}}}{E_{\mathrm{bat}}} P_{\mathrm{A\_ele}} - \frac{T_{\mathrm{s}}}{E_{\mathrm{bat}}} P_{\mathrm{B\_ele}} \tag{4-51}$$

式中，$P_{\mathrm{A\_ele}}$ 和 $P_{\mathrm{B\_ele}}$ 分别为电机 A 和电机 B 的电功率（kW），正值表示放电功率，负值表示充电功率；T_{s} 为采样时间（s）。

机电复合传动整车驱动需求能量与电机 A 电功率、电机 B 电功率和发动机功率的关系如下：

$$E(k+1) = E(k) - P_{\mathrm{A\_ele}} \cdot T_{\mathrm{s}} + P_{\mathrm{B\_ele}} \cdot T_{\mathrm{s}} + P_{\mathrm{eng}} \cdot T_{\mathrm{s}} \tag{4-52}$$

式中，E 为整车驱动需求能量（kJ）；P_{eng} 为发动机功率（kW）。

根据式（4-51）和式（4-52），机电复合传动的状态预测模型如下：

$$\boldsymbol{x}(k+1) = \boldsymbol{A} \cdot \boldsymbol{x}(k) + \boldsymbol{B} \cdot \boldsymbol{u}(k) \tag{4-53}$$

式中，$\boldsymbol{x}$ 为系统状态变量；$\boldsymbol{u}$ 为系统控制变量；$\boldsymbol{A}$ 和 $\boldsymbol{B}$ 为状态空间方程系数矩阵。这些参数的具体表达式如下：

$$x = \begin{bmatrix} \text{SOE} \\ E \end{bmatrix}, \quad u = \begin{bmatrix} P_{\text{A\_ele}} \\ P_{\text{B\_ele}} \\ P_{\text{eng}} \end{bmatrix}, \quad A = \begin{bmatrix} 1 & 0 \\ 0 & 1 \end{bmatrix}, \quad B = \begin{bmatrix} \dfrac{T_s}{E_{\text{bat}}} & -\dfrac{T_s}{E_{\text{bat}}} & 0 \\ -T_s & T_s & T_s \end{bmatrix} \quad (4-54)$$

系统输出方程如下：

$$y = \begin{bmatrix} 0 & 0 \\ 0 & 1 \end{bmatrix} \begin{bmatrix} \text{SOE} \\ E \end{bmatrix} + \begin{bmatrix} 1 & 1 & 0 \\ 0 & 0 & 0 \end{bmatrix} \begin{bmatrix} P_{\text{A\_ele}} \\ P_{\text{B\_ele}} \\ P_{\text{eng}} \end{bmatrix} = \begin{bmatrix} P_{\text{A\_ele}} + P_{\text{B\_ele}} \\ E \end{bmatrix} \quad (4-55)$$

4.3.3.2 能量管理优化控制问题描述

本节的研究对象机电复合传动无法从外部电网吸收电能，所有能量均来源于化石燃料。电池能量变化趋势会对整车的燃油经济性产生影响。在保证车辆的动力性前提下，在能量管理优化控制目标函数中加入电池能量轨迹参考信号（SOE_{ref}）和驱动需求能量参考信号（E_{ref}），通过电池能量轨迹来调节车辆的燃油经济性。

基于模型预测控制的机电复合传动能量管理优化问题表达式如下：

$$\min_U J = \| X_N - X_{N\text{ref}} \|^2 + \sum_{i=0}^{N-1} \left\{ \| (X_i - X_{i\text{ref}}) \|_Q^2 + \| U_i \|_R^2 + \| Y_i - Y_{i\text{ref}} \|_P^2 \right\}$$

$$\text{s.t.} \begin{cases} x(k+1) = A \cdot x(k) + B \cdot u(k) \\ x_i^{\min} \leqslant x(k+i|k) \leqslant x_i^{\max} \\ u_i^{\min} \leqslant u(k+i|k) \leqslant u_i^{\max} \\ y_i^{\min} \leqslant y(k+i|k) \leqslant y_i^{\max} \\ i = 1, 2, \cdots, N \end{cases}$$

$$(4-56)$$

优化目标函数中的权重矩阵和参考信号如下：

$$Q = \begin{bmatrix} Q_1 & \\ & Q_2 \end{bmatrix}, \quad R = \begin{bmatrix} R_1 & & \\ & R_2 & \\ & & R_3 \end{bmatrix}, \quad P = \begin{bmatrix} P_1 & \\ & P_2 \end{bmatrix}, \quad X_{\text{ref}} = \begin{bmatrix} \text{SOE}_{\text{ref}} \\ E_{\text{ref}} \end{bmatrix}, \quad Y_{\text{ref}} = \begin{bmatrix} P_{\text{ele}} \\ E_{\text{ref}} \end{bmatrix}$$

$$(4-57)$$

整车需求的驱动能量参考信号表达式如下：

$$E_{ref} = \alpha^2 \cdot P_{emax} \cdot T_s \quad (4-58)$$

式中，E_{ref} 为整车参考驱动需求能量（kJ）；α 为加速踏板开度；P_{emax} 为发动机功率（kW）。

由于本书中机电复合传动控制的一个目标是维持电池能量平衡，因此，将电池能量参考信号定义为常值：

$$SOE_{ref} = \text{const} \quad (4-59)$$

电机 A 和电机 B 以及用电设备需要满足电功率平衡，因此，模型预测控制优化问题中功率输出变量的参考信号为

$$P_{ele} = P_{A\_ele} + P_{B\_ele} \quad (4-60)$$

式中，P_{ele} 为机电复合传动电功率需求（kW）。

4.3.3.3 能量管理优化控制问题求解算法

机电复合传动能量管理优化问题表达式中的优化目标函数是二次函数，因此基于显式模型预测控制（Explicit Model Predictive Control，EMPC）的能量管理优化问题是一个多参数二次规划优化问题（Multiparameter Quadratic Programming Optimization Problem，mp-QP）。

多参数规划的目标是在状态变量的取值范围内找到对应的最优控制变量，即将最优控制量表示为状态变量的显式函数。

优化目标函数可以写成标准的凸多参数二次规划问题，如下所示：

$$J^* = \min_U \sum_{i=0}^{N-1} \left\{ \begin{array}{l} (X(i) - X_{ref}(i))^T \boldsymbol{Q}(X(i) - X_{ref}(i)) + (U(i))^T \boldsymbol{R}(U(i)) + \\ (Y(i) - Y_{ref}(i))^T \boldsymbol{P}(P(i) - P_{ref}(i)) \end{array} \right\} + $$
$$(X_N - X_{Nref})^T (X_N - X_{Nref}) \quad (4-61)$$

s. t.

$$\boldsymbol{GU} \leq \boldsymbol{W} + \boldsymbol{SX}$$

在开始求解多参数二次规划问题前，需要知道多面体集合 $\boldsymbol{X}$ 中的初始向量 $\boldsymbol{x}_0$，使二次规划问题对 $\boldsymbol{x} = \boldsymbol{x}_0$ 是可解的。通过求解线性规划（Linear Program，LP）可以得到这样一个向量：

$$\max_{x,z,\varepsilon} \varepsilon$$
$$\text{s. t.} \begin{cases} Gz - Sx + \varepsilon \leq W \\ \varepsilon \geq 0 \\ x \in X \end{cases} \quad (4-62)$$

如果该线性规划问题是不可解的,那么上述二次规划问题对多面体集合 X 内的所有元素均是不可解的。否则,针对 $x = x_0$ 时,二次规划问题是可解的,对应的最优解为 z_0,此解为唯一的,因为 $H > 0$,也就唯一地确定了一组主动约束满足 $\tilde{G}z_0 = \tilde{S}x_0 + \tilde{W}$,其中 $\tilde{G}$,$\tilde{S}$ 和 $\tilde{W}$ 分别为 G,S 和 W 对应的行向量。

多参数二次规划可以通过一阶 KKT(Karush – Kuhn – Tucker)最优条件求解,一阶 KKT 条件如下:

$$\begin{cases} Hz + G^T \lambda = 0, \lambda \in \mathbf{R}^N \\ \lambda_i (G^i U - W^i - S^i x) = 0, i = 1,2,\cdots,N \\ \lambda \geq 0 \end{cases} \quad (4-63)$$

式中,上标 i 表示第 i 行。

从式 (4-63) 的第一个方程可以得到控制变量如下:

$$z = -H^{-1} G^T \lambda \quad (4-64)$$

将上式代入式 (4-63) 的第二个方程可以得到互补松弛条件如下:

$$\lambda_i (-G^i H^{-1} G^{iT} \lambda_i - W^i - S^i x) = 0 \quad (4-65)$$

令 $\check{\lambda}$ 和 $\tilde{\lambda}$ 分别表示对应被动约束和主动约束的拉格朗日乘子,可以得到

$$\begin{cases} \check{\lambda} = 0 \\ -\tilde{G} H^{-1} \tilde{G}^T \tilde{\lambda} - \tilde{W} - \tilde{S} x = 0 \end{cases} \quad (4-66)$$

从而,得到拉格朗日乘子:

$$\tilde{\lambda} = -(\tilde{G} H^{-1} \tilde{G}^T)^{-1} (\tilde{W} + \tilde{S} x) \quad (4-67)$$

式中,$\tilde{G}$,$\tilde{S}$ 和 $\tilde{W}$ 对应主动约束集;$(\tilde{G} H^{-1} \tilde{G}^T)^{-1}$ 存在,因为 $\tilde{G}$ 的行是线性无关的;因而对所有的元素 $x \in CR_0$,存在 λ 是 x 的一个线性函数,其中 CR_0 是所有向量 x 的集合,称为临界区域。将式 (4-67) 中的 $\tilde{\lambda}$ 代入式 (4-64) 得到

最优控制轨迹如下：

$$z^*(x) = H^{-1}\tilde{G}^{\mathrm{T}}(\tilde{G}H^{-1}\tilde{G}^{\mathrm{T}})^{-1}(\tilde{W} + \tilde{S}x) \tag{4-68}$$

上式中的变量 z 必须满足下面的约束条件：

$$GH^{-1}\tilde{G}^{\mathrm{T}}(\tilde{G}H^{-1}\tilde{G}^{\mathrm{T}})^{-1}(\tilde{W} + \tilde{S}x) \leqslant W + Sx \tag{4-69}$$

同时，式（4-67）中的拉格朗日乘子必须保持非负，如下所示：

$$-(\tilde{G}H^{-1}\tilde{G}^{\mathrm{T}})^{-1}(\tilde{W} + \tilde{S}x) \geqslant 0 \tag{4-70}$$

基于上述显式模型预测控制器求解算法，可以在状态变量 X 的各可行域内求解多参数二次规划问题，得到连续的分段仿射函数（PWA）形式的最优控制量，如下所示：

$$z^*(x) = K_i x + h_i, \quad \forall x \in \mathrm{CR}_i = \{x \in \mathbf{R}^n | Ax \leqslant b\}, \quad i = 1, 2, \cdots, N \tag{4-71}$$

对控制域进行划分，通过 MPT 工具箱可以获得各个区域的控制律，根据不同预测步长下的显式模型预测控制器，将控制规律存储在图 4.33 所示的查询表中。要想从控制律表格中得到与状态变量相对应的控制规律，要采用顺序搜索、二叉搜索树和遍历搜索树等搜索算法来完成，本书采用是最简单的顺序搜索算法。

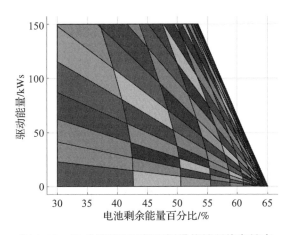

图 4.33　显式模型预测控制器最优控制律存储表

4.3.3.4 显式模型预测实时能量管理策略设计

本节提出了基于显式模型预测控制的机电复合传动实时能量管理策略,如图 4.34 所示。该策略包括两部分:一是基于模型预测控制的能量管理策略设计,以及利用显式模型预测控制离线求解算法进行显式控制律的求解计算;二是基于显式模型预测控制的实时能量管理策略在机电复合传动车辆上的实时应用,其最优控制指令通过转矩分配和协调控制策略实现。

4.3.3.5 仿真结果与分析

为了验证所提出的基于显式模型预测控制的能量管理策略的有效性,根据研究对象机电复合传动真实车辆的具体参数,采用本节提出的控制算法,进行了仿真计算与分析。采用了三种基准比较算法:基于 DP、基于 EMPC 和基于规则的控制策略。随着预测时域的增加,基于 EMPC 算法的能量管理策略在线优化计算时间呈指数增长。基于规则的能量管理策略是工程中广泛使用的一种控制算法,也将其与 EMPC 算法进行了比较。由于基于规则的方法难以处理机电复合传动系统中复杂的耦合约束,只能通过牺牲综合性能来保证系统的正常运行,控制效果较差。基于优化的方法从控制结构上保证了这些复杂约束,能够达到最优控制效果。

4.3.3.5.1 优化效果分析

在两个驾驶循环工况下,对机电复合传动车辆基于 DP、EMPC 和规则三种不同的能量管理策略控制作用下的等效燃油消耗进行了对比分析,如表 4.7 所示。基于 DP 的能量管理策略控制结果用作对比其他策略的基准。

电池初始 SOC 为 65%,基于 EMPC 的能量管理策略的预测时域为 5 s。从表 4.7 中数据可以看出,在驾驶循环工况一和驾驶循环工况二下,基于 EMPC 的能量管理策略分别取得基于 DP 能量管理策略 79.87% 和 84.92% 的燃油经济性控制效果。基于 EMPC 的能量管理策略比基于规则的能量管理策略燃油经济性分别提升 16.79% 和 22.04%。因此,提出的基于 EMPC 能量管理策略的燃油经济性控制效果与基于 DP 的能量管理策略相近,远优于基于规则的能量管理策略。从表 4.7 中数据还可以得出,工况一下 EMPC 消耗时间分别占 DP 消耗时间和规

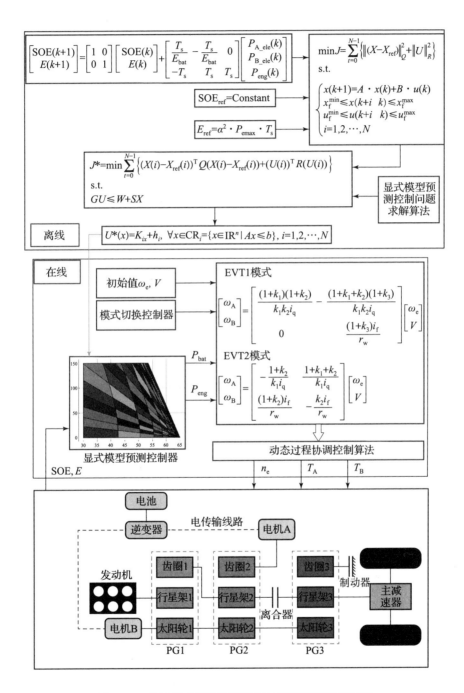

图 4.34 基于显式模型预测控制的能量管理策略框架

则消耗时间的 0.003% 和 2.07%。工况二下 EMPC 消耗时间分别占 DP 消耗时间和规则消耗时间的 0.001% 和 2.54%。EMPC 能量管理策略花费的时间比 DP 和规则要少得多。因而，从控制策略的实时性角度来讲，本节提出的基于 EMPC 的能量管理策略远优于基于 DP 的能量管理策略和基于规则的能量管理策略。

表 4.7 EMPC 能量管理策略控制效果对比

循环工况	策略	最终 SOC	等效油耗/$(L \cdot (100 \ km^{-1}))$	占 DP 控制效果的百分比/%	控制策略运行时间/s
工况一	DP	65.0%	15.668 3	100	39 730
	EMPC	65.0%	19.618 0	79.87	1.06
	规则	64.5%	23.576 4	66.46	51.17
工况二	DP	65.0%	14.653 0	100	89 513
	EMPC	65.0%	17.254 5	84.92	1.25
	规则	63.9%	20.780 3	70.51	49.19

在两个不同的驾驶循环工况下验证了上文提出的能量管理策略的控制性能，如图 4.35 所示。由图 4.35 可知，在三种能量管理策略控制下，机电复合传动在两种不同的驾驶循环工况内的速度跟踪性能都非常好，表明能量管理策略能够满足驾驶员的动力需求，同样，机电复合传动的动力性也得到满足。车辆动力性得到满足是分析能量管理策略其他方面控制效果的前提条件。

在三种能量管理策略控制下，机电复合传动在两种不同的驾驶循环工况内的发动机、电机 A 和电机 B 的转速、转矩特性曲线如图 4.36~图 4.39 所示。由图可知，在两种驾驶循环工况下，基于 DP 的能量管理策略和基于 EMPC 的能量管理策略都将发动机、电机 A 和电机 B 的转速和转矩特性曲线约束在合理范围内，都满足部件特性约束。特别是基于 EMPC 的能量管理策略很好地处理了机电复合传动复杂约束优化问题，这是由 EMPC 算法理论所决定的。DP 算法是一种全局优化技术，基于 DP 的能量管理策略也能很好地处理机电复合传动约束问题，是

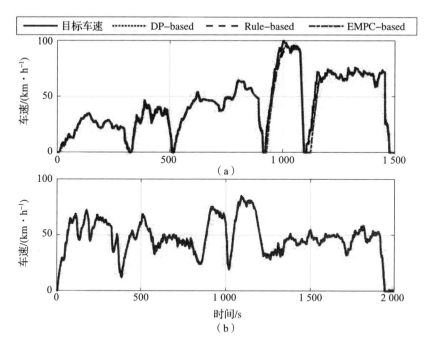

图 4.35 两种不同的驾驶循环工况及车速跟随曲线（书后附彩插）
(a) 工况一；(b) 工况二

在预先设定的求解域内搜索可行解。由图 4.36 和图 4.37 可知，基于规则的能量管理策略导致发动机、电机 A 和电机 B 的转速在某些时间点超出了合理范围。这是因为与基于 DP 的能量管理策略和基于 EMPC 的能量管理策略这两种优化策略相比，基于规则的能量管理策略是设计者凭借工程经验制定的控制规则，对机电复合传动复杂约束问题处理能力较差。通过观察图 4.36~图 4.39 中电机 A 和电机 B 的特性曲线发现，基于 DP 的能量管理策略导致电机 A 和电机 B 的特性曲线大范围波动，这是由于 DP 算法充分利用机电复合传动在 EVT1 和 EVT2 模式下可以利用电机 A 和电机 B 来调节发动机工作点达到改善燃油经济性的特性，通过全局优化求解能量管理控制问题得到电机 A 和电机 B 的特性趋势。由图可知，基于 EMPC 的能量管理策略能够很好地跟踪基于 DP 的能量管理策略控制趋势，充分利用电机 A 和电机 B 来调节发动机工作点达到改善燃油经济性的效果。

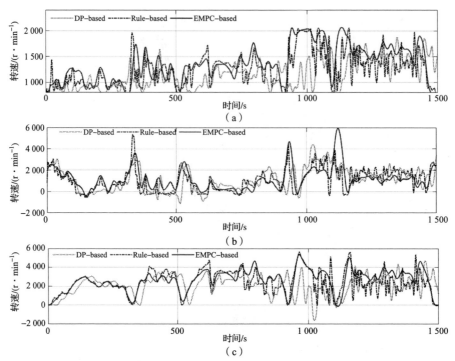

图 4.36　工况一的发动机和电机转速曲线

(a) 发动机转速曲线；(b) 电机 A 转速曲线；(c) 电机 B 转速曲线

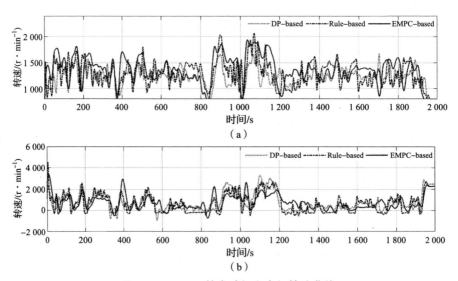

图 4.37　工况二的发动机和电机转速曲线

(a) 发动机转速曲线；(b) 电机 A 转速曲线

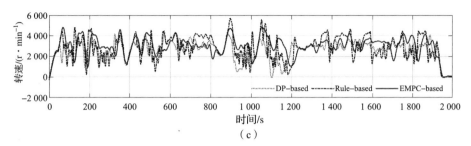

图 4.37 工况二的发动机和电机转速曲线（续）

(c) 电机 B 转速曲线

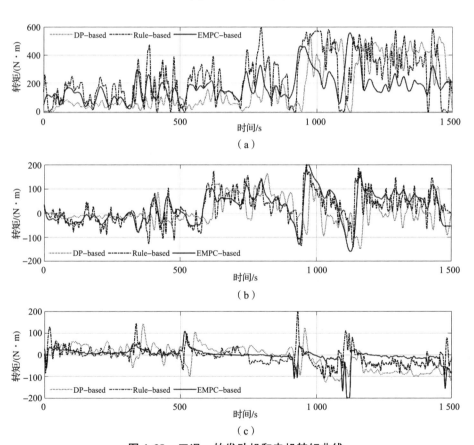

图 4.38 工况一的发动机和电机转矩曲线

(a) 发动机转矩曲线；(b) 电机 A 转矩曲线；(c) 电机 B 转矩曲线

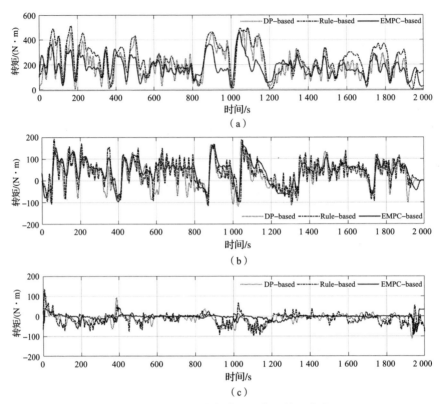

图 4.39 工况二的发动机和电机转矩曲线

(a) 发动机转矩曲线；(b) 电机 A 转矩曲线；(c) 电机 B 转矩曲线

电池 SOC 轨迹曲线和模式切换曲线如图 4.40 所示。由图 4.40（a1）和（a2）可知，在三种能量管理策略控制下，初始电池 SOC 等于终了 SOC 的约束条件均得到满足，电池 SOC 被维持在参考值附近。在基于 DP 的能量管理策略控制下，电池 SOC 变化幅度较大，这正是全局优化算法在满足电池 SOC 约束的条件下能取得的控制效果，其目的同样是充分发挥电机辅助驱动与调节发动机工作点的作用来改善机电复合传动的燃油经济性，特别是针对驾驶循环工况一这类变化剧烈的工况。而在基于 EMPC 算法的能量管理策略控制下，为了调节发动机工作点，提高燃油经济性，电池 SOC 也出现了波动，这是合理的控制效果。由图 4.40（b1）和（b2）可知，为了提高燃油经济性，基于 DP 的能量管理策略倾向于多次、频繁地进行模式切换，而从机电复合传动能量管理策略实时应用的角度分析，频繁的模式切换不利于各动力部件的稳定工作，因此基于 EMPC 的能量管理策略和基于规则的能量管理策略这两类面向工程实际应用的实时策略不倾向于机电复合传动进行频繁的模式切换。

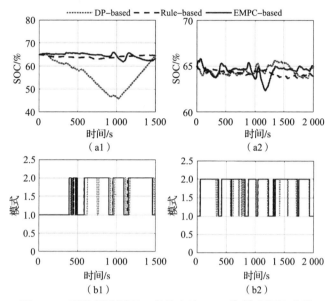

图 4.40 两种驾驶循环工况的电池 SOC 和模式切换曲线

(a1) 和 (a2) 工况一和工况二下的 SOC 曲线

(b1) 和 (b2) 工况一和工况二下的模式切换曲线

在三种能量管理策略控制下,机电复合传动在两种不同的驾驶循环工况内某发动机、电机 A 和电机 B 的工作点分布如图 4.41 和图 4.42 所示。在两个驾驶循环工况内的发动机工作点在不同燃油消耗率区间范围的分布比例如图 4.43 和图 4.44 所示。由图可知,基于 EMPC 的能量管理策略能够较好地完成机电复合传动能量管理控制分配,发动机工作点绝大多数分布在低燃油消耗率区域,电机工作点绝大部分分布在高效率区域,达到了预期控制效果。在驾驶循环工况一基于规则的策略控制下,发动机工作点落在燃油消耗率区间 $(0, 215 \text{ g} \cdot (\text{kW} \cdot \text{h})^{-1})$、$(0, 225 \text{ g} \cdot (\text{kW} \cdot \text{h})^{-1})$、$(0, 240 \text{ g} \cdot (\text{kW} \cdot \text{h})^{-1})$ 的比例分别为 3.83%、17.29%、29.92%,而在基于 EMPC 的策略控制下,在同样的燃油消耗率区间提高到 16.11%、34.50%、46.16%;在驾驶循环工况二基于规则的策略控制下,发动机工作点落在燃油消耗率区间 $(0, 215 \text{ g} \cdot (\text{kW} \cdot \text{h})^{-1})$、$(0, 225 \text{ g} \cdot (\text{kW} \cdot \text{h})^{-1})$、$(0, 240 \text{ g} \cdot (\text{kW} \cdot \text{h})^{-1})$ 的比例分别为 18.49%、37.99%、51.55%,而在基于 EMPC 的策略控制下,在同样的燃油消耗率区间提高到 19.45%、42.07%、55.18%，从而说明基于 EMPC 的能量管理策略显著改善了燃油经济性。

图 4.41 和图 4.42 中，基于 EMPC 的能量管理策略导致电机个别工作点分布在额定最大转矩约束范围以外，但是因为电机过载特性，其可以短时间工作在超过额定转矩的峰值转矩，为了提高机电复合传动的燃油经济性，电机峰值转矩是允许使用的，因此其结果也是合理的。

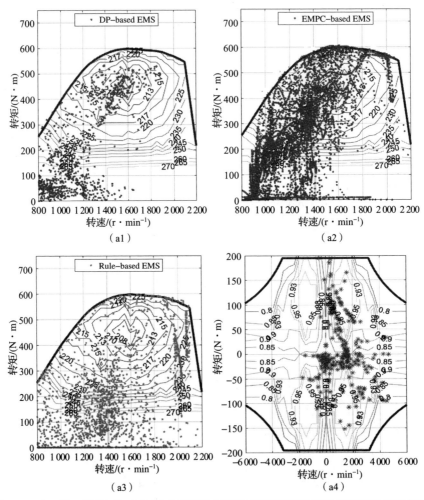

图 4.41 在工况一基于 DP、EMPC 和规则的能量管理策略控制下发动机和电机工作点分布

(a1) 基于 DP 策略的发动机工作点；(a2) 基于 EMPC 策略的发动机工作点；
(a3) 基于规则策略的发动机工作点；(a4) 基于 DP 策略的电机 A 工作点

第 4 章 机电复合传动能量管理优化策略研究 179

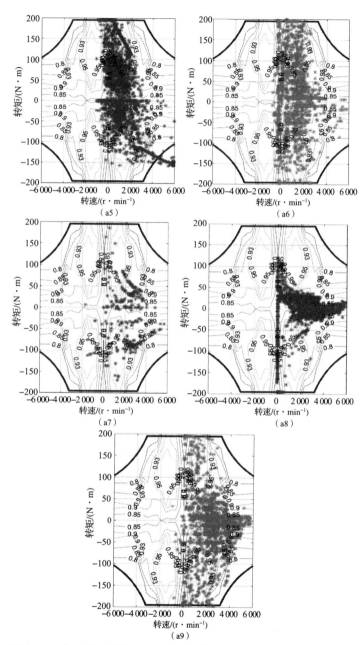

图 4.41 在工况一基于 DP、EMPC 和规则的能量管理策略控制下
发动机和电机工作点分布（续）

（a5）基于 EMPC 策略的电机 A 工作点；（a6）基于规则策略的电机 A 工作点；
（a7）基于 DP 策略的电机 B 工作点；（a8）基于 EMPC 策略的电机 B 工作点；
（a9）基于规则策略的电机 B 工作点

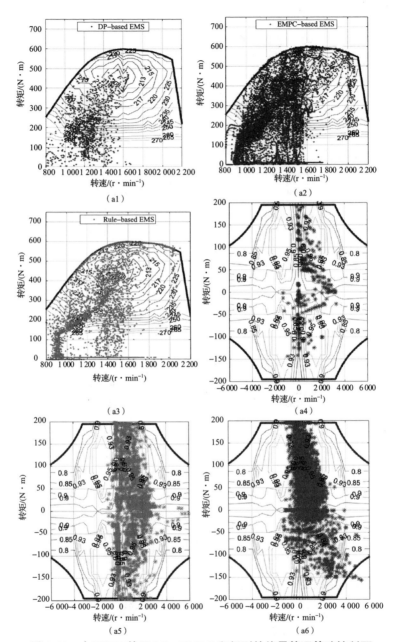

图 4.42 在工况二基于 DP、EMPC 和规则的能量管理策略控制下
发动机和电机工作点分布

(a1) 基于 DP 策略的发动机工作点；(a2) 基于 EMPC 策略的发动机工作点；
(a3) 基于规则策略的发动机工作点；(a4) 基于 DP 策略的电机 A 工作点；
(a5) 基于 EMPC 策略的电机 A 工作点；(a6) 基于规则策略的电机 A 工作点

第 4 章 机电复合传动能量管理优化策略研究 181

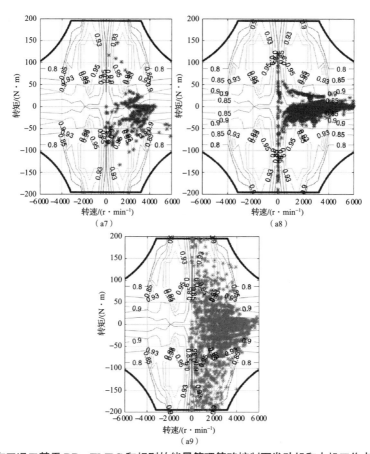

图 4.42 在工况二基于 DP、EMPC 和规则的能量管理策略控制下发动机和电机工作点分布（续）

(a7) 基于 DP 策略的电机 B 工作点；(a8) 基于 EMPC 策略的电机 B 工作点；(a9) 基于规则策略的电机 B 工作点

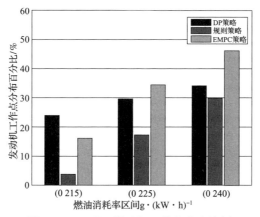

图 4.43 工况一发动机工作点分布比例

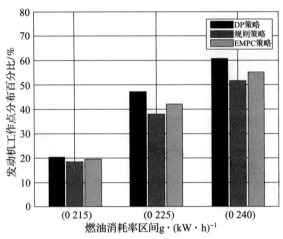

图 4.44 工况二发动机工作点分布比例

4.3.3.5.2 实时效果分析

为了分析机电复合传动车辆基于 EMPC 能量管理策略的实时性控制效果,在驾驶循环工况二下对基于 EMPC 和基于 HMPC 能量管理策略的实时性控制效果进行了研究。在相同预测时域内对比分析了基于 EMPC 和基于 HMPC 能量管理策略的运行时间;在不同时域内对比分析了基于 EMPC 和基于 HMPC 能量管理策略的整车燃油经济性。基于 EMPC 和基于 HMPC 的能量管理策略在不同预测时域长度的等效燃油消耗和控制策略运行时间对比如表 4.8 所示,表中策略消耗时间为机电复合传动车辆仿真完成 2 000 s 的驾驶循环工况二时控制策略消耗的时间。

表 4.8 HMPC 和 EMPC 实时性效果对比

预测时域/s	HMPC		EMPC	
	策略消耗时间/s	等效油耗/(L·(100 km)$^{-1}$)	策略消耗时间/s	等效油耗/(L·(100 km)$^{-1}$)
5	892.58	17.486 8	1.25	17.254 5
10	1 574.375	16.206 6	2.875	16.956 8
15	2 852.187 5	16.197 6	4.015 625	16.899 0

续表

预测时域/s	HMPC		EMPC	
	策略消耗时间/s	等效油耗/(L·(100 km)$^{-1}$)	策略消耗时间/s	等效油耗/(L·(100 km)$^{-1}$)
30	8 240.062 5	16.208 0	2.906 25	16.887 1
40	14 173.984 3	16.237 6	2.312 5	16.844 0
50	21 307.453 1	16.200 1	2.843 75	16.777 4
80	56 533.937 5	16.249 2	3.671 875	17.049 9

由表4.8中仿真结果数据可知，在基于 HMPC 的能量管理策略控制作用下，随着预测时域的增长，整车燃油经济性有轻微波动，燃油经济性的改善幅度变化不大，但是 HMPC 控制器消耗的计算时间显著增加。在基于 EMPC 的能量管理策略控制作用下，随着预测时域的增长，整车燃油经济性首先呈下降趋势，达到最优点后又呈现上升趋势，但是 EMPC 控制器消耗的计算时间几乎没有变化。说明基于 EMPC 的能量管理策略控制效果不是预测时域越长越好，也不是预测时域越短越好，而是在中间点取得最好控制效果；而 EMPC 控制器消耗时间与预测时域长短基本没有关系。与 HMPC 相比，EMPC 控制器在保持与 HMPC 几乎相同性能的同时，使用的计算资源要少得多。

从模型预测控制预测时域长度对基于 HMPC、EMPC 的能量管理策略计算复杂度产生的影响角度来分析，在 10 s、30 s 和 50 s 的预测时域内，基于 EMPC 的能量管理策略消耗的时间分别占基于 HMPC 的能量管理策略消耗时间的 0.183%、0.035%、0.013%。并且从表4.8 的仿真数据可以看出，随着预测时域的增长，基于 EMPC 的能量管理策略计算时间基本维持在 3 s 左右，基于 EMPC 的能量管理策略的计算复杂度几乎不受预测时域的影响。因此，通过分析表4.8 的仿真数据可以得出结论，本书提出的基于 EMPC 的能量管理策略解决了模型预测控制计算复杂度严重依赖预测时域长短的问题。

从基于 HMPC 的能量管理策略与基于 EMPC 的能量管理策略对机电复合传动燃油经济性产生的影响角度分析，由表4.8 中的仿真数据可以看出，在 10 s、

30 s 和 50 s 的预测时域内,基于 EMPC 的能量管理策略比基于 HMPC 的能量管理策略燃油经济性分别降低了 4.6%、4.2%、3.6%。在相同的预测时域长度内,基于 EMPC 的能量管理策略比基于 HMPC 的能量管理策略整车燃油经济性稍有降低,这是由于利用本书提出的显式模型预测控制求解算法在求解基于 HMPC 的能量管理最优控制问题得到显式的控制规律过程中存在求解误差。也就是说,EMPC 控制器计算效率的提升是以牺牲燃油经济性为代价的。

在基于 HMPC 的能量管理策略与基于 EMPC 的能量管理策略作用下,车速跟随特性良好,如图 4.45 所示,说明机电复合传动的动力性得到满足。

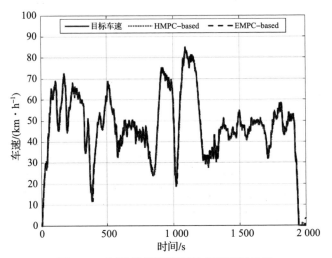

图 4.45 两种控制策略下的车速跟随曲线

电池 SOC 轨迹变化曲线和模式切换曲线如图 4.46 所示,从仿真曲线中可以得出,仿真初始 SOC 值与仿真终了 SOC 值相等的约束条件得到满足;在基于 HMPC 的能量管理策略与基于 EMPC 的能量管理策略作用下,电池 SOC 的变化趋势相同,每一时刻的 SOC 曲线几乎贴合;在基于 HMPC 的能量管理策略与基于 EMPC 的能量管理策略作用下,机电复合传动模式切换规律没有发生变化。由此说明,提出的基于 EMPC 的能量管理策略控制效果与基于 HMPC 的能量管理策略控制效果相同,但是控制策略执行效率大幅提升。

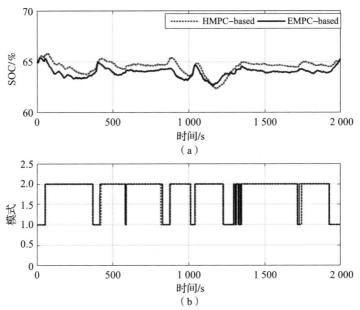

图 4.46 循环工况二电池 SOC 和模式切换曲线

(a) 电池 SOC 轨迹变化曲线；(b) 模式切换曲线

在基于 HMPC 的能量管理策略与基于 EMPC 的能量管理策略作用下，机电复合传动的发动机、电机 A 和电机 B 的转速和转矩特性曲线以及工作点分布情况分别如图 4.47～图 4.49 所示。从仿真结果曲线可以看出，两种能量管理策略下发动机、电机 A 和电机 B 的转速和转矩特性曲线非常相近。实际上从 EMPC 算法原理上讲，基于 EMPC 的能量管理策略是基于 HMPC 的能量管理策略的一种显式表达方式，而本书提出的 EMPC 求解算法正是完成这一过程转换的方法，在保证能量管理策略优化效果的同时，大幅提高计算效率，用于实时控制。从理论上讲，基于 EMPC 的能量管理策略与基于 HMPC 的能量管理策略控制效果应该完全相同，仿真曲线也应该完全相同，之所以两种能量管理策略导致的机电复合传动燃油经济性和仿真曲线都有差异，是因为本书提出的 EMPC 求解算法存在误差。因此通过仿真曲线可以得到结论：基于 EMPC 的能量管理策略将基于 HMPC 的能量管理策略内蕴含的控制律进行了完美显式表达。

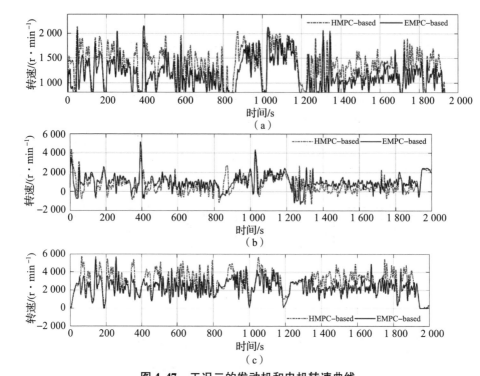

图 4.47 工况二的发动机和电机转速曲线

(a) 发动机转速曲线；(b) 电机 A 转速曲线；(c) 电机 B 转速曲线

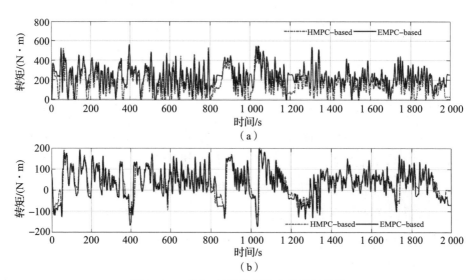

图 4.48 工况二的发动机和电机转矩曲线

(a) 发动机转矩曲线；(b) 电机 A 转矩曲线

第 4 章 机电复合传动能量管理优化策略研究 187

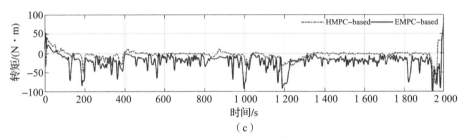

(c)

图 4.48 工况二的发动机和电机转矩曲线（续）

(c) 电机 B 转矩曲线

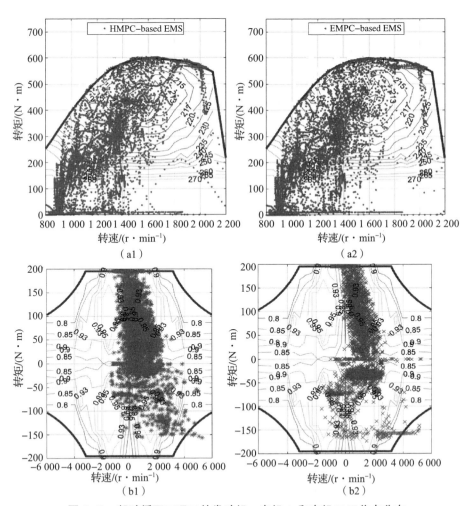

图 4.49 驾驶循环工况二的发动机、电机 A 和电机 B 工作点分布

(c1) 基于 HMPC 的电机 B 工作点分布；(c2) 基于 EMPC 的电机 B 工作点分布

(b1) 基于 HMPC 的电机 A 工作点分布；(b2) 基于 EMPC 的电机 A 工作点分布

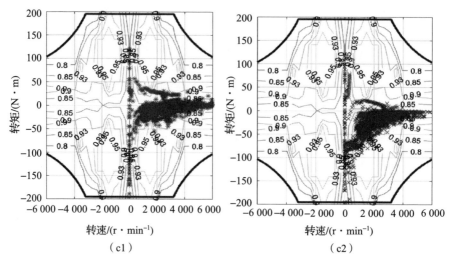

图 4.49 驾驶循环工况二的发动机、电机 A 和电机 B 工作点分布图（续）

（c1）基于 HMPC 的电机 B 工作点分布；（c2）基于 EMPC 的电机 B 工作点分布

4.4 能量管理优化求解方法

4.4.1 动态规划算法求解优化问题

动态规划是贝尔曼（Bellman）于 20 世纪 50 年代为了解决多级决策过程而研究出来的，现已在很多技术领域得到广泛的应用，如生产过程的决策问题、收益和投资问题、资源分配问题、控制工程问题，等等。其核心思想可以表述为："一个多级决策问题的最优决策具有这样的性质：当把其中任何一级及其状态作为初始级和初始状态，则不管初始状态是什么，达到这个初始状态的决策是什么，余下的决策对此初始状态必定构成最优策略。"

动态规划算法根据求解规则可以分为两类，第一类为前向动态规划，即算法从起点出发，层层递推，直到终点，得到最优轨迹；第二类为后向动态规划，其计算过程从终点出发，逆向求解，直到起点，最终得到最优轨迹。两者实际上方法本质相同，在具体应用时将根据实际情况来选用。

本节中，为了数值求解预测时域内的优化问题，在预测时域内每一时刻将系统状态量电池 SOC 离散化,考虑到对电池性能与电池寿命的影响,约束电池 SOC 最大值为 0.9,最小值为 0.4,并在最大值与最小值之间每隔 0.000 5 选取一个 SOC 值,则状态量 SOC 被离散化为 [0.4:0.000 5:0.9]。由于该优化问题中并没有对预测时域终端 SOC 做出约束,只是对 SOC 的偏差做了惩罚,所以预测时域终止时刻 SOC 将有多种可能值,而 SOC 初始值即当前时刻的 SOC 值是唯一确定的,所以这里采用前向动态规划,从起点出发正向求解,最后通过比较终止时刻的成本函数取值,即可得到最优解。

如图 4.50 所示,针对离散问题,前向动态规划算法的数学表述为:在采样时刻 k,

$$J_0(x_0) = L(x_0) \qquad (4-72)$$

在采样时刻 $k+1$,

$$J_{k+1}(x_i) = \min[J_k(x_i) + L_{k+1}(x_i, x_j)], \quad k = 0, 1, \cdots, n-1 \qquad (4-73)$$

式中,$J_{k+1}(x_i)$ 为从采样时刻 k 到采样时刻 $k+1$ 每一条可行路径下的最小成本函数取值,由此逐步计算,直到终止时刻便可以求出系统的最优控制。

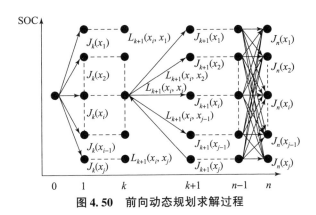

图 4.50 前向动态规划求解过程

将以上前向动态规划算法应用于该机电复合传动车辆系统预测时域内的优化问题求解,在采样时刻 k,构造出预测时域内 $k + \Delta k \leq k + P - 1$ 时刻的优化子问题:

$$L_{k+\Delta k}(\mathrm{SOC}(j), u(j)) = \min_{u(j)} \left\{ \begin{matrix} (\dot{m}_\mathrm{f}(u(j)))^2 + w_\mathrm{s}(\mathrm{SOC}(j) - \mathrm{SOC}_\mathrm{r})^2 + \\ w_\mathrm{t}(\Delta T_\mathrm{e}(u(j)))^2 + w_\mathrm{w}(\Delta \omega_\mathrm{e}(u(j)))^2 \end{matrix} \right\}$$

$$(4-74)$$

该子问题的成本函数 $L_{k+\Delta k}(\mathrm{SOC}(j), u(j))$ 取决于系统状态变量 $\mathrm{SOC}(j)$ 和系统控制变量 $u(j)$，系统控制变量为发动机转速和发动机转矩，由于该系统具有两个自由度，一个状态变量和两个控制变量中确定两个值则可求得第三个值。这里选择由状态变量 SOC 和一个控制变量发动机转速来确定系统的状态，电池 SOC 的离散如上所示为 $[0.4:0.0005:0.9]$，发动机转速则离散为 $[0, 800: 20: 2300]$。针对每一个 SOC 离散值，即可求得 $k+\Delta k$ 时刻与 $k+\Delta k-1$ 时刻的 SOC 变化值 $\Delta \mathrm{SOC}$：

$$\Delta \mathrm{SOC} = \mathrm{SOC}_{k+\Delta k} - \mathrm{SOC}_{k+\Delta k-1} \tag{4-75}$$

由于发动机功率 P_e、电池功率 P_{batt} 与输出功率 P_{batt} 存在以下关系：

$$(P_e + P_{\mathrm{batt}}) \cdot \eta_p = P_{\mathrm{out}} \tag{4-76}$$

式中，η_p 为传动机构效率。而电池功率 P_{batt} 又满足

$$P_{\mathrm{batt}} = -V_{\mathrm{oc}} C_{\mathrm{batt}} \Delta \mathrm{SOC} - (C_{\mathrm{batt}} \Delta \mathrm{SOC})^2 R_{\mathrm{batt}} \tag{4-77}$$

输出功率 P_{out} 需要满足车辆行驶需求：

$$P_{\mathrm{out}} = T_{\mathrm{dmd\_p}} V_{\mathrm{dmd\_p}} r_w / 9549 \tag{4-78}$$

由此，即可计算出发动机功率 P_e：

$$P_e = \frac{T_{\mathrm{dmd\_p}} V_{\mathrm{dmd\_p}} r_w}{9549 \eta_p} + V_{\mathrm{oc}} C_{\mathrm{batt}} \Delta \mathrm{SOC} + (C_{\mathrm{batt}} \Delta \mathrm{SOC})^2 R_{\mathrm{batt}} \tag{4-79}$$

此时，将发动机转速 $\omega_e [0, 800: 20: 2300]$ 代入，通过下式可求得发动机转矩：

$$T_e = \frac{9549 P_e}{\omega_e} \tag{4-80}$$

再根据当前系统所处 EVT 模式，得到电机 A 与电机 B 的转速转矩。若发动机转矩或者电机 A、B 转速和转矩任意一项不满足当前约束条件，则舍弃这一组解，比较未被舍弃的可行解，得到使得成本函数取得最小值的一组解，即可求得 $L_{k+\Delta k}(\mathrm{SOC}(j), u(j))$，其求解流程如图 4.51 所示。

上述过程中，若没有任何一组解为可行解，即此时刻该 $\mathrm{SOC}(j)$ 取值下，发动机工作在任何位置都无法满足行驶需求，则设定此 $L_{k+\Delta k}(\mathrm{SOC}(j), u(j))$ 为最大值。再根据动态规划算法，在当前初始时刻 $k+0$，其成本函数为

$$J^*_{k+0}(\mathrm{SOC}(j)) = L_{k+0}(\mathrm{SOC}(j), u(j)) \tag{4-81}$$

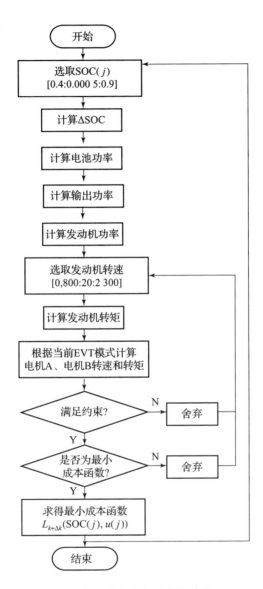

图 4.51 优化子问题求解流程

在预测时域内 $k+\Delta k \leqslant k+P-1$ 时刻，其成本函数为

$$J^*_{k+\Delta k+1}(\mathrm{SOC}(j)) = \min\{J^*_{k+\Delta k}(\mathrm{SOC}(j)) + L_{k+\Delta k+1}(\mathrm{SOC}(j),u(j))\}$$

(4-82)

在预测时域的终止时刻，加上对 SOC 偏差的终端惩罚项，即可得到采样时刻 k 时预测时域内的成本函数：

$$J = \min\{J_{k+P-1}^{*}(\mathrm{SOC}(j)) + f_{s}(\mathrm{SOC}(k+P) - \mathrm{SOC}_{r})\} \quad (4-83)$$

综上即可求得预测时域内的最优控制量。

4.4.2 改进的动态规划算法实时求解方法

动态规划算法可以很好地求得优化问题的最优解，但是其主要缺点为计算量较大，为了降低动态规划算法的计算负荷，本节将根据机电复合传动系统的特性，剔除无效的搜索域，提高算法求解速度。

上文中，系统的状态变量 SOC 在每一时刻是由离散的点来搜索的。然而，每一时刻搜索的 SOC 可能使电池的 SOC 变化率过大，达到了不合理的区域。为了防止这种情况出现，这里引进 $\Delta \mathrm{SOC}_{max}$ 对电池 SOC 变化进行限制，缩小每一时刻的搜索域，如图4.52所示，只在图中深色阴影范围内进行搜索，而舍弃虚线所围成的点区。在动态规划算法求解过程中，每一时刻仅进行下式范围内的 SOC 可行域搜索计算：

$$\mathrm{SOC}(j) - \Delta \mathrm{SOC}_{max} \leqslant \mathrm{SOC}(j) \leqslant \mathrm{SOC}(j) + \Delta \mathrm{SOC}_{max} \quad (4-84)$$

考虑到电池性能与求解计算量，这里取 $\Delta \mathrm{SOC}_{max} = 0.002$，每一时刻 SOC 搜索域变为 $[(\mathrm{SOC}(j) - 0.002) : 0.0005 : (\mathrm{SOC}(j) + 0.002)]$，整个搜索域最多为9次求解，大大减小了动态规划计算量。

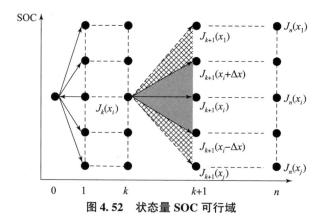

图 4.52 状态量 SOC 可行域

同时，上一节中应用动态规划算法求解时需要对发动机转速在全转速范围内进行搜索，其计算量较大，而且根据发动机特性，对很多工作点的搜索是没有必要的，舍弃这些将会缩小搜索空间，进一步减小动态规划算法的计算量。

本节提出基于离线优化得到的最优燃油经济曲线的发动机转速搜索方法，减小搜索计算量，其具体步骤如下：

（1）离线优化得到最优燃油经济曲线，发动机功率对应相应的发动机转速 $\omega_e(P_e)$，发动机在该曲线上工作效率最高。

（2）引入发动机转速搜索偏差值 $\Delta\omega_{es}$，将发动机转速搜索区间变为 $[(\omega_e(P_e)-\Delta\omega_{es}):20:(\omega_e(P_e)+\Delta\omega_{es})]$，并计算可行解比较得到最小 $L_{k+\Delta k}(\mathrm{SOC}(j),u(j))$，其搜索区域如图4.53所示。

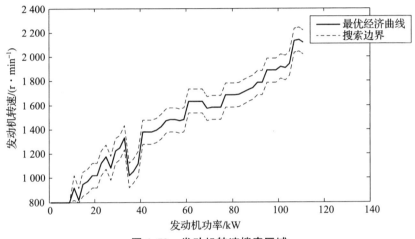

图4.53 发动机转速搜索区域

（3）若上述区间中没有任何可行解，则从搜索边界向外依次搜索，搜索到的第一个可行解即最优解。

考虑到发动机燃油经济性的特性，这里选取 $\Delta\omega_{es}=100$，则每一时刻对发动机转速的搜索区间为 $[(\omega_e(P_e)-100):20:(\omega_e(P_e)+100)]$，大多数情况下的搜索将仅进行11次计算，相较未被改进的动态规划算法计算量大幅减小。同时由于预测时域较短，经过改进的动态规划算法计算量较小，则可以很好地应用于实时优化中。

为了进一步证明改进的动态规划算法相较于原算法计算量的有效减小，同时优化效果并未出现较大偏差，这里将通过仿真对比，在非线性模型预测控制中用两种动态规划算法做实时优化，比较其计算时间与优化结果的燃油消耗，其结果如表4.9所示。

表 4.9　两种动态规划算法结果比较

优化方法	终止时刻 SOC	燃油消耗率/(L·(100 km)$^{-1}$)	计算时间/ms
循环工况一			
DP	0.657 1	21.17	2 667.45
改进的 DP	0.657 5	21.19	94.31
循环工况二			
DP	0.639 8	21.68	2 613.18
改进的 DP	0.639 7	21.71	95.75

由表 4.9 可知，改进的动态规划算法与原算法对优化结果的影响非常小，针对不同的循环工况，仿真结果表示终止时刻 SOC 与燃油消耗率基本相同，改进的动态规划算法并没有明显影响优化结果。但是两种算法的计算时间却大为不同。原动态规划算法每一时刻计算时间超过实际时间，因此无法直接应用于实际车辆行驶过程中，而改进的动态规划算法将计算时间大幅减少，每一时刻计算实际仅为 95 ms 左右，可以应用于车辆的实时能量管理优化。

本章小结

本章研究了机电复合传动车辆能量管理策略，提出了分别基于规则、瞬时优化和有限时域优化的能量管理策略。针对整车能量管理的多目标优化问题，提出了分支定界优化方法，针对机电复合传动系统部件工作范围有界和动态响应能力有限的特点，确定发动机和电机控制域以及状态量可行域，简化优化求解问题。在有限时域优化方法中，提出了线性、非线性和显式模型预测三种能量管理策略并进行了仿真对比分析。最后，针对模型预测控制中的有限时域优化求解问题，分析了动态规划算法的计算步骤和性能，针对计算量较大的问题，提出了剔除无效搜索域、动态调整优化边界的改进求解方法，基于系统动态特性缩小求解搜索范围。通过对比仿真结果，验证和分析了不同的能量管理策略的控制效果。

第 5 章 机电复合传动模式内状态快速切换控制研究

系统模式内状态切换过程指的是机电复合传动在模式或挡位不变的情况下，因为驱动或用电需求的变化导致的系统各部件状态快速改变的过程。由于机电复合传动的机电多功率流非线性和强耦合特性，部件状态和转矩控制如果失当，可能导致系统调节缓慢难以快速达到稳定状态，或者导致部件转速超界、发动机熄火或剧烈转矩冲击等失稳。因此，机电复合传动模式内状态快速切换控制是系统安全平顺运行与机动性等指标实现的关键。本章将阐述模式内状态切换问题的内涵与模型要求，设计鲁棒控制、模型预测控制和模型参考自适应控制等协调控制方法。

5.1 模式内状态切换问题描述

机电复合传动系统从一个稳定状态向另一个稳定状态过渡称为模式内状态切换。由于电动机、发动机的动态响应特性不同，导致动态响应过程中，各动力源实际转矩不相匹配，致使系统的实际状态点与期望状态点相差较大，情况严重时可能导致系统失稳。

模式内状态切换协调控制对系统模型的动态特性要求较高。因此，本章为解决模式内切换过程多动力源转矩协调控制的难题，基于试验数据与参数辨识的方法建立系统带有不确定的模型，将系统的约束、优化目标、外界干扰、传感器噪声、未建模动态等以数学形式表达，采用更易反映系统动态特性的频域辨识方法对系统动态模型进行辨识。首先，对系统关键部件——发动机系统（发动机+发动机控制器）、电机系统（电机+电机控制器）分别进行频域辨识，得到其动态模型，对耦合机构系统采用机理建模的方法建立其数学模型。然后，消去各子系统模型之间的相关变量，建立机电复合传动系统的综合数学模型。最后，通过分式变换处理，建立可以应用于控制器设计的系统模型集。

5.2 基于鲁棒控制理论的模式内状态切换方法

下面将依据鲁棒控制理论，结合系统的不确定性影响以及特性参数，建立系统包含性能指标需求的增广系统，然后对该增广系统进行控制器求解，得到鲁棒协调控制器。

5.2.1 增广系统构建

依照标准控制框图的形式，将本书研究系统进一步细化，可以绘制得出图5.1所示的控制框图。

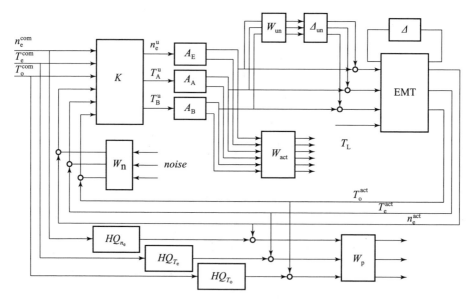

图 5.1 系统协调控制框图

下面对图 5.1 中的符号意义进行介绍,并在介绍过程中依次给出其具体取值以及其存在意义。

(1) n_e^{com}, T_e^{com}, T_o^{com} 为上层控制策略给出的目标指令值,如前所述,这些目标指令值将由基于规则的能量管理策略给出;K 为本章重点研究的协调控制器,其作用是建立上层目标指令到基础控制器接收指令之间的协调映射;EMT 为机电复合传动系统模型;n_e^u, T_A^u, T_B^u 为基础控制器接收的指令,基础部件(发动机、电机 A/B)完全按照该指令进行响应。

(2) 基础部件执行器响应会受到自身固定响应速率的限制,给予的目标如果不合理,会造成较大的动态响应偏差。为此,需要引入对输入指令信号频率的限制项。结合前文所述标准鲁棒控制问题,可以将限制项以权函数的形式施加到特征函数中。设置频率限制权函数 $\boldsymbol{A}_E$、$\boldsymbol{A}_A$、$\boldsymbol{A}_B$,低频时其取值较小,高频时其取值较大。具体的限制函数可设计为

$$\boldsymbol{A}_E = \begin{bmatrix} 1 \\ \dfrac{s}{1+\dfrac{s}{N_E}} \end{bmatrix}, \ \boldsymbol{A}_A = \begin{bmatrix} 1 \\ \dfrac{s}{1+\dfrac{s}{N_A}} \end{bmatrix}, \ \boldsymbol{A}_B = \begin{bmatrix} 1 \\ s \\ \dfrac{s}{1+\dfrac{s}{N_B}} \end{bmatrix}$$

查阅相关文献,N_E、N_A、N_B 的取值可选择 50 rad/s。

(3) 发动机、电机的动态响应过程中一定会存在延迟,在前文的建模过程中为了考虑模型的线性化,没有予以考虑,但是在针对不确定性的鲁棒控制器的设计过程中应当有所体现。这样的延迟在转化为标准的不确定性过程中称为建模的动态不确定性,尤其是在发动机响应过程中更为明显。以发动机为例,这样的复数不确定块可以用乘性不确定性的形式加以表达。根据相关文献,发动机延迟特性误差项可以表示为

$$e_E(s) = e^{-\tau_e s} - 1 \qquad (5-1)$$

该误差项可以用一个具有实极点的高通滤波器 W_{un} 乘以一个标准化的不确定块 Δ_{un} 来近似,其作用是提供了一个范围在 $-180°\sim180°$ 的相位变化。发动机中,点火延迟大都在 150 ms 以下,因此可以将 W_{un} 的极点设置在最大延迟频率附近,W_{un} 的增益可以根据误差的上界进行调节。可以选择该滤波器为

$$W_{\text{un}}(s) = \frac{2.15}{s+15} \quad (5-2)$$

拟合结果如图 5.2 所示。

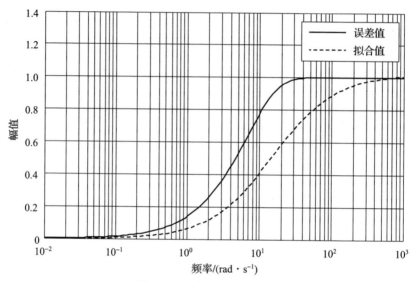

图 5.2 拟合延迟环节曲线

(4) EMT 系统模型与上方的不确定块 Δ 共同构成系统带有不确定性的模型集。

(5) T_L 代表系统的负载，设计过程中视其为干扰信号 d，其取值与地面路况有关，需要建立有关的路面谱进行分析。此处可以将其简化为常数加白噪声的形式：

$$T_L(s) = W_d(s)\xi(s) + T_L^0 \quad (5-3)$$

式中，$W_d(s) = \dfrac{\alpha}{s+\alpha}$，为低通滤波器，$\alpha$ 可选择所有到系统输出转矩的通道中最大的带宽，本书选择 $\alpha = 2.3$ rad/s 在频率小于 α 的范围内，包含路面信息的主要能量值。

(6) 测量传感器处必然会受到噪声信号的影响，为此，需要在设计过程中加以考虑。选取均值为 0 的白噪声信号当作噪声信号。此处强调，本节所述的发动机转矩等都视为可观测量，需要相应的观测算法进行观测，假设关注的物理量都是可以观测到的。为了模拟观测过程中的误差，在噪声信号后加入常值补偿。假定观测过程中误差值为 5%（经过尺度变换后的误差），那么可以选择补偿器为

$$W_n = \text{diag}(0.05, 0.05, 0.05) \tag{5-4}$$

(7) 控制过程中，应始终遵守能量最小原则，即控制量的消耗应尽可能小，因此需要对控制指令进行加权限制。在幅值穿越频率之前，系统对跟踪的要求较高，因此低频部分，该函数应当具有较低的增益，高频部分如果注重跟踪，会因高频噪声的影响而使得系统控制能量信号抖动很大，因此该部分应该尽量使得控制量较小。依据这一原则，结合飞行器领域中对该函数选取的结构，以及系统各通道的穿越频率值，可以规定

$$W_{\text{act}} = \begin{bmatrix} \dfrac{0.1(s+60)}{s+600} & 0 & 0 & 0 & 0 & 0 \\ 0 & \theta_1 & 0 & 0 & 0 & 0 \\ 0 & 0 & \dfrac{0.2(s+100)}{s+1\,000} & 0 & 0 & 0 \\ 0 & 0 & 0 & \theta_2 & 0 & 0 \\ 0 & 0 & 0 & 0 & \dfrac{0.2(s+100)}{s+1\,000} & 0 \\ 0 & 0 & 0 & 0 & 0 & \theta_3 \end{bmatrix} \tag{5-5}$$

式中，θ 用来调节执行器响应速率的增益限制，取值为常数即可。

(8) 控制过程中，期望动态响应过程尽可能快速、准确、稳定。可选择没有超调但响应时间常数较小的期望输出来进行误差反馈，有

$$HQ_{n_e} = HQ_{T_e} = HQ_{T_o} = \frac{1}{Ts+1} \tag{5-6}$$

(9) $W_p(s)$ 用来限制系统的跟踪性能。显然，在低频处要求较高的跟踪性能，结合航空领域性能权函数形式，可用低通滤波器进行限制，本书的权函数为

$$W_p(s) = \frac{1}{s+\alpha} \begin{bmatrix} A_p^1 & 0 & 0 \\ 0 & A_p^2 & 0 \\ 0 & 0 & A_p^3 \end{bmatrix} \tag{5-7}$$

式中，A_p^j 代表性能参数，视系统响应结果进行调节。

经过以上在频域内对系统模型进行的频域加权操作，已经建立起系统综合不同频段约束的增广系统模型，该模型考虑了模型不确定性、外界干扰、测量噪声

等外界输入,可以较全面地反映系统模型集的综合特点。下面将对系统协调控制器进行求解。

5.2.2 控制器求解

为了有针对性地处理系统不确定性,使得控制器的保守性降低,需要将该不确定性与系统的性能建立定量联系,并对此进行优化求解。

结构奇异值 μ 可以很好地解决具有块对角结构不确定性的鲁棒控制问题,能够综合考虑多种不确定性对控制系统的影响,定量地反映系统的鲁棒性能。下面将给出结构奇异值的定义,并对其性能进行描述,依托其性能衍生出相应的求解方法。

对于图 5.3 所示的具有对角结构不确定性的控制系统,其结构奇异值可以表示为

$$\mu(\boldsymbol{M}) = \begin{cases} (\min\{\bar{\sigma}(\Delta)\mid, \det(\boldsymbol{I}+\boldsymbol{M}\Delta)=0, \forall \Delta \in \Delta_\infty\})^{-1} \\ 0, \quad \det(\boldsymbol{I}+\boldsymbol{M}\Delta) \neq 0, \forall \Delta \in \Delta_\infty \end{cases} \quad (5-8)$$

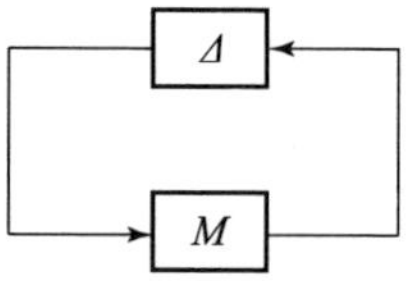

图 5.3 具有对角结构不确定性的控制系统

经过控制信号重排,可以将图 5.3 所示的增广控制系统框图转换为图 5.4 所示的形式。图中,r 代表系统参考输入,d 代表扰动输入,本书中 $d=T_\mathrm{L}$,n 为传感器噪声,y 为对象输出,e_p 为输出与参考输入之间的误差经过加权后的值,e_act 为控制量经过加权后的值。图中增广系统 $\boldsymbol{P}$ 为

$$\boldsymbol{P} = \begin{bmatrix} 0 & 0 & 0 & 0 & 0 & W_\mathrm{un} \\ G_{11} & G_{12} & 0 & G_{14} & 0 & G_{13} \\ -W_\mathrm{p}G_{21} & -W_\mathrm{p}G_{22} & W_\mathrm{p} & -W_\mathrm{p}G_{24} & -W_\mathrm{p}W_\mathrm{n} & -W_\mathrm{p}G_{23} \\ 0 & 0 & 0 & 0 & 0 & W_\mathrm{act}A \\ G_{21} & G_{22} & 0 & G_{24} & 0 & G_{23} \\ 0 & 0 & I & 0 & 0 & 0 \end{bmatrix} \quad (5-9)$$

第 5 章 机电复合传动模式内状态快速切换控制研究 201

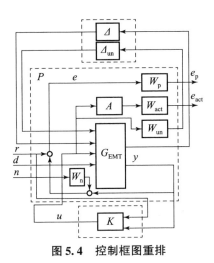

图 5.4 控制框图重排

该框图已经具备鲁棒控制问题的标准形式,控制器综合的目的是设计控制器 $\boldsymbol{K}$,使得整个闭环系统稳定,且 $\boldsymbol{w}:[r \quad d \quad n]^{\mathrm{T}}$ 到 $\boldsymbol{z}:[e_{\mathrm{p}} \quad e_{\mathrm{act}}]^{\mathrm{T}}$ 的传递函数范数最小。

为了求解本节增广系统的结构奇异值,可以利用下分式变换的方法,将图 5.4 变换为图 5.5 所示的闭环系统加不确定模块的形式,其中 $N(s) = F_l(\boldsymbol{P},\boldsymbol{K})$。系统按照适当的维度进行拆分,可以得到

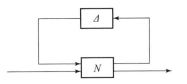

图 5.5 系统分析框图

$$N(s) = F_l(\boldsymbol{P},\boldsymbol{K}) = \begin{bmatrix} N_{11} & N_{12} \\ N_{21} & N_{22} \end{bmatrix} \quad (5-10)$$

其中,

$$N_{11} = P_{11} + P_{13} \cdot \boldsymbol{K} \cdot (\boldsymbol{I} - P_{33} \cdot \boldsymbol{K})^{-1} \cdot P_{31}$$
$$N_{12} = P_{12} + P_{13} \cdot \boldsymbol{K} \cdot (\boldsymbol{I} - P_{33} \cdot \boldsymbol{K})^{-1} \cdot P_{32}$$
$$N_{21} = P_{21} + P_{23} \cdot \boldsymbol{K} \cdot (\boldsymbol{I} - P_{33} \cdot \boldsymbol{K})^{-1} \cdot P_{31}$$
$$N_{22} = P_{22} + P_{23} \cdot \boldsymbol{K} \cdot (\boldsymbol{I} - P_{33} \cdot \boldsymbol{K})^{-1} \cdot P_{32}$$

显然其中的 N_{11} 即图 5.3 中的 $\boldsymbol{M}$ 矩阵。通过这样的推导,即可得出求解系统奇异值的标准结构,下面将对结构奇异值的具体性质及用法进行描述。

设 $\gamma > 0$，Δ 是一个结构不确定性集合。对于所有满足 $\|\Delta\|_\infty < \gamma^{-1}$ 的 $\Delta \in M(\Delta)$，图 5.3 所示的反馈控制系统是内部稳定的充分必要条件为

$$\sup_{\omega \in R} \mu_\Delta[M(j\omega)] \leq \gamma \qquad (5-11)$$

观察图 5.5，为其增广一个适定维数的虚拟不确定块 Δ_p，则该图变为图 5.6 所示的形式。

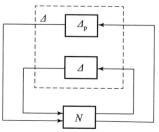

图 5.6　鲁棒性能分析框图

设 $\gamma > 0$，对于所有满足 $\|\Delta\|_\infty < \gamma^{-1}$ 的 $\Delta \in N(\Delta)$，其反馈控制系统是内部稳定的，而且满足 $\|F_u(N,\Delta)\| \leq \gamma$ 的充分必要条件为

$$\sup_{\omega \in R} \mu_\Delta[N(j\omega)] \leq \gamma \qquad (5-12)$$

通过上述分析，鲁棒稳定性问题、鲁棒性能问题与系统的结构奇异值 μ 进行了统一。本章已将系统的不确定性规范化，即 $\gamma = 1$。所以，保持系统具有良好的鲁棒稳定性和鲁棒性能的充分必要条件变为

$$\sup_{\omega \in R} \mu_\Delta[N(j\omega)] \leq 1 \qquad (5-13)$$

很多实际设计的例子中显示，系统结构奇异值并非一定要小于 1 才能保证系统的鲁棒性，很多情况下只要其接近 1，依然能拥有较好的鲁棒性。

结合前文介绍的标准鲁棒控制问题，本章期望的对已经建立的不确定块具有针对性的设计问题就演变成如下优化求解问题：

$$\min_{K \text{镇定} G} \| \mu_{\Delta_p}[F_l(G,K)] \|_\infty \qquad (5-14)$$

对于图 5.5 所示的不确定系统，有

$$\mu_\Delta(M) = \inf_{D \in \underline{D}} \sigma_{\max}(DMD^{-1}) \qquad (5-15)$$

式中，$\underline{D} = \{\text{diag}\{D_1, \cdots, D_s, d_1 I_{m1}, \cdots, d_{F-1} I_{mF-1}, I_{mF}\} : D_i \in C_{r_i \times r_i}, D_i = D_i^* > 0, d_j \in R, d_j > 0\}$，$D$ 称为系统标度矩阵。

上述优化问题可转变为

$$\min_{K\text{镇定}G} \inf_{D \in \underline{D}} \| DF_1(G,K)D^{-1} \|_\infty \tag{5-16}$$

该问题可以通过 $D-K$ 迭代的方法进行求解，其基本思想是：首先固定 D，获得最小化的 K，然后固定 K，获得最小化的 D，再固定 D 获得最小化的 K，再固定 K 获得最小化的 D，依此循环，最后得到最优的 D 和 K。即：

步骤1：选择初始的标度矩阵 D，本书选择 $D = I$。

步骤2：固定 D，求 $\min_{K\text{固定}G} \| DF_1(G,K)D^{-1} \|_\infty$ 的 H_∞ 控制问题，获得 K。

步骤3：固定 K，求 $\inf_{D \in \underline{D}} \| DF_1(G,K)D^{-1} \|_\infty$ 的凸优化问题，得到标度矩阵新的标度矩阵 $\tilde{D}$。

步骤4：比较 D 与 $\tilde{D}$，如果两者接近，则由步骤2获得的控制器就是最优控制器；否则，令 $D = \tilde{D}$，返回到步骤2重新迭代。

应用 $D-K$ 迭代算法虽然不能保证获得全局的最优解，但它的有效性已经在许多文献中得到确认。

经过9次迭代后，系统奇异值曲线已经变化很小，可近似为系统的最优控制器，图5.7 所示为系统9次迭代的奇异值曲线，图5.8、图5.9 分别为第9次迭代后的标度矩阵增益曲线与灵敏度函数奇异值曲线。

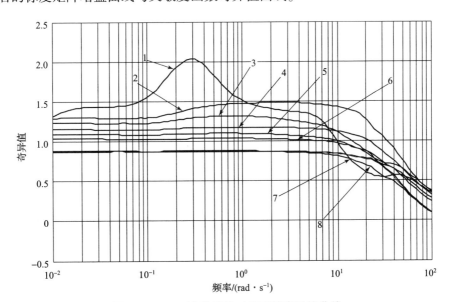

图5.7　$D-K$ 迭代算法对应系统奇异值曲线

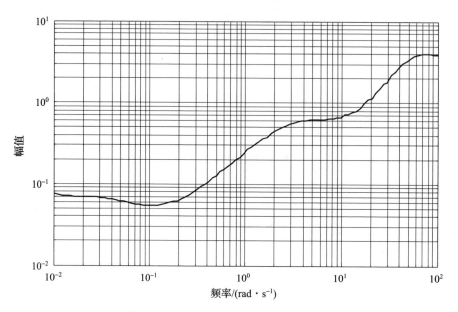

图 5.8 第 9 次迭代标度矩阵增益曲线

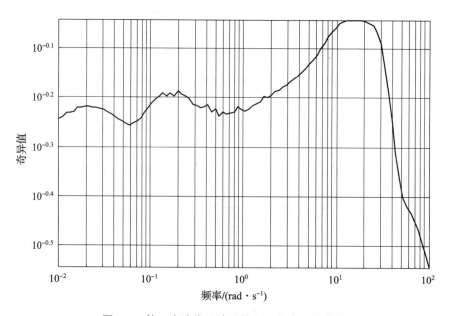

图 5.9 第 9 次迭代系统灵敏度函数奇异值曲线

最终求得系统的控制器为

$$\boldsymbol{K} = \begin{bmatrix} K_{11} & K_{12} & K_{13} & K_{14} & K_{15} & K_{16} \\ K_{21} & K_{22} & K_{23} & K_{24} & K_{25} & K_{26} \\ K_{31} & K_{31} & K_{31} & K_{34} & K_{35} & K_{36} \end{bmatrix} \qquad (5-17)$$

式中,

$$K_{11} = \frac{-3.482s^{55} - 5\,325s^{54} - 4.013s^{53} - \cdots + 4.454}{s^{56} + 1\,436s^{55} + 102.5s^{54} + 48.08s^{53} + \cdots + 4.003}$$

$$K_{21} = \frac{1.374s^{55} + 21.47s^{54} + 164.5s^{53} + \cdots - 4.155}{s^{56} + 1\,436s^{55} + 102.5s^{54} + 48.08s^{53} + \cdots + 4.003}$$

$$K_{31} = \frac{0.729\,5s^{55} + 115.8s^{54} + 9.015s^{53} + \cdots + -4.454}{s^{56} + 1\,436s^{55} + 102.5s^{54} + 48.08s^{53} + \cdots + 4.003}$$

$$K_{12} = \frac{-1.037s^{55} - 157.2s^{54} - 11.73s^{53} - \cdots - 1.935}{s^{56} + 143.6s^{55} + 102.5s^{54} + 48.08s^{53} + \cdots + 4.003}$$

$$K_{22} = \frac{3.379s^{55} + 54.30s^{54} + 42.8s^{53} + \cdots - 4.492}{s^{56} + 143.6s^{55} + 102.5s^{54} + 48.08s^{53} + \cdots + 4.003}$$

$$K_{32} = \frac{3.01s^{55} + 482.3s^{54} + 3.792s^{53} + \cdots - 2.589}{s^{56} + 143.6s^{55} + 102.5s^{54} + 48.08s^{53} + \cdots + 4.003}$$

$$K_{13} = \frac{0.411\,3s^{55} + 631.4s^{54} + 47.77s^{53} - \cdots + 1.254}{s^{56} + 143.6s^{55} + 102.5s^{54} + 48.08s^{53} + \cdots + 4.003}$$

$$K_{23} = \frac{-0.211\,3s^{55} - 332.9s^{54} - 25.71s^{53} + \cdots - 1.753}{s^{56} + 143.6s^{55} + 102.5s^{54} + 48.08s^{53} + \cdots + 4.003}$$

$$K_{33} = \frac{0.059\,69s^{55} + 96.31s^{54} + 7.61s^{53} + \cdots + 7.628}{s^{56} + 143.6s^{55} + 102.5s^{54} + 48.08s^{53} + \cdots + 4.003}$$

$$K_{14} = \frac{17.34s^{54} + 2.619s^{53} + 1.948s^{52} + \cdots + 3.09}{s^{55} + 143.4s^{54} + 10.22s^{53} + 47.88s^{52} + \cdots + 2.002}$$

$$K_{24} = \frac{-50.62s^{54} - 79.95s^{53} - 61.891s^{52} - \cdots - 1.753}{s^{55} + 143.4s^{54} + 10.22s^{53} + 47.88s^{52} + \cdots + 2.002}$$

$$K_{34} = \frac{-45.89s^{55} - 72.25s^{54} - 5.577s^{53} - \cdots - 6.246}{s^{55} + 143.4s^{54} + 10.22s^{53} + 47.88s^{52} + \cdots + 2.002}$$

$$K_{15} = \frac{-21.74s^{54} - 3.128s^{53} - 2.215s^{52} - \cdots - 6.305}{s^{55} + 143.4s^{54} + 10.22s^{53} + 47.88s^{52} + \cdots + 2.002}$$

$$K_{25} = \frac{24.85s^{54} + 34.36s^{53} + 2.36s^{52} + \cdots + 5.437}{s^{55} + 143.4s^{54} + 10.22s^{53} + 47.88s^{52} + \cdots + 2.002}$$

$$K_{35} = \frac{45.51s^{55} + 6.886s^{54} + 5.037s^{53} + \cdots + 2.86}{s^{55} + 143.4s^{54} + 10.22s^{53} + 47.88s^{52} + \cdots + 2.002}$$

$$K_{16} = \frac{-6.034s^{54} - 72.84s^{53} - 4.28s^{52} - \cdots - 9.708}{s^{55} + 143.4s^{54} + 10.22s^{53} + 47.88s^{52} + \cdots + 2.002}$$

$$K_{26} = \frac{75.87s^{54} + 9.418s^{53} + 5.659s^{52} + \cdots + 1.248}{s^{55} + 143.4s^{54} + 10.22s^{53} + 47.88s^{52} + \cdots + 2.002}$$

$$K_{36} = \frac{-1.891s^{55} - 89.49s^{54} - 1.111s^{53} - \cdots + 5.125}{s^{55} + 143.4s^{54} + 10.22s^{53} + 47.88s^{52} + \cdots + 2.002}$$

5.3 基于 LEMPC 理论的模式内状态切换方法

基于线性 MPC 控制结果较基于规则的协调控制有了一定提高。但由于线性 MPC 的在线优化目标中缺乏对发动机工作区间的优化，一定程度上降低了控制的性能。结合双模混联式混合动力车辆协调控制的特点，设计其基于 LEMPC 的协调控制器。

5.3.1 经济性模型预测控制（EMPC）概述

对于控制系统中普遍存在的经济性目标，一般需要在模型预测控制之前再加上一层实时优化层，形成如图 5.10 所示的三层控制结构。上层的实时优化层一般使用系统的静态模型进行优化，并且更新频率低于下层的 MPC。尽管这种分层控制的思想可以用相对较少的计算量实现经济性能指标的优化，但在一定程度上降低了控制的性能。实际工程应用中将上层实时优化与下层模型预测控制进行融合，即把经济性能指标加入常规目标跟踪的模型预测控制中，从而发展出了经济模型预测控制（EMPC）。

经济模型预测控制（EMPC）的主要控制步骤包括模型预测、滚动优化和反馈校正。

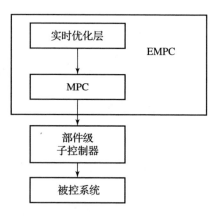

图 5.10 线性 MPC 三层控制结构

其性能函数中加入了一类关于系统经济性能的函数,由于该经济性目标的加入会对其他状态参考目标的跟踪产生影响,在 EMPC 控制下的系统有可能偏离稳定区域,从而出现系统失稳因此,在协调控制中需要额外增加相关约束以提高 EMPC 的控制稳定性。同时,由于机电复合传动自由度的增加,对协调控制的稳定性有较高的要求。在 EMPC 基础上发展的基于 Lyapunov 函数的 EMPC(LEMPC)较好地解决了 EMPC 的稳定性问题。

5.3.2 基于 Lyapunov 函数的 EMPC

LEMPC 具有两个控制阶段,在控制阶段 1,LEMPC 在对包含经济性能的控制目标函数进行优化的同时维持系统状态在稳定区域 Ω_ρ 中;在控制阶段 2,LEMPC 在对目标函数优化的同时需要确保闭环系统的 Lyapunov 函数值逐渐下降。面向单个稳态点及吸引域的 LEMPC 的算法如下:

$$\min_{u \in S(\Delta)} \int_{t_k}^{t_{k+N}} l_e(\tilde{x}(\tau), u(\tau)) d\tau \quad (5-18)$$

$$\text{s.t.} \begin{cases} \dot{\tilde{x}}(t) = f(\tilde{x}(t), u(t), 0) & \text{(a)} \\ \tilde{x}(t_k) = x(t_k) & \text{(b)} \\ u(t) \in U, \forall t \in [t_k, t_{k+N}] & \text{(c)} \\ V(x(t_k)) \leq \rho_e, t_k < t_s & \text{(d)} \\ V(\tilde{x}(t)) \leq \rho_e, \forall t \in [t_k, t_{k+N}] & \text{(e)} \\ V(x(t_k)) > \rho_e \text{ 或 } t_k \geq t_s & \text{(f)} \\ \dfrac{\partial V(x(t_k))}{\partial x} f(x(t_k), u(t_k), 0) \leq \dfrac{\partial V(x(t_k))}{\partial x} f(x(t_k), h(t_k), 0) & \text{(g)} \end{cases}$$

$$(5-19)$$

式中,需要进行优化的控制目标为 $t_k \sim t_{k+N}$ 的经济性能指标 l_e,$\tilde{x}$ 为通过系统函数 f 和初始系统状态 $x(t_k)$ 的预测状态值。(b)为系统的初始状态,(c)为控制量的约束,Ω_{ρ_e} 为对系统状态设定的稳定区域,通过设定 Ω_{ρ_e} 小于系统实际的稳定区域 Ω_ρ,可以提高控制稳定性。控制过程包含两个模式,当系统状态处于稳定区域 Ω_{ρ_e} 且 $t_k < t_s$[判断条件(d)]时,系统处于第一控制模式。t_s 为切换时间,

第一控制模式确保从初始时刻 t_k 到 t_s，LEMPC 需要在对经济性能指标 l_e 优化的同时确保系统状态在稳定区域 Ω_{ρ_e} 中。由于处于动态的优化能够获得不低于使用静态系统方程的经济性能指标，第一控制模式的使用能够使得优化有更大的空间，通过只对系统空间的约束，使得系统能够在保持稳定的同时不对经济性能指标产生较大的影响。当系统状态不处于稳定状态 Ω_{ρ_e} 或 $t_k \geqslant t_s$ 时［判断条件（f）］，LEMPC 始终处于第二控制模式。在第二控制模式下，对优化的约束进行了加强，即约束条件（g），此约束条件要求基于 LEMPC 得到的控制量 $u(t_k)$ 的 Lyapunov 函数导数始终小于给定显式控制 $h(t_k)$ 的 Lyapunov 函数导数。第二控制模式的使用能够进一步提高系统的稳定性，确保状态能够最终稳定在合理的范围内。

LEMPC 的控制流程如下：

> 步骤 1：在采样时刻 t_k，控制器接收到系统的状态测量（观测）值 $x(t_k)$。进入步骤 2。
>
> 步骤 2：如果 $t_k < t_s$，进入步骤 3。否则，进入步骤 3.2。
>
> 步骤 3：如果 $x(t_k) \in \Omega_{\rho_e}$，进入步骤 3.1。否则，进入步骤 3.2。
>
> 　3.1　LEMPC 的控制模式一启用，约束（5-19）(d) 作用于优化问题，而约束（5-19）(e) 不启用。
>
> 　3.2　LEMPC 的控制模式二启用，约束（5-19）(e) 作用于优化问题，而约束（5-19）(f) 不启用。
>
> 步骤 4：对优化问题（5-19）进行求解，获得对应 $t \in [t_k + t_{k+N}]$ 的优化的控制输入轨迹 $u^*(t|t_k)$，并将控制量 $u^*(t_k|t_k)$ 应用于控制采样时刻 t_k 至 t_{k+1}。进入步骤 5。
>
> 步骤 5：返回步骤 1（$k \leftarrow k+1$）。

图 5.11 所示为 LEMPC 控制方法的二维示意图。图中虚线代表在第一控制模式下的系统状态轨迹，实线代表在第二控制模式下的系统状态轨迹。在初始状态，系统状态在 Ω_{ρ_e} 之外、Ω_ρ 之内，判定条件（5-19）(f) 被激活，系统处于第二控制模式下，并将系统状态向稳定区域 Ω_{ρ_e} 转移。当系统状态转移到 Ω_{ρ_e} 之内，LEMPC 开始工作在第一控制模式下，判定条件（5-19）(d) 被激活。此时的 LEMPC 只确保系统状态维持在 Ω_{ρ_e} 内。在 t_s 后，约束（5-19）(e) 将在之后的

控制时间始终作用,使得系统状态最终维持在一个离稳定点 x_s 较小的邻域内。

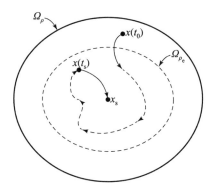

图 5.11 LEMPC 控制方法图示

LEMPC 中特有的控制参数分别为切换时刻 t_k 和 Lyapunov 函数值 ρ_e。当 $t_s = 0$ 时,LEMPC 将始终工作在第二控制模式,此时适用于需要系统尽快稳定在稳定状态的情况,但由于需要始终计算辅助函数的 Lyapunov 函数值,此时耗费的计算量较大。反之,当 $t_s \to \infty$ 时,LEMPC 的工作模式则一直处于可切换的过程中,在系统偏离稳定区时,加大运算量,确保系统的稳定,而在系统处于稳定区内时,则维持在该区域内,减少运算量。同样,当 Lyapunov 函数值 ρ_e 的设定与 ρ 的冗余度增大时,系统的稳定性将增加,但运算量增大,反之亦然。

具有时变经济性目标的 LEMPC 的基本算法如下:

$$\min_{u \in S(\Delta)} \int_{t_k}^{t_k+N} l_e(\tau, \tilde{x}(\tau), u(\tau)) \mathrm{d}\tau \tag{5-20}$$

$$\text{s.t.} \begin{cases} \dot{\tilde{x}}(t) = f(\tilde{x}(t), u(t), 0) & \text{(a)} \\ \tilde{x}(t_k) = x(t_k) & \text{(b)} \\ u(t) \in U, \forall t \in [t_k, t_{k+N}) & \text{(c)} \\ \dot{\tilde{x}}(t) \in \hat{X}, \forall t \in [t_k, t_{k+N}), x(t_k) \in \hat{X} & \text{(d)} \\ \dfrac{\partial V(x(t_k); \hat{x}_s)}{\partial x} f(x(t_k), u(t_k), 0) \leq \dfrac{\partial V(x(t_k); \hat{x}_s)}{\partial x} f(x(t_k), h((t_k); \hat{x}_s), 0) \\ x(t_k) \notin \hat{X}, x(t_k) \in \Omega_{\rho(\hat{x}_s)}, \hat{x}_s \in \Gamma & \text{(e)} \end{cases}$$

$$(5-21)$$

这里与式（5-19）中相同的字母含义也基本一致。式中，l_e 为与时间相关的经济性能指标，需要在预测空间内被优化。式（5-21）(a) 为系统方程，此处用于预测在控制输入 $u(t)$ 下的系统预测状态。动态系统的初始状态如式（5-21）(b)，系统控制量 $u(t)$ 的约束为式（5-21）(c)。

与式（5-19）定义的 LEMPC 相似，这里的 LEMPC 也具有两个控制模式。式（5-21）(d) 定义了第一控制模式，此模式在 $x(t_k) \in \hat{X}$ 时为激活状态。此模式下，控制目标除了对经济性能函数的优化，还包括维持系统状态在 $\hat{X}$ 区间内。式（5-21）(e) 定义了第二控制模式，此模式在系统状态在 $\hat{X}$ 外时被激活，此状态用于在系统状态偏离 $\hat{X}$ 时调节系统状态回到 $\hat{X}$ 内。$h((t_k);\hat{x}_s)$ 为对应 $\hat{x}_s$ 这一稳定点的基于 Lyapunov 稳定性函数的控制器，第二控制模式确保基于 LEMPC 得到的控制量 $u(t_k)$ 的 Lyapunov 函数的变化率小于基于 Lyapunov 稳定性函数的控制器对应的值，从而提高系统的稳定性。

图 5.12 所示为上述 LEMPC 的控制示意图，图中为两个采样时间的系统控制轨迹。在第一个采样区间，LEMPC 处于控制模式一，通过优化得到的系统预测状态 $\tilde{x}(t_{k+1})$ 在 $\hat{X}$ 中。但是，由于受到扰动，下一时刻系统的实际状态为 $x(t_{k+1})$，偏离了稳定区域 $\hat{X}$，此时，LEMPC 工作在控制模式二，确保系统在下一采样区间的 Lyapunov 函数值能够有所下降，从而使系统状态回到对应 $\hat{x}_s$ 的稳定区域 $\hat{X}$。

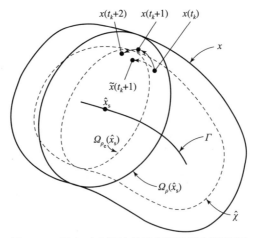

图 5.12 具有时变经济性能指标的控制示意图

5.3.3 基于 Lyapunov 稳定性定理的控制器设计

为了能够利用 LEMPC 对系统进行控制,首先需要设计系统的基于 Lyapunov 稳定性定理的控制器,用该控制器辅助系统的稳定性。这里使用基于 Lyapunov 稳定性定理的二次型最优控制设计该控制器。

简化控制系统为

$$\dot{x} = Ax + Bu \tag{5-22}$$

设计线性控制率

$$u(t) = -Kx(t) \tag{5-23}$$

式中,K 的定义为

$$\begin{bmatrix} u_1 \\ u_2 \\ u_3 \end{bmatrix} = \begin{bmatrix} k_{11} & k_{12} & k_{13} & k_{14} & k_{15} \\ k_{21} & k_{22} & k_{23} & k_{24} & k_{25} \\ k_{31} & k_{32} & k_{33} & k_{34} & k_{35} \end{bmatrix} \begin{bmatrix} x_1 \\ x_2 \\ x_3 \\ x_4 \\ x_5 \end{bmatrix} \tag{5-24}$$

将对上层目标的跟踪值作为二次型性能指标:

$$J = \int_0^\infty L(x,u)\mathrm{d}t = \int_0^\infty (x^\mathrm{T}Qx + u^\mathrm{T}Ru)\mathrm{d}t \tag{5-25}$$

对该控制的设计目标可归结为:通过确定矩阵 K 中的各元素使得二次型性能指标 J 最小。通过引入 Lyapunov 稳定性定义,使得到的控制器具有稳定性,从而可以辅助用于 LEMPC 的约束条件中。控制系统的结构方块图如图 5.13 所示。

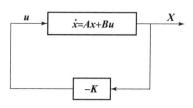

图 5.13 控制系统结构方块图

现求解该二次型最优制问题。将方程(5-21)代入方程(5-20),得到

$$\dot{x} = Ax - BKx = (A - BK)x \tag{5-26}$$

将方程(5-21)代入方程(5-23),得到

$$J = \int_0^\infty (x^\mathrm{T}Qx + x^\mathrm{T}K^\mathrm{T}RKx)\mathrm{d}t$$

$$= \int_0^\infty x^\mathrm{T}(Q + K^\mathrm{T}RK)x\mathrm{d}t \tag{5-27}$$

取

$$x^T(Q + K^TRK)x = -\frac{d}{dt}(x^TPx) \quad (5-28)$$

则

$$x^T(Q + K^TRK)x = -\dot{x}^TPx - x^TP\dot{x} = -x^T[(A-BK)^TP + P(A-BK)]x \quad (5-29)$$

要求上式对任意 x 成立，则

$$(A-BK)^TP + P(A-BK) = -(Q + K^TRK) \quad (5-30)$$

由 Lyapunov 稳定性定义，如果 $(A-BK)$ 是稳定矩阵，则必存在满足上式的正定矩阵 P。因为 R 为实对称或正定厄米特矩阵，可将其写为

$$R = T^TT \quad (5-31)$$

综合上述各式，可得 J 对 K 的最小值与下式对 K 的最小值等价：

$$x^T[TK - (T^T)^{-1}B^TP]^T[TK - (T^T)^{-1}B^TP]x \quad (5-32)$$

由于上式的值不为负，所以只有当其为零，即

$$TK = (T^T)^{-1}B^TP \quad (5-33)$$

时，才存在极小值。因此，

$$K = T^{-1}(T^T)^{-1}B^TP = -R^{-1}B^TP \quad (5-34)$$

基于 Lyapunov 稳定性定理的二次型最优控制器为

$$u(t) = -Kx(t) = -R^{-1}B^TPx(t) \quad (5-35)$$

因此解该控制器的关键为解黎卡提方程。

利用 MATLAB 中线性二次型调节器设计函数 lqr 进行设计，令

$$[K, P, E] = \text{lqr}(A, B, Q, R) \quad (5-36)$$

解得

$$K = \begin{bmatrix} 0.8969 & -0.2800 & 0.4379 & -0.0004 & 0.0966 \\ 0.1094 & 0.8904 & -0.0004 & 0.4182 & 0.0195 \\ 0.4285 & 0.3587 & 0.0097 & 0.0020 & 0.4679 \end{bmatrix} \quad (5-37)$$

Q 和 R 均为元素为1的对角矩阵。需要注意，此处控制主要作为 EMPC 的补充，利用该基于 Lyapunov 稳定性的线性二次型控制器的稳定特性提高 EMPC 的稳定性，所以对 Q 和 R 的选择不做进一步分析和优化。

5.3.4 协调控制目标的改进

对于机电复合传动车辆的协调控制，其最主要的控制目标是确保车辆各部件能够稳定并快速地达到上层能量分配的参考值，同时尽量减少在这一调节过程的燃油消耗。结合这一目标，在第 k 时刻，预测空间内的目标函数为

$$J = \int_{t(k)}^{t(k)+t(p)} \left[w_{\omega e}(t)(\omega_e(t) - \omega_e^{\text{ref}}(t(k)))^2 + w_{te}(t)(T_e^{\text{act}}(t) - T_e^{\text{ref}}(t(k)))^2 + w_b(t)(\omega_b(t) - \omega_b^{\text{ref}}(t(k)))^2 + w_{De}(t)(D_e(t))^2 \right] \quad (5-38)$$

式中，$w_{\omega e}(t)$，$w_{te}(t)$，$w_b(t)$ 和 $w_{De}(t)$ 为对应的权重变量；$t(k)$ 表示从 k 时刻开始的预测时间；$t(p)$ 代表预测时长。

目标函数（5-38）包含四项，一到三项分别为对发动机参考转速、发动机参考转矩和电机 B 参考转速的跟踪性能函数；第四项为与发动机动态协调过程中效率相关的函数。这里需要注意的是，此处第四项并没有给出发动机在预测时域内准确的燃油消耗值，所以对此目标函数的优化并不能得到最优的燃油消耗率。但是，在此处加入第四项是为了能够让发动机在动态协调过程中尽可能多地工作在高效区域，使用此发动机效率项综合考虑了在线优化速度和优化效果。由于此发动机效率项的加入，该协调控制问题从一般的参考目标跟踪型 MPC 转换为经济型 MPC（EMPC）问题。不同于一般的参考目标跟踪型 MPC，在 EMPC 中为了保证控制的闭环性能，特定的限制需要被加入 EMPC 中。

本节通过采用在预测空间内时变的权重函数，不仅增加了上述控制闭环性能，同时确保了发动机的稳态工作点由能量管理策略确定，协调控制中对发动机工作点的约束只影响到发动机的协调控制过程。

权重函数 $w_{\omega e}(t)$，$w_{te}(t)$，$w_b(t)$ 和 $w_{De}(t)$ 的定义如下：

$$\begin{cases} w_{\omega e}(t) = C_{\omega e} S(t) \\ w_{te}(t) = C_{te} S(t) \\ w_b(t) = C_{tb} S(t) \\ w_{De}(t) = C_{De}(1 - S(t)) \end{cases} \quad (5-39)$$

式中，$C_{\omega e} = 1$，$C_{te} = 0.5$，$C_{tb} = 0.7$ 和 $C_{De} = 0.1$ 为权重常数，用于调整对各个参

考量的跟踪性能。$S(t)$ 为一 S 函数，其取值如图 5.14 所示。

$$S(t) = \frac{1}{1 + 1 \cdot \exp[-40(t - t(k)) + 10]} \quad (5-40)$$

在上述定义下，在预测时域开始阶段，发动机效率项有更高的权重因子，而在预测控制末尾阶段，对参考值的跟踪项有更高的权重因子，从而确保发动机效率项只在预测时域初期约束发动机工作点尽量在高效区域，而预测时域末端发动机各部件的工作点能准确达到上层能量管理的分配值。

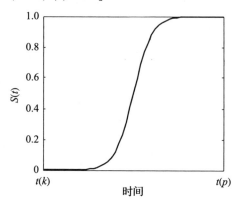

图 5.14 S 函数取值随时间变化图

在使用线性时变 MPC 前，需要对模型在每一控制时刻进行线性化。在实时控制的每一采样时刻 k，都要进行以下线性化过程：

(1) 系统状态 $\boldsymbol{x}(t) = [\omega_e \quad \omega_a]^T$ 的测量。

(2) 围绕当前系统状态值对非线性系统进行线性化，得到当前线性系统：

$$\begin{cases} \dot{\boldsymbol{x}} = \tilde{\boldsymbol{A}}\boldsymbol{x} + \tilde{\boldsymbol{B}}_u\boldsymbol{u} + \tilde{\boldsymbol{B}}_v\boldsymbol{v} + \tilde{\boldsymbol{F}} \\ \boldsymbol{y} = \tilde{\boldsymbol{C}}\boldsymbol{x} + \tilde{\boldsymbol{D}}_u\boldsymbol{u} + \tilde{\boldsymbol{D}}_v\boldsymbol{v} + \tilde{\boldsymbol{G}} \end{cases} \quad (5-41)$$

式中，

$$\begin{cases} \tilde{\boldsymbol{A}} = \left(\frac{\partial \boldsymbol{f}}{\partial \boldsymbol{x}}\right)_{(x_0, u_0, v_0)}; \tilde{\boldsymbol{B}}_u = \left(\frac{\partial \boldsymbol{f}}{\partial \boldsymbol{u}}\right)_{(x_0, u_0, v_0)} \\ \tilde{\boldsymbol{B}}_v = \left(\frac{\partial \boldsymbol{f}}{\partial \boldsymbol{v}}\right)_{(x_0, u_0, v_0)}; \tilde{\boldsymbol{C}} = \left(\frac{\partial \boldsymbol{g}}{\partial \boldsymbol{x}}\right)_{(x_0, u_0, v_0)} \\ \tilde{\boldsymbol{D}}_u = \left(\frac{\partial \boldsymbol{g}}{\partial \boldsymbol{u}}\right)_{(x_0, u_0, v_0)}; \tilde{\boldsymbol{D}}_v = \left(\frac{\partial \boldsymbol{g}}{\partial \boldsymbol{v}}\right)_{(x_0, u_0, v_0)} \\ \tilde{\boldsymbol{F}} = \boldsymbol{f}(x_0, u_0, v_0) - (\tilde{\boldsymbol{A}}x_0 + \tilde{\boldsymbol{B}}_u u_0 + \tilde{\boldsymbol{B}}_v v_0) \\ \tilde{\boldsymbol{G}} = \boldsymbol{g}(x_0, u_0, v_0) - (\tilde{\boldsymbol{A}}x_0 + \tilde{\boldsymbol{B}}_u u_0 + \tilde{\boldsymbol{B}}_v v_0) \end{cases} \quad (5-42)$$

式中，x_0、u_0 和 v_0 分别为当前的系统状态、输入以及可测量的系统扰动。$g(x_0, u_0, v_0)$ 为当前系统可测量的输出向量。

为了平衡在线计算量和控制性能，线性系统以 0.1 s 为时间步长进行离散。协调控制的控制间隔也选择为 0.1 s。控制步长和预测步长均选择 5 步。则在 k 时刻，需要优化的系统输入控制序列为

$$U(k) = [u(k|k), u(k+1|k), \cdots, u(k+5-1|k)]^{\mathrm{T}} \tag{5-43}$$

式中，

$$u(k+i|k) = [T_{\mathrm{e}}^{\mathrm{cmd}}(k+i|k) \quad T_{\mathrm{a}}^{\mathrm{cmd}}(k+i|k) \quad T_{\mathrm{b}}^{\mathrm{cmd}}(k+i|k)]^{\mathrm{T}}, \quad i = 0,1,2,3,4 \tag{5-44}$$

5.3.5 基于 LEMPC 的协调控制流程

LEMPC 采用滚动优化控制，式 (5-21) 在每一步采样时刻被优化。具体的控制流程如下：

步骤 1：在采样时刻 t_k，测量/观测系统的状态量 $\omega_{\mathrm{e}}(k)$，$\omega_{\mathrm{b}}(k)$ 和发动机观测输出转矩值 $T_{\mathrm{e\_act}}$。

步骤 2：更新发动机、电机转矩等时变约束。

步骤 3：如果系统状态 $x(t_k) \in \hat{X}$，进入步骤 3.1。否则，进入步骤 3.2。

3.1 LEMPC 转到第一控制模式，此时优化计算中使用约束 (d)，而不采用约束 (e)。转到步骤 3。

3.2 定义 $\hat{x}_{\mathrm{s}} \in \varGamma$ 同时 $x(t_k) \in \varOmega_{o(\hat{x}_-)}$，转到步骤 3.3。

3.3 LEMPC 工作在第二控制模式，此时优化计算中不使用约束 (d)，而采用约束 (e)。转到步骤 3。

步骤 4：利用快速模型预测方法对优化问题进行求解，获得对应 $t \in [t_k + t_{k+N})$ 的优化控制输入轨迹 $u^*(t|t_k)$，转到步骤 5。

步骤 5：LEMPC 将控制信号 $u^*(t_k|t_k)$ 发送至系统作为 $t_k \sim t_{k+1}$ 时间段的控制值。

步骤 6：设置 $k \leftarrow k+1$。回到步骤 1。

5.3.6 基于 LEMPC 的协调控制稳定性与性能分析

为了确保车辆安全,提高系统稳定性,本节将在 LEMPC 控制方法的基础上,对基于 LEMPC 的混合动力车辆协调控制稳定性进行分析,并对 LEMPC 的控制性能进行分析。

5.3.6.1 闭环稳定性能分析

上文通过对混合动力车辆协调控制稳定性的分析定义了相关的稳定性区域。本节将证明 LEMPC 能够确保系统状态维持在稳定区域内,即证明 LEMPC 能够确保混合动力车辆协调控制的稳定性。

首先介绍相关参数、方程和 Lyapunov 稳定性定理相关推论的定义。

推论 1:如下受扰动和不受扰动的系统:

$$\dot{x}(t) = f(x(t), u(t), w(t)) \quad (5-45)$$

$$\dot{\hat{x}}(t) = f(\hat{x}(t), u(t), 0) \quad (5-46)$$

式中,$w(t) \in W = \{\bar{w} \in \mathbf{R}^l : |\bar{w}| \leq \theta\}$ 为系统受到的扰动。初始状态 $x(t_0) = \hat{x}(t_0)$,如果 $x(t) \in \Omega_\rho$ 且 $\hat{x}(t) \in \Omega_\rho$,则存在方程 f_w 满足

$$|x(t) - \hat{x}(t)| \leq f_w(t - t_0) \quad (5-47)$$

推论 2:对于上述式(5-45)系统,对于所有 $x_1, x_2 \in \Omega_\rho$ 存在方程 f_V 满足

$$V(x_2) - V(x_1) \leq f_V(|x_2 - x_1|) \quad (5-48)$$

同时定义

$\Delta > 0, N \geq 1, \varepsilon_w > 0, \rho > \rho_e \geq \rho_{\min} > \rho_s > 0$ 满足

$$\rho_e < \rho - f_V(f_w(\Delta)) \quad (5-49)$$

$$-\alpha_3(\alpha_2^{-1}(\rho_s)) + L'_x M \Delta + L'_w \theta \leq -\varepsilon_w / \Delta \quad (5-50)$$

$$\rho_{\min} = \max_{s \in [0, \Delta]} \{V(x(s)) : V(x(0)) \leq \rho_s\} \quad (5-51)$$

对于系统(5-45),根据 Lyapunov 逆定理,存在函数 $\alpha_1, \alpha_2, \alpha_3, \alpha_4$ 满足

$$\begin{cases} \alpha_1(|x|) \leq V(x) \leq \alpha_2(|x|) \\ \dfrac{\partial V(x(t_k))}{\partial x} f(x(t_k), u(t_k), 0) \leq -\alpha_3(|x|) \\ \left| \dfrac{\partial V(x)}{\partial x} \right| \leq \alpha_4(|x|) \end{cases} \quad (5-52)$$

同时，存在常数 M, L_x, L_w, L'_x, L'_w 满足

$$|f(x,u,w)| \leq M \tag{5-53}$$

$$|f(x,u,w) - f(x',u,w)| \leq L_x|x-x'| + L_w|w| \tag{5-54}$$

$$\left|\frac{\partial V(x)}{\partial x}f(x,u,w) - \frac{\partial V(x')}{\partial x}f(x',u,0)\right| \leq L'_x|x-x'| + L'_w|w| \tag{5-55}$$

对 LEMPC 稳定性的定义为：对于系统，在 LEMPC 的控制下，如果 $x(0) \in \Omega_\rho$，则在 LEMPC 控制下的闭环系统的状态将始终被限制在 Ω_ρ 内，并且在有限时间 t_s 内被约束在 $\Omega_{\rho_{\min}}$ 内。

首先证明控制解的存在性。由于 LEMPC 中基于 Lyapunov 稳定性控制的控制量显然是系统的一个解，所以只要该基于 Lyapunov 稳定性的控制器有解，则该 LEMPC 问题有解，由基于 Lyapunov 稳定性得知，系统在基于 Lyapunov 稳定性控制器的控制下，系统状态将限制在 Ω_ρ 内。控制解的存在性得证。

要证明闭环系统将限制在 Ω_ρ 内，分别从控制模式一和控制模式二入手。并且问题可以转换为假设在任意时刻 $x(t_k) \in \Omega_\rho$，则在 LEMPC 控制下，系统的下一时刻也将在 Ω_ρ 内，即 $x(t_{k+1}) \in \Omega_\rho$，并且在 t_k 到 t_{k+1} 时间段，系统的状态不会偏离 Ω_ρ，通过不断迭代这一结果，即可证明，在 $x(0) \in \Omega_\rho$ 下，LEMPC 控制下的系统始终处于 Ω_ρ 中。

当系统在控制模式一下，假设存在 $\tau^* \in [t_k, t_{k+1})$，使得 $V(x(\tau^*)) > \rho$。定义

$$\tau_1 := \inf\{\tau \in [t_k, t_{k+1}] : V(x(\tau)) > \rho\} \tag{5-56}$$

因为 ρ_e 满足式 (5-49)，所以由式 (5-47) 和式 (5-48) 可推得

$$\begin{aligned}\rho = V(x(\tau_1)) &\leq V(\tilde{x}(\tau_1)) + f_V(f_w(\tau_1)) \\ &\leq \rho_e + f_V(f_w\Delta) < \rho\end{aligned} \tag{5-57}$$

上式显然不成立，所以假设存在 $\tau^* \in [t_k, t_{k+1})$ 不成立，证明在任意时刻 $x(t_k) \in \Omega_\rho$，在 LEMPC 控制下，系统的下一时刻也将在 Ω_ρ 内，即 $x(t_{k+1}) \in \Omega_\rho$。

当 LEMPC 处于控制模式二时，首先系统满足如下不等式：

$$\begin{aligned}\frac{\partial V(x(t_k))}{\partial x}f(x(t_k),u^*(t_k),0) &\leq \frac{\partial V(x(t_k))}{\partial x}f(x(t_k),h((t_k)),0) \\ &\leq -\alpha_3(|x(t_k)|)\end{aligned} \tag{5-58}$$

任意采样时间 t_k，$x(t_k) \in \Omega_\rho$，定义 $\tau \in [t_k, t_{k+1}]$，则

$$\dot{V}(x(\tau)) = \frac{\partial V(x(\tau))}{\partial x} f(x(\tau), u^*(t_k|t_k), w(\tau))$$

$$\leq -\alpha_3(|x(t_k)|) + \frac{\partial V(x(\tau))}{\partial x} f(x(\tau), u^*(t_k|t_k), w(\tau)) -$$

$$\frac{\partial V(x(\tau))}{\partial x} f(x(\tau), u^*(t_k|t_k), 0) \qquad (5-59)$$

根据式 (5-55)，上式可进一步转换为

$$\dot{V}(x(\tau)) \leq -\alpha_3(|x(t_k)|) + L'_x |x(\tau) - x(t_k)| + L'_w |w(\tau)|$$

$$\leq -\alpha_3(|x(t_k)|) + L'_x |x(\tau) - x(t_k)| + L'_w \theta \qquad (5-60)$$

结合式 (5-53)，定义

$$|x(\tau) - x(t_k)| \leq M\Delta \qquad (5-61)$$

从式 (5-60) 和式 (5-61) 可以推得

$$\dot{V}(x(\tau)) \leq -\alpha_3(|x(t_k)|) + L'_x M\Delta + L'_w \theta \qquad (5-62)$$

对于 $x(t_k) \in \Omega_\rho / \Omega_{\rho_s}$，可以推得

$$\dot{V}(x(\tau)) \leq -\alpha_3(\alpha_2^{-1}(\rho_S)) + L'_x M\Delta + L'_w \theta \qquad (5-63)$$

进一步代入不等式 (5-50)，得到存在 $\varepsilon_w > 0$，对任意 $x(t_k) \in \Omega_\rho / \Omega_{\rho_s}$，存在如下不等式：

$$\dot{V}(x(\tau)) \leq -\varepsilon_w / \Delta \qquad (5-64)$$

由于 $\tau \in [t_k, t_{k+1}]$，所以

$$\begin{cases} V(x(t_{k+1})) \leq V(x(t_k)) - \varepsilon_w \\ V(x(t)) \leq V(x(t_k)) \ \forall t \in [t_k, t_{k+1}] \end{cases} \qquad (5-65)$$

如果 $x(t_k) \in \Omega_\rho / \Omega_{\rho_e}$，通过式 (5-65) 的反复迭代，系统的状态将会收缩到 Ω_{ρ_e} 中。如果系统状态 $x(t_k) \in \Omega_\rho / \Omega_{\rho_s}$，同样反复迭代式 (5-65)，系统的状态将会收缩到 Ω_{ρ_s} 中。最终系统状态能够稳定在 $\Omega_{\rho_{\min}}$ 中。

值得指出的是，上述 LEMPC 稳定性的证明并没有要求在优化计算中达到最优，这使在使用快速 MPC 算法时，即使提前结束寻优，系统仍然能保持平衡。

5.3.6.2 闭环控制性能分析

在经济性模型预测控制的框架下,闭环控制性能指平均闭环经济性能。在一段有限时间 t_f 下,平均性能由如下指标定义:

$$\bar{J}_e := \frac{1}{t_f} \int_0^{t_f} l_e(x(t), u(t)) \, dt \tag{5-66}$$

对应系统的渐近(无限时间)平均性能的定义如下:

$$\bar{J}_e := \limsup_{t_f \to \infty} \frac{1}{t_f} \int_0^{t_f} l_e(x(t), u(t)) \, dt \tag{5-67}$$

同时,设定存在一对稳态系统状态和系统控制输入 (x_s^*, u_s^*),在此状态下,系统的经济性指标 l_e 达到最小。(x_s^*, u_s^*) 定义如下:

$$(x_s^*, u_s^*) = \underset{x_s \in X, u_s \in U}{\arg\min} \{ l_e(x_s, u_s) : f(x_s, u_s) = 0 \} \tag{5-68}$$

不失一般性,假设 (x_s^*, u_s^*) 为原点。(x_s^*, u_s^*) 非原点,或者在控制中实时变化时,可以在每一步通过坐标轴平移到原点。

可以证明在基于 Lyapunov 函数控制器的控制下,系统的渐近经济性能满足

$$\lim_{T \to \infty} \frac{1}{T\Delta} \int_0^{T\Delta} l_e(z(t), v(t)) \, dt = l_e(x_s^*, u_s^*) \tag{5-69}$$

且在 LEMPC 控制下,闭环系统的平均经济性能将符合如下限制:

$$\int_0^{T\Delta} l_e(x(t), u^*(t)) \, dt \leq \int_0^{(T+N)\Delta} l_e(z(t), v(t)) \, dt \tag{5-70}$$

从式(5-70)可推得,对任意 $T > 0$,有

$$\frac{1}{T\Delta} \int_0^{T\Delta} l_e(x(t), u^*(t)) \, dt \leq \frac{1}{T\Delta} \int_0^{(T+N)\Delta} l_e(z(t), v(t)) \, dt \tag{5-71}$$

增加 T 的值,可以得到

$$\limsup_{T \to \infty} \frac{1}{T\Delta} \int_0^{T\Delta} l_e(x(t), u^*(t)) \, dt \leq \limsup_{T \to \infty} \frac{1}{T\Delta} \int_0^{(T+N)\Delta} l_e(z(t), v(t)) \, dt \tag{5-72}$$

代入式(5-69)可得

$$\limsup_{T \to \infty} \frac{1}{T\Delta} \int_0^{T\Delta} l_e(x(t), u^*(t)) \, dt \leq l_e(x_s^*, u_s^*) \tag{5-73}$$

闭环系统的渐近平均经济性能不低于在稳态最优时的经济性能。

5.3.7 仿真结果及对比分析

为了验证 LEMPC 的控制性能，本节将针对三种工况进行仿真测试。在第一个仿真试验中，车辆首先将以 25 km/h 的速度巡航。发动机和电池的初始状态为 [2 400 r/min, 835 N·m] (210 kW) 和 0 kW。在第 40 s，用电设备对传动系统提出 100 kW 的用电需求，上层能量管理策略将基于稳态计算生成一组新的各部件的运行状态参考值，此时发动机和电池的状态参考值为 [2 800 r/min, 1 115 N·m] (327 kW) 和 0 kW。第一个仿真测试主要对比验证 LEMPC、MPC 和基于规则的协调控制对系统对外供电性能的影响。第二个仿真测试为车辆 0～60 km/h 加速试验，该试验主要用于对比验证三种协调控制对车辆加速性能的影响。第三个仿真测试为一标准路况循环试验，主要用于对比验证三种协调控制对车辆燃油经济性的影响。

5.3.7.1 传动机构对外供电仿真测试

图 5.15 所示为传动系统对外供电仿真测试结果。用电设备在第 40 s 时将有 100 kW 的用电需求，为了保证电池功率维持在 0，发动机需要增加 116.2 kW 的功率，考虑到电机和耦合机构的效率，这部分增加的发动机功率将转换为 100 kW 的对外供电功率，同时传动系统的对外输出机械功率在这一协调过程中应尽量保持稳定，从而保证车速不会产生较大波动。发动机功率如图 5.15（b）所示，当使用基于规则的协调调控时，发动机功率会有较频繁的振动，同时发动机的实际功率与参考值会产生一定的稳态误差。当使用基于 LEMPC 的协调调控时，发动机功率波动几乎被消除，并且发动机可以精确地达到参考功率值。对发动机功率的跟踪性能同时影响到电池组的功率稳定，由于发动机的动态响应速度较慢，在用电设备发出用电需求初期，主要由电池组提供此部分电功率。当发动机功率逐步达到参考功率后，电池功率将逐渐回到初始值。如图 5.15（c）所示，当使用基于规则的协调控制时，由于发动机功率偏离了参考值，此部分功率将由电池组提供，从而造成电池功率偏离参考值。相比之下，当使用基于 LEMPC 的协调控制时，电池组功率的振荡大幅减小，同时可以准确地跟踪电功率参考值。从图 5.15（d）中可以看出，协调控制性能的好坏也会对车辆动力性

能产生影响。使用基于规则的协调控制，发动机的功率波动同时会影响传动系统的转矩输出。即使这部分功率波动在一定程度上可以由电机 B 进行补偿（EVT1 模式下），但输出转矩仍然有一定的下降，车速在协调控制过程有 2 km/h 的下降。相比之下，在使用基于 LEMPC 的协调控制时，由于发动机的功率更为稳定，这一车速的下降减小到 1 km/h。在基于线性 MPC 与基于 LEMPC 协调控制下，发动机功率、电池功率与车速的变化趋势均基本相同，这是因为发动机前后两个工作点均设定在发动机最优工作曲线附近，且协调时间基本稳定在 1 s 内，在协调过程中，发动机的工作点在线性 MPC 的控制下即可基本维持在发动机最优工作点附近，LEMPC 中对发动机工作区间的约束以及对系统稳定性的约束对控制效果没有起到主要作用。

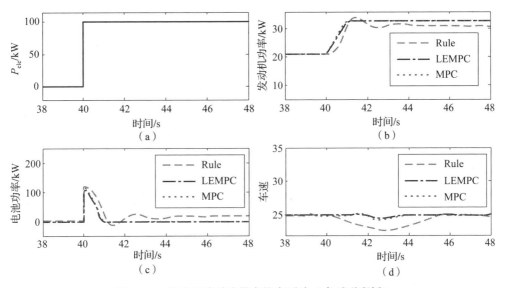

图 5.15 传动系统对外供电仿真测试（书后附彩插）

（a）用电设备电功率需求；（b）发动机功率对比；（c）电池功率对比；（d）车速对比

5.3.7.2 车辆加速性能仿真测试

图 5.16 所示为车辆加速性能仿真测试。图 5.16（a）为车速对比，从 0 到 3.05 s 处于发动机起动阶段。在发动机起动阶段，离合器 CL0 首先接合。接着，发动机以怠速运行。在制动器 B1 接合阶段，电机 A 将用于稳定发动机的转速和转矩。当制动器 B1 完全接合后，传动机构即完成了从发动机起动模式到 EVT1

模式的转换,车辆开始加速。为了减少从模式 EVT1 到 EVT2 的切换过程对加速性能的影响,此过程制动器和离合器的接合和分离被认为是瞬间完成。实际控制过程中对离合器或制动器无法实现瞬间接合或分离,而且快速接合或分离将会在离合器/制动器主/被动端产生较大的冲击,这里通过在仿真中进行相关设定,用来防止不同协调控制由于换段过程中时间的差异以及换段结束后系统状态的差异影响对协调控制的对比分析。从图 5.16(a)可以看出,使用基于 LEMPC 的协调控制时,加速时间为 12.03 s,比使用基于规则的协调控制(13.57 s)减少了 12.80%,当使用基于线性 MPC 的协调控制时,车辆的加速时间进一步略有减少(11.79 s)。图 5.16(b)~(d)中,P_o 为传动箱输出轴的输出扭矩,P_{bat} 和 P_{eng} 分别是电池组和发动机的功率。从图 5.16(b)~(d)可以看出,在加速过程中,基于 LEMPC 和线性 MPC 的协调控制可以通过协调让发动机和电池组更快地提升输出功率以用于加速。其中,基于线性 MPC 的控制下,发动机和电池组的功率输出略高于基于 LEMPC 的协调控制下的结果。

对上述结果的分析如下:在加速仿真测试中,驾驶员通过加速踏板发出加速信号传递给能量管理策略。能量管理策略一般使用基于系统静态模型的优化,容易产生变化率过大的参考信号。简单地加入每个动力源(发动机/电机)的变化斜率,无法反映出各动力源的相互耦合关系。同时,上层能量管理策略的优化步长一般为 1 s,且无法加入反馈。综上,在路况变化加剧或驾驶员踏板快速变化时,上层能量管理策略产生的参考信号一般很难确保传动系统的动态特性,所以需要协调控制进一步利用传动系统的动态特性提高控制效果。从这里的加速试验中可知,基于规则的协调控制不能充分利用电机与发动机的动态特性差异,而基于 MPC 的协调控制器通过在控制中加入系统动态模型,并且显式地考虑了时变的发动机与电机转矩约束,提高了传动系统输出功率的上升速率。LEMPC 相比线性 MPC 在控制中增加了对发动机工作点的约束,一定程度上影响了耦合机构输出功率的上升,但车辆加速性能的下降并不大,说明 LEMPC 中经济性与稳定性限制条件的加入并不会对车辆动力性产生过大影响。但通过下文的路况循环试验可以得出结论,车辆的燃油经济性在基于 LEMPC 的协调控制下可以得到进一步提升。

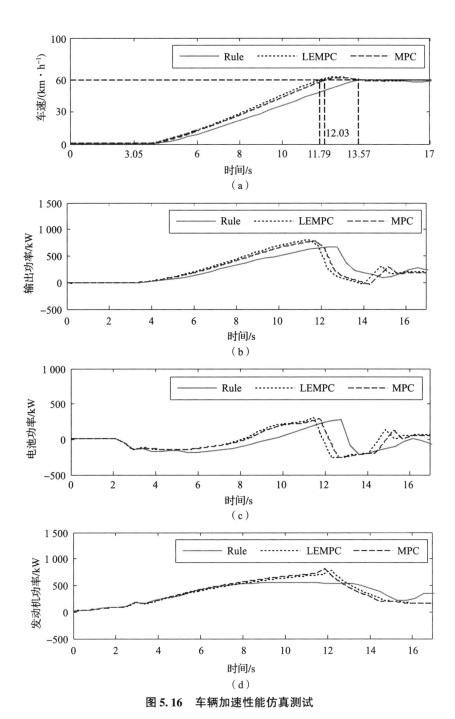

图 5.16 车辆加速性能仿真测试

(a) 车速对比；(b) 传动系统输出轴功率对比；(c) 电池组功率对比；(d) 发动机功率对比

5.3.7.3 路况循环仿真测试

为了验证燃油经济性的提升,基于 MPC、LEMPC 和规则的协调控制都在同一循环路况下进行仿真测试。为了能够更充分展示 LEMPC 对系统性能的影响,这里选择路况变化较为复杂的欧洲动态路况规划(UDDS)作为循环路况,为了适应重型车辆的参数,对 UDDS 的最大车速进行了一定限制(最高车速从 120 km/h 降低到 100 km/h,取消频繁起停,行驶过程中最低车速限制为 5 km/h)。如图 5.17(a)所示,三种协调控制都能控制车辆较好地跟踪目标车速,试验车速都几乎与实际车速重合。上层能量管理策略以 1 Hz 的频率对下层协调控制发出指令,图 5.17(b)~(d)中的实线为上层控制策略发出的参考指令。从图 5.17(b)~(d)可以看出,基于 MPC 的协调控制能够比基于规则的协调控制更好地跟踪上层控制策略发出的发动机转速、功率和电池功率参考指令。尤其是到第 450~460 s,基于规则的协调控制不能保证各参考目标值都能准确地达到。如图 5.17(c)和(d)所示,当使用基于规则的协调控制时,发动机功率不能快速达到上层控制策略的参考值,为了补偿传动机构输出功率以满足驾驶员对车辆的需求功率,保证车辆准确跟踪目标车速,电池组需要补偿发动机的功率偏差。而使用基于 MPC 的两种协调控制可以较准确地对上述功率进行跟踪。

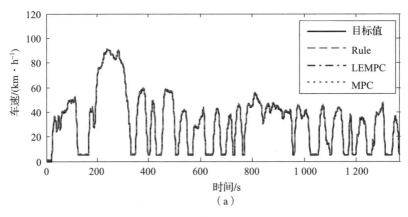

图 5.17 路况循环测试(书后附彩插)

(a) 车速对比

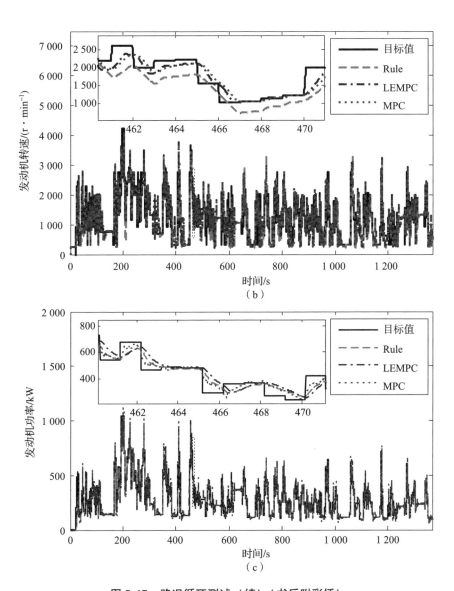

图 5.17 路况循环测试（续）（书后附彩插）

(b) 发动机转速对比；(c) 发动机功率对比

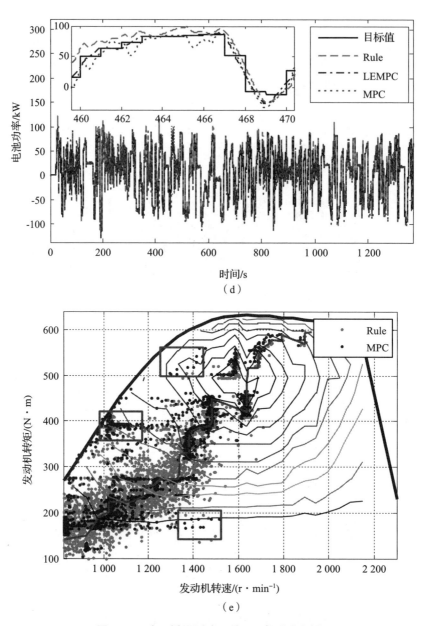

图 5.17 路况循环测试（续）（书后附彩插）

（d）电池功率对比；（e）发动机工作点对比

虽然基于线性 MPC 比基于 LEMPC 的协调控制在发动机转速、发动机功率和电池功率参考值的跟踪效果上略有提高，但这些参考值跟踪性能的提高牺牲了一部分燃油经济性。图 5.17（e）为在基于三种协调控制下的发动机工作点，无论是基于规则的协调控制还是基于 MPC 的两种协调控制下的发动机工作点都能较集中地分布在发动机最佳工作曲线附近。但从图中可以看出，发动机工作点针对最优工作曲线的收敛程度 LEMPC > MPC > Rule，并且在基于线性 MPC 的协调控制下，一些发动机工作点较远地偏离了发动机最优工作曲线（方框内）。这些发动机工作点的产生原因如 4.3.1 节所述，当使用线性 MPC 进行协调控制时，系统的跟踪目标选为 $\bar{y}_{\mathrm{ref1,2}} = [\omega_{\mathrm{e}}^{\mathrm{ref}}(k) \quad T_{\mathrm{e}}^{\mathrm{ref}}(k) \quad \omega_{\mathrm{b}}^{\mathrm{ref}}(k) \text{ or } \omega_{0}^{\mathrm{ref}}(k)]^{\mathrm{T}}$，为了维持发动机转速相对稳定，需要设置 $\omega_{\mathrm{e}}^{\mathrm{ref}}(k)$ 前的权重系数大于 $T_{\mathrm{e}}^{\mathrm{ref}}(k)$ 前的权重系数。在发动机实际转速与参考转速有较大差值时，上述控制参数将使得发动机转矩较多地工作在偏大或偏小的数值上。而基于 LEMPC 的协调控制在线优化中加入了对发动机偏离最优工作曲线的惩罚，同时 Lyapunov 函数的加入可以使得对 $\omega_{\mathrm{e}}^{\mathrm{ref}}(k)$ 前的权重和 $T_{\mathrm{e}}^{\mathrm{ref}}(k)$ 前的权重的设定更加均衡，避免为了优先稳定发动机转速而出现的发动机转矩过度补偿。因此基于 LEMPC 的协调控制下的发动机会有更好的燃油经济性。

表 5.1 给出了三种协调控制下通过下式计算的等效燃油消耗值：

$$\mathrm{Fuel}_{\mathrm{equl}} = \mathrm{Fuel}_{\mathrm{real}} + \frac{(\mathrm{SOC}_{\mathrm{start}} - \mathrm{SOC}_{\mathrm{end}})Q_{\mathrm{batt}}}{\eta_{\mathrm{eng\_mean}}\eta_{\mathrm{motors\_mean}}Q_{\mathrm{LHV}}} \tag{5-74}$$

式中，Q_{batt} 为电池组总电量；$\mathrm{SOC}_{\mathrm{start}}$ 为电池初始 SOC，此处为 60%；$\mathrm{SOC}_{\mathrm{end}}$ 为电池终端时的 SOC；Q_{LHV} 为燃油低发热值（LHV）；$\eta_{\mathrm{eng\_mean}}$ 为发动机效率平均值；$\eta_{\mathrm{motors\_mean}}$ 为机械功率转换为电功率的平均值。通过等效燃油消耗的计算，可以得出在同一上层能量管理策略、同一路况循环下，基于 LEMPC 的协调控制的油耗分别较基于线性 MPC 和基于规则的协调控制的油耗下降了 4.03% 和 8.81%。

表 5.1 基于 LEMPC、线性 MPC 和基于规则的协调控制 UDDS 下燃油消耗

	LEMPC	MPC	Rule
燃油消耗/L	67.54	69.83	74.86
$\mathrm{SOC}_{\mathrm{end}}$/%	66.01	64.57	65.73
等效燃油消耗/L	67.32	70.15	74.92

5.4 基于模型参考自适应控制的模式内状态切换方法

在实际工程应用过程中，由于发动机存在转矩响应延迟，发动机输出转矩无法快速跟踪上层能量管理策略需求的发动机转矩，一方面，使得机电复合传动输出动力不足，影响整车动力性；另一方面，机电复合传动的发动机和电机等动力元件无法执行能量管理策略优化得到的控制指令，因此影响整车燃油经济性。为了解决该问题，本节利用试验辨识得到的发动机动态模型替代发动机万有特性图模型，作为双模混联式机电复合传动多动力源协同实时控制策略的另一重要组成部分，开展机电复合传动转矩协调控制策略研究。

模型参考自适应控制能够通过修正自己的控制参数以适应对象和扰动的动态特性变化，该控制方法对控制器的硬件要求不高，便于工程实践，因此非常适合用于解决机电复合传动转矩协调控制问题。

模型参考自适应控制系统框架如图 5.18 所示，由参考模型、被控对象模型、参数可调的模型跟踪控制器和自适应机构组成。自适应机构采用广义误差信号修改可调参数控制器中的参数，或产生一个辅助信号，使得被控对象的输出尽可能跟

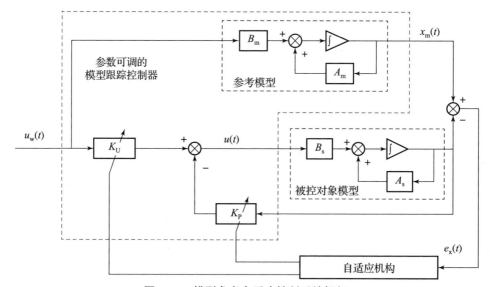

图 5.18　模型参考自适应控制系统框架

踪参考模型的输出,使得广义误差趋于零。内环采用基于参考模型的跟踪控制器,外环自适应机构采用参考模型输出与被控对象输出之间的广义误差和稳定性理论进行设计。

建立面向双模混联式机电复合传动转矩协调控制的模型,尽管机电复合传动被控对象的机理模型能够最大限度体现系统的动力学特性,但是从控制器设计的角度而言,需要模型尽可能是较为简单的形式,并且输出较为理想的控制曲线。首先,建立两种系统模型,一种是面向转矩协调的机电复合传动控制模型,可以用作较为准确地预测机电复合传动的动态性能与综合仿真;另一种为面向自适应控制的参考模型,该模型将贯穿于整个自适应控制器的设计中,指导控制器获得理想的控制效果。其次,基于建立的面向转矩协调的机电复合传动控制模型与参考模型,开展基于模型的参考自适应控制器设计方法研究,提出针对双模混联式机电复合传动转矩协调控制器的设计方法。

5.4.1 机电复合传动转矩协调控制模型

5.4.1.1 机电复合传动控制模型

由于转矩协调控制面向的是机电复合传动整个系统,因此建立面向转矩协调控制的模型时需要将机电复合传动各部件模型进行集成,形成一个系统模型。

1. EVT1 模式转矩协调控制模型

EVT1 模式下机电复合传动系统被控对象模型如下:

$$\begin{cases} \dot{T}_e = T_e^\Delta \\ \dot{T}_e^\Delta = -2\zeta\omega_n T_e^\Delta - \omega_n^2 T_e + \omega_n^2 T_e^u \\ \dot{T}_A = -\frac{1}{\tau_A} T_A + \frac{1}{\tau_A} T_A^u \\ \dot{T}_B = -\frac{1}{\tau_B} T_B + \frac{1}{\tau_B} T_B^u \\ \dot{\theta}_e - i_q \dot{\theta}_i = \omega_e - \frac{i_q k_1 k_2}{(1+k_1)(1+k_2)} \omega_A - \frac{i_q(1+k_1+k_2)}{(1+k_1)(1+k_2)} \omega_B \\ \dot{\omega}_e = -\frac{k_{fg}}{J_e}(\theta_e - i_q \theta_i) - \frac{c_{fg}}{J_e}\omega_e + \frac{c_{fg}}{J_e}\frac{i_q k_1 k_2}{(1+k_1)(1+k_2)}\omega_A + \frac{c_{fg}}{J_e}\frac{i_q(1+k_1+k_2)}{(1+k_1)(1+k_2)}\omega_B + \frac{1}{J_e}T_e \end{cases}$$

$$\begin{cases}
\dot{\omega}_A = \dfrac{d_1}{a_1 d_1 - b_1 c_1} \dfrac{k_{fg} i_q}{1+k_2}\left(1-\dfrac{b_1}{d_1}k_2\right)(\theta_e - i_q \theta_i) + \dfrac{d_1}{a_1 d_1 - b_1 c_1} \dfrac{c_{fg} i_q}{1+k_2}\left(1-\dfrac{b_1}{d_1}k_2\right)\omega_e + \\
\qquad \dfrac{-e_1 d_1}{a_1 d_1 - b_1 c_1}\left(1-\dfrac{b_1}{d_1}k_2\right)\omega_A + \dfrac{-f_1 d_1}{a_1 d_1 - b_1 c_1}\left(1-\dfrac{b_1}{d_1}k_2\right)\omega_B - \\
\qquad \left(\dfrac{1}{k_1}+\dfrac{b_1}{d_1}\dfrac{1+k_1}{k_1}\right)\dfrac{d_1}{a_1 d_1 - b_1 c_1}T_A + \dfrac{d_1}{a_1 d_1 - b_1 c_1}T_B + \dfrac{1}{1+k_3}\dfrac{d_1}{a_1 d_1 - b_1 c_1}T_f \\
\dot{\omega}_B = \dfrac{-c_1}{a_1 d_1 - b_1 c_1} \dfrac{k_{fg} i_q}{1+k_2}\left(1-\dfrac{a_1}{c_1}k_2\right)(\theta_e - i_q \theta_i) + \dfrac{-c_1}{a_1 d_1 - b_1 c_1} \dfrac{c_{fq} i_q}{1+k_2}\left(1-\dfrac{a_1}{c_1}k_2\right)\omega_e + \\
\qquad \dfrac{e_1 c_1}{a_1 d_1 - b_1 c_1}\left(1-\dfrac{a_1}{c_1}k_2\right)\omega_A + \dfrac{f_1 c_1}{a_1 d_1 - b_1 c_1}\left(1-\dfrac{a_1}{c_1}k_2\right)\omega_B + \\
\qquad \dfrac{c_1}{a_1 d_1 - b_1 c_1}\left(\dfrac{1}{k_1}+\dfrac{a_1}{c_1}\dfrac{1+k_1}{k_1}\right)T_A + \dfrac{-c_1}{a_1 d_1 - b_1 c_1}T_B + \dfrac{1}{1+k_3}\dfrac{-c_1}{a_1 d_1 - b_1 c_1}T_f
\end{cases}$$

$$(5-75)$$

选取状态变量和控制变量如下：

$$\begin{cases} \boldsymbol{x}_s(t) = \begin{bmatrix} T_e & T_e^{\Delta} & T_A & T_B & \theta_e - i_q\theta_i & \omega_e & \omega_A & \omega_B \end{bmatrix}^T \\ \boldsymbol{u}(t) = \begin{bmatrix} T_e^u, T_A^u, T_B^u, T_f \end{bmatrix}^T \end{cases} \quad (5-76)$$

得到 EVT1 模式下机电复合传动系统被控对象模型的状态空间表达式如下：

$$\dot{\boldsymbol{x}}_s(t) = \boldsymbol{A}_{1s}\boldsymbol{x}_s(t) + \boldsymbol{B}_{1s}\boldsymbol{u}(t) \qquad (5-77)$$

式中，

$$\boldsymbol{A}_{1s} = \begin{bmatrix}
0 & 1 & 0 & 0 & 0 \\
-\omega_n^2 & -2\zeta\omega_n & 0 & 0 & 0 \\
0 & 0 & -\dfrac{1}{\tau_A} & 0 & 0 \\
0 & 0 & 0 & -\dfrac{1}{\tau_B} & 0 \\
0 & 0 & 0 & 0 & 0 \\
\dfrac{1}{J_e} & 0 & 0 & 0 & -\dfrac{k_{fg}}{J_e} \\
0 & 0 & -\left(\dfrac{1}{k_1}+\dfrac{b_1}{d_1}\dfrac{1+k_1}{k_1}\right)\dfrac{d_1}{a_1 d_1 - b_1 c_1} & \dfrac{d_1}{a_1 d_1 - b_1 c_1} & \dfrac{d_1}{a_1 d_1 - b_1 c_1}\dfrac{k_{fg} i_q}{1+k_2}\left(1-\dfrac{b_1}{d_1}k_2\right) \\
0 & 0 & \dfrac{c_1}{a_1 d_1 - b_1 c_1}\left(\dfrac{1}{k_1}+\dfrac{a_1}{c_1}\dfrac{1+k_1}{k_1}\right) & \dfrac{-c_1}{a_1 d_1 - b_1 c_1} & \dfrac{-c_1}{a_1 d_1 - b_1 c_1}\dfrac{k_{fg} i_q}{1+k_2}\left(1-\dfrac{a_1}{c_1}k_2\right)
\end{bmatrix}$$

$$\begin{bmatrix}
0 & 0 & 0 \\
0 & 0 & 0 \\
0 & 0 & 0 \\
0 & 0 & 0 \\
1 & -\dfrac{i_q k_1 k_2}{(1+k_1)(1+k_2)} & -\dfrac{i_q(1+k_1+k_2)}{(1+k_1)(1+k_2)} \\
-\dfrac{c_{\text{fg}}}{J_e} & \dfrac{c_{\text{fg}}}{J_e}\dfrac{i_q k_1 k_2}{(1+k_1)(1+k_2)} & \dfrac{c_{\text{fg}}}{J_e}\dfrac{i_q(1+k_1+k_2)}{(1+k_1)(1+k_2)} \\
\dfrac{d_1}{a_1 d_1 - b_1 c_1}\dfrac{c_{\text{fg}} i_q}{1+k_2}\left(1-\dfrac{b_1}{d_1}k_2\right) & \dfrac{-e_1 d_1}{a_1 d_1 - b_1 c_1}\left(1-\dfrac{b_1}{d_1}k_2\right) & \dfrac{-f_1 d_1}{a_1 d_1 - b_1 c_1}\left(1-\dfrac{b_1}{d_1}k_2\right) \\
\dfrac{-c_1}{a_1 d_1 - b_1 c_1}\dfrac{c_{\text{fg}} i_q}{1+k_2}\left(1-\dfrac{a_1}{c_1}k_2\right) & \dfrac{e_1 c_1}{a_1 d_1 - b_1 c_1}\left(1-\dfrac{a_1}{c_1}k_2\right) & \dfrac{f_1 c_1}{a_1 d_1 - b_1 c_1}\left(1-\dfrac{a_1}{c_1}k_2\right)
\end{bmatrix}$$

$$\boldsymbol{B}_{1s} = \begin{bmatrix}
0 & 0 & 0 & 0 \\
\omega_n^2 & 0 & 0 & 0 \\
0 & \dfrac{1}{\tau_A} & 0 & 0 \\
0 & 0 & \dfrac{1}{\tau_B} & 0 \\
0 & 0 & 0 & 0 \\
0 & 0 & 0 & 0 \\
0 & 0 & 0 & \dfrac{1}{1+k_3}\dfrac{d_1}{a_1 d_1 - b_1 c_1} \\
0 & 0 & 0 & \dfrac{1}{1+k_3}\dfrac{-c_1}{a_1 d_1 - b_1 c_1}
\end{bmatrix}$$

2. EVT2 模式转矩协调控制模型

EVT2 模式下机电复合传动系统被控对象模型如下：

$$\begin{cases}
\dot{T}_e = T_e^{\Delta} \\
\dot{T}_e^{\Delta} = -2\zeta\omega_n T_e^{\Delta} - \omega_n^2 T_e + \omega_n^2 T_e^u \\
\dot{T}_A = -\dfrac{1}{\tau_A}T_A + \dfrac{1}{\tau_A}T_A^u \\
\dot{T}_B = -\dfrac{1}{\tau_B}T_B + \dfrac{1}{\tau_B}T_B^u \\
\dot{\theta}_e - i_q\dot{\theta}_i = \omega_e - \dfrac{i_q k_1 k_2}{(1+k_1)(1+k_2)}\omega_A - \dfrac{i_q(1+k_1+k_2)}{(1+k_1)(1+k_2)}\omega_B \\
\dot{\omega}_e = -\dfrac{k_{fg}}{J_e}(\theta_e - i_q\theta_i) - \dfrac{c_{fg}}{J_e}\omega_e + \dfrac{c_{fg}}{J_e}\dfrac{i_q k_1 k_2}{(1+k_1)(1+k_2)}\omega_A + \dfrac{c_{fg}}{J_e}\dfrac{i_q(1+k_1+k_2)}{(1+k_1)(1+k_2)}\omega_B + \dfrac{1}{J_e}T_e \\
\dot{\omega}_A = \dfrac{d_2}{a_2 d_2 - b_2 c_2}\dfrac{k_{fg}i_q}{1+k_2}\left(1 - \dfrac{b_2}{d_2}k_2\right)(\theta_e - i_q\theta_i) + \dfrac{d_2}{a_2 d_2 - b_2 c_2}\dfrac{c_{fg}i_q}{1+k_2}\left(1 - \dfrac{b_2}{d_2}k_2\right)\omega_e + \\
\quad \dfrac{-e_2 d_2}{a_2 d_2 - b_2 c_2}\left(1 - \dfrac{b_2}{d_2}k_2\right)\omega_A + \dfrac{-f_2 d_2}{a_2 d_2 - b_2 c_2}\left(1 - \dfrac{b_2}{d_2}k_2\right)\omega_B - \\
\quad \left(\dfrac{1}{k_1} + \dfrac{b_2}{d_2}\dfrac{1+k_1}{k_1}\right)\dfrac{d_2}{a_2 d_2 - b_2 c_2}T_A + \dfrac{d_2}{a_2 d_2 - b_2 c_2}T_B + \dfrac{1}{1+k_3}\dfrac{d_2}{a_2 d_2 - b_2 c_2}T_f \\
\dot{\omega}_B = \dfrac{-c_2}{a_2 d_2 - b_2 c_2}\dfrac{k_{fg}i_q}{1+k_2}\left(1 - \dfrac{a_2}{c_2}k_2\right)(\theta_e - i_q\theta_i) + \dfrac{-c_2}{a_2 d_2 - b_2 c_2}\dfrac{c_{fq}i_q}{1+k_2}\left(1 - \dfrac{a_2}{c_2}k_2\right)\omega_e + \\
\quad \dfrac{e_2 c_2}{a_2 d_2 - b_2 c_2}\left(1 - \dfrac{a_2}{c_2}k_2\right)\omega_A + \dfrac{f_2 c_2}{a_2 d_2 - b_2 c_2}\left(1 - \dfrac{a_2}{c_2}k_2\right)\omega_B + \\
\quad \dfrac{c_2}{a_2 d_2 - b_2 c_2}\left(\dfrac{1}{k_1} + \dfrac{a_2}{c_2}\dfrac{1+k_1}{k_1}\right)T_A + \dfrac{-c_2}{a_2 d_2 - b_2 c_2}T_B + \dfrac{1}{1+k_3}\dfrac{-c_2}{a_2 d_2 - b_2 c_2}T_f
\end{cases}$$

$$(5-78)$$

EVT2 模式下状态变量和控制变量的选取与 EVT1 模式相同,上式消去中间变量整理后得到 EVT2 模式下机电复合传动系统被控对象模型的状态空间表达式如下:

$$\dot{\boldsymbol{x}}_s(t) = \boldsymbol{A}_{2s}x_s(t) + \boldsymbol{B}_{2s}u(t) \qquad (5-79)$$

式中,

$$\boldsymbol{A}_{2s} = \begin{bmatrix} 0 & 1 & 0 & 0 & 0 \\ -\omega_n^2 & -2\zeta\omega_n & 0 & 0 & 0 \\ 0 & 0 & -\dfrac{1}{\tau_A} & 0 & 0 \\ 0 & 0 & 0 & -\dfrac{1}{\tau_B} & 0 \\ 0 & 0 & 0 & 0 & 0 \\ \dfrac{1}{J_e} & 0 & 0 & 0 & -\dfrac{k_{fg}}{J_e} \\ 0 & 0 & -\left(\dfrac{1}{k_1}+\dfrac{b_2}{d_2}\dfrac{1+k_1}{k_1}\right)\dfrac{d_2}{a_2d_2-b_2c_2} & \dfrac{d_2}{a_2d_2-b_2c_2} & \dfrac{d_2}{a_2d_2-b_2c_2}\dfrac{k_{fg}i_q}{1+k_2}\left(1-\dfrac{b_2}{d_2}k_2\right) \\ 0 & 0 & \dfrac{c_2}{a_2d_2-b_2c_2}\left(\dfrac{1}{k_1}+\dfrac{a_2}{c_2}\dfrac{1+k_1}{k_1}\right) & \dfrac{-c_2}{a_2d_2-b_2c_2} & \dfrac{-c_2}{a_2d_2-b_2c_2}\dfrac{k_{fg}i_q}{1+k_2}\left(1-\dfrac{a_2}{c_2}k_2\right) \end{bmatrix}$$

$$\begin{bmatrix} 0 & 0 & 0 \\ 0 & 0 & 0 \\ 0 & 0 & 0 \\ 0 & 0 & 0 \\ 1 & -\dfrac{i_q k_1 k_2}{(1+k_1)(1+k_2)} & -\dfrac{i_q(1+k_1+k_2)}{(1+k_1)(1+k_2)} \\ -\dfrac{c_{fg}}{J_e} & \dfrac{c_{fg}}{J_e}\dfrac{i_q k_1 k_2}{(1+k_1)(1+k_2)} & \dfrac{c_{fg}}{J_e}\dfrac{i_q(1+k_1+k_2)}{(1+k_1)(1+k_2)} \\ \dfrac{d_2}{a_2d_2-b_2c_2}\dfrac{c_{fg}i_q}{1+k_2}\left(1-\dfrac{b_2}{d_2}k_2\right) & \dfrac{-e_2 d_2}{a_2d_2-b_2c_2}\left(1-\dfrac{b_2}{d_2}k_2\right) & \dfrac{-f_2 d_2}{a_2d_2-b_2c_2}\left(1-\dfrac{b_2}{d_2}k_2\right) \\ \dfrac{-c_2}{a_2d_2-b_2c_2}\dfrac{c_{fg}i_q}{1+k_2}\left(1-\dfrac{a_2}{c_2}k_2\right) & \dfrac{e_2 c_2}{a_2d_2-b_2c_2}\left(1-\dfrac{a_2}{c_2}k_2\right) & \dfrac{f_2 c_2}{a_2d_2-b_2c_2}\left(1-\dfrac{a_2}{c_2}k_2\right) \end{bmatrix}$$

$$\boldsymbol{B}_{2s} = \begin{bmatrix} 0 & 0 & 0 & 0 \\ \omega_n^2 & 0 & 0 & 0 \\ 0 & \dfrac{1}{\tau_A} & 0 & 0 \\ 0 & 0 & \dfrac{1}{\tau_B} & 0 \\ 0 & 0 & 0 & 0 \\ 0 & 0 & 0 & 0 \\ 0 & 0 & 0 & \dfrac{1}{1+k_3}\dfrac{d_2}{a_2 d_2 - b_2 c_2} \\ 0 & 0 & 0 & \dfrac{1}{1+k_3}\dfrac{-c_2}{a_2 d_2 - b_2 c_2} \end{bmatrix}$$

5.4.1.2 转矩协调控制参考模型

MRAC 的参考模型可以从理论公式简化,也可以从传递函数转化到状态方程。本节研究转矩协调控制的目的是通过协调控制电机 A 和电机 B 的输出转矩使得发动机输出转矩能够快速响应上层能量管理控制器的转矩需求。因此,在选择机电复合传动系统参考模型时,电机 A、电机 B、前传动和耦合机构模型选用与前面介绍的被控对象模型相同。发动机参考模型采用不考虑动态特性并能快速响应的一阶惯性环节模型,该发动机参考模型能够快速跟踪上层能量管理控制器的需求发动机转矩,可以输出理想的参考曲线。

1. 发动机参考模型

用于机电复合传动转矩协调控制的发动机参考模型要能够表现出发动机快速响应的理想特性。因此,基于发动机台架试验数据,发动机参考模型可简化为带有滞后特性的一阶传递函数形式:

$$T_e = \frac{1}{\tau_e s + 1} T_e^u \qquad (5-80)$$

式中,T_e 为发动机转矩;T_e^u 为发动机转矩控制命令;τ_e 为发动机转矩响应时间常数,根据工程经验确定,本节中取值为 0.2。

上式进行 Laplace 逆变换可以变为

$$\dot{T}_\mathrm{e} = -\frac{1}{\tau_\mathrm{e}}T_\mathrm{e} + \frac{1}{\tau_\mathrm{e}}T_\mathrm{e}^\mathrm{u} \tag{5-81}$$

机电复合传动系统被控对象模型和参考模型的区别在于发动机模型，其他模型如电机模型和耦合机构模型都相同。被控对象模型中发动机模型采用辨识得到的二阶模型，参考模型中发动机模型采用一阶惯性环节模型。因为辨识得到的发动机模型能够比较真实地反映发动机特性，存在响应延迟和无法完全执行来自上层的控制指令的问题，影响机电复合传动系统车辆的动力性和燃油经济性，这正是转矩协调控制要解决的问题。

但是这样选择发动机参考模型存在一个问题：由于通过辨识得到的发动机被控对象模型是二阶的，而发动机参考模型是一阶的，因此导致机电复合传动系统被控对象模型和参考模型状态空间表达式的系数矩阵维数不同，状态变量个数也不同，这将进一步导致后面的基于模型参考自适应控制的转矩协调控制器无法设计。因此必须将参考模型与被控对象模型参数矩阵的维数进行统一。

为了解决上述问题，将发动机参考模型改写成如下形式：

$$\begin{cases} \dot{T}_\mathrm{e} = -\dfrac{1}{\tau_\mathrm{e}}T_\mathrm{e} + \dfrac{1}{\tau_\mathrm{e}}T_\mathrm{e}^\mathrm{u} \\ \dot{T}_\mathrm{e}^\Delta = -2\zeta\omega_\mathrm{n}T_\mathrm{e}^\Delta - \omega_\mathrm{n}^2 T_\mathrm{e} + \omega_\mathrm{n}^2 T_\mathrm{e}^\mathrm{u} \end{cases} \tag{5-82}$$

式中，代表 T_e 一阶导数的中间变量 T_e^Δ 仍然存在，但是不会对发动机转矩产生影响。

2. EVT1 和 EVT2 模式的参考模型

1) EVT1 模式参考模型

EVT1 模式下机电复合传动系统参考模型如下：

$$\begin{cases} \dot{T}_\mathrm{e} = -\dfrac{1}{\tau_\mathrm{e}}T_\mathrm{e} + \dfrac{1}{\tau_\mathrm{e}}T_\mathrm{e}^\mathrm{u} \\ \dot{T}_\mathrm{e}^\Delta = -2\zeta\omega_\mathrm{n}T_\mathrm{e}^\Delta - \omega_\mathrm{n}^2 T_\mathrm{e} + \omega_\mathrm{n}^2 T_\mathrm{e}^\mathrm{u} \\ \dot{T}_\mathrm{A} = -\dfrac{1}{\tau_\mathrm{A}}T_\mathrm{A} + \dfrac{1}{\tau_\mathrm{A}}T_\mathrm{A}^\mathrm{u} \end{cases}$$

$$\begin{cases}
\dot{T}_B = -\dfrac{1}{\tau_B}T_B + \dfrac{1}{\tau_B}T_B^u \\[4pt]
\dot{\theta}_e - i_q\dot{\theta}_i = \omega_e - \dfrac{i_q k_1 k_2}{(1+k_1)(1+k_2)}\omega_A - \dfrac{i_q(1+k_1+k_2)}{(1+k_1)(1+k_2)}\omega_B \\[4pt]
\dot{\omega}_e = -\dfrac{k_{fg}}{J_e}(\theta_e - i_q\theta_i) - \dfrac{c_{fg}}{J_e}\omega_e + \dfrac{c_{fg}}{J_e}\dfrac{i_q k_1 k_2}{(1+k_1)(1+k_2)}\omega_A + \\[4pt]
\qquad \dfrac{c_{fg}}{J_e}\dfrac{i_q(1+k_1+k_2)}{(1+k_1)(1+k_2)}\omega_B + \dfrac{1}{J_e}T_e \\[4pt]
\dot{\omega}_A = \dfrac{d_1}{a_1 d_1 - b_1 c_1}\dfrac{k_{fg}i_q}{1+k_2}\left(1 - \dfrac{b_1}{d_1}k_2\right)(\theta_e - i_q\theta_i) + \dfrac{d_1}{a_1 d_1 - b_1 c_1}\dfrac{c_{fg}i_q}{1+k_2}\left(1 - \dfrac{b_1}{d_1}k_2\right)\omega_e + \\[4pt]
\qquad \dfrac{-e_1 d_1}{a_1 d_1 - b_1 c_1}\left(1 - \dfrac{b_1}{d_1}k_2\right)\omega_A + \dfrac{-f_1 d_1}{a_1 d_1 - b_1 c_1}\left(1 - \dfrac{b_1}{d_1}k_2\right)\omega_B - \\[4pt]
\qquad \left(\dfrac{1}{k_1} + \dfrac{b_1}{d_1}\dfrac{1+k_1}{k_1}\right)\dfrac{d_1}{a_1 d_1 - b_1 c_1}T_A + \dfrac{d_1}{a_1 d_1 - b_1 c_1}T_B + \dfrac{1}{1+k_3}\dfrac{d_1}{a_1 d_1 - b_1 c_1}T_f \\[4pt]
\dot{\omega}_B = \dfrac{-c_1}{a_1 d_1 - b_1 c_1}\dfrac{k_{fg}i_q}{1+k_2}\left(1 - \dfrac{a_1}{c_1}k_2\right)(\theta_e - i_q\theta_i) + \dfrac{-c_1}{a_1 d_1 - b_1 c_1}\dfrac{c_{fq}i_q}{1+k_2}\left(1 - \dfrac{a_1}{c_1}k_2\right)\omega_e + \\[4pt]
\qquad \dfrac{e_1 c_1}{a_1 d_1 - b_1 c_1}\left(1 - \dfrac{a_1}{c_1}k_2\right)\omega_A + \dfrac{f_1 c_1}{a_1 d_1 - b_1 c_1}\left(1 - \dfrac{a_1}{c_1}k_2\right)\omega_B + \\[4pt]
\qquad \dfrac{c_1}{a_1 d_1 - b_1 c_1}\left(\dfrac{1}{k_1} + \dfrac{a_1}{c_1}\dfrac{1+k_1}{k_1}\right)T_A + \dfrac{-c_1}{a_1 d_1 - b_1 c_1}T_B + \dfrac{1}{1+k_3}\dfrac{-c_1}{a_1 d_1 - b_1 c_1}T_f
\end{cases}$$

(5-83)

选取机电复合传动系统 EVT1 模式内状态变量和控制变量如下：

$$\begin{cases} \boldsymbol{x}_m(t) = [T_e \quad T_e^\Delta \quad T_A \quad T_B \quad \theta_e - i_q\theta_i \quad \omega_e \quad \omega_A \quad \omega_B]^T \\ \boldsymbol{u}_w(t) = [T_e^u, T_A^u, T_B^u, T_f]^T \end{cases} \quad (5-84)$$

消去中间变量整理后，得到 EVT1 模式下机电复合传动系统参考模型的状态空间表达式如下：

$$\dot{\boldsymbol{x}}_m(t) = \boldsymbol{A}_{1m}\boldsymbol{x}_m(t) + \boldsymbol{B}_{1m}\boldsymbol{u}_w(t) \quad (5-85)$$

式中，

$$A_{\mathrm{lm}} = \begin{bmatrix} -\dfrac{1}{\tau_e} & 0 & 0 & 0 & 0 \\ -\omega_n^2 & -2\zeta\omega_n & 0 & 0 & 0 \\ 0 & 0 & -\dfrac{1}{\tau_A} & 0 & 0 \\ 0 & 0 & 0 & -\dfrac{1}{\tau_B} & 0 \\ 0 & 0 & 0 & 0 & 0 \\ \dfrac{1}{J_e} & 0 & 0 & 0 & -\dfrac{k_{\mathrm{fg}}}{J_e} \\ 0 & 0 & -\left(\dfrac{1}{k_1}+\dfrac{b_1}{d_1}\dfrac{1+k_1}{k_1}\right)\dfrac{d_1}{a_1d_1-b_1c_1} & \dfrac{d_1}{a_1d_1-b_1c_1} & \dfrac{d_1}{a_1d_1-b_1c_1}\dfrac{k_{\mathrm{fg}}i_q}{1+k_2}\left(1-\dfrac{b_1}{d_1}k_2\right) \\ 0 & 0 & \dfrac{c_1}{a_1d_1-b_1c_1}\left(\dfrac{1}{k_1}+\dfrac{a_1}{c_1}\dfrac{1+k_1}{k_1}\right) & \dfrac{-c_1}{a_1d_1-b_1c_1} & \dfrac{-c_1}{a_1d_1-b_1c_1}\dfrac{k_{\mathrm{fg}}i_q}{1+k_2}\left(1-\dfrac{a_1}{c_1}k_2\right) \end{bmatrix}$$

$$\begin{bmatrix} 0 & 0 & 0 \\ 0 & 0 & 0 \\ 0 & 0 & 0 \\ 0 & 0 & 0 \\ 1 & -\dfrac{i_q k_1 k_2}{(1+k_1)(1+k_2)} & -\dfrac{i_q(1+k_1+k_2)}{(1+k_1)(1+k_2)} \\ -\dfrac{c_{\mathrm{fg}}}{J_e} & \dfrac{c_{\mathrm{fg}}}{J_e}\dfrac{i_q k_1 k_2}{(1+k_1)(1+k_2)} & \dfrac{c_{\mathrm{fg}}}{J_e}\dfrac{i_q(1+k_1+k_2)}{(1+k_1)(1+k_2)} \\ \dfrac{d_1}{a_1d_1-b_1c_1}\dfrac{c_{\mathrm{fg}}i_q}{1+k_2}\left(1-\dfrac{b_1}{d_1}k_2\right) & \dfrac{-e_1 d_1}{a_1d_1-b_1c_1}\left(1-\dfrac{b_1}{d_1}k_2\right) & \dfrac{-f_1 d_1}{a_1d_1-b_1c_1}\left(1-\dfrac{b_1}{d_1}k_2\right) \\ \dfrac{-c_1}{a_1d_1-b_1c_1}\dfrac{c_{\mathrm{fg}}i_q}{1+k_2}\left(1-\dfrac{a_1}{c_1}k_2\right) & \dfrac{e_1 c_1}{a_1d_1-b_1c_1}\left(1-\dfrac{a_1}{c_1}k_2\right) & \dfrac{f_1 c_1}{a_1d_1-b_1c_1}\left(1-\dfrac{a_1}{c_1}k_2\right) \end{bmatrix}$$

$$\boldsymbol{B}_{1m} = \begin{bmatrix} \dfrac{1}{\tau_e} & 0 & 0 & 0 \\ \omega_n^2 & 0 & 0 & 0 \\ 0 & \dfrac{1}{\tau_A} & 0 & 0 \\ 0 & 0 & \dfrac{1}{\tau_B} & 0 \\ 0 & 0 & 0 & 0 \\ 0 & 0 & 0 & 0 \\ 0 & 0 & 0 & \dfrac{1}{1+k_3}\dfrac{d_1}{a_1 d_1 - b_1 c_1} \\ 0 & 0 & 0 & \dfrac{1}{1+k_3}\dfrac{-c_1}{a_1 d_1 - b_1 c_1} \end{bmatrix}$$

矩阵中的参数同被控对象模型中参数相同。

2）EVT2 模式参考模型

EVT2 模式下机电复合传动系统参考模型如下：

$$\begin{cases} \dot{T}_e = -\dfrac{1}{\tau_e}T_e + \dfrac{1}{\tau_e}T_e^u \\[4pt] \dot{T}_e^\Delta = -2\zeta\omega_n T_e^\Delta - \omega_n^2 T_e + \omega_n^2 T_e^u \\[4pt] \dot{T}_A = -\dfrac{1}{\tau_A}T_A + \dfrac{1}{\tau_A}T_A^u \\[4pt] \dot{T}_B = -\dfrac{1}{\tau_B}T_B + \dfrac{1}{\tau_B}T_B^u \\[4pt] \dot{\theta}_e - i_q \dot{\theta}_i = \omega_e - \dfrac{i_q k_1 k_2}{(1+k_1)(1+k_2)}\omega_A - \dfrac{i_q(1+k_1+k_2)}{(1+k_1)(1+k_2)}\omega_B \\[4pt] \dot{\omega}_e = -\dfrac{k_{fg}}{J_e}(\theta_e - i_q \theta_i) - \dfrac{c_{fg}}{J_e}\omega_e + \dfrac{c_{fg}}{J_e}\dfrac{i_q k_1 k_2}{(1+k_1)(1+k_2)}\omega_A + \dfrac{c_{fg}}{J_e}\dfrac{i_q(1+k_1+k_2)}{(1+k_1)(1+k_2)}\omega_B + \dfrac{1}{J_e}T_e \end{cases}$$

$$\begin{cases}\dot{\omega}_A = \dfrac{d_2}{a_2d_2-b_2c_2}\dfrac{k_{fg}i_q}{1+k_2}\left(1-\dfrac{b_2}{d_2}k_2\right)(\theta_e-i_q\theta_i)+\dfrac{d_2}{a_2d_2-b_2c_2}\dfrac{c_{fg}i_q}{1+k_2}\left(1-\dfrac{b_2}{d_2}k_2\right)\omega_e+\\
\qquad \dfrac{-e_2d_2}{a_2d_2-b_2c_2}\left(1-\dfrac{b_2}{d_2}k_2\right)\omega_A+\dfrac{-f_2d_2}{a_2d_2-b_2c_2}\left(1-\dfrac{b_2}{d_2}k_2\right)\omega_B-\\
\qquad \left(\dfrac{1}{k_1}+\dfrac{b_2}{d_2}\dfrac{1+k_1}{k_1}\right)\dfrac{d_2}{a_2d_2-b_2c_2}T_A+\dfrac{d_2}{a_2d_2-b_2c_2}T_B+\dfrac{1}{1+k_3}\dfrac{d_2}{a_2d_2-b_2c_2}T_f\\
\dot{\omega}_B = \dfrac{-c_2}{a_2d_2-b_2c_2}\dfrac{k_{fg}i_q}{1+k_2}\left(1-\dfrac{a_2}{c_2}k_2\right)(\theta_e-i_q\theta_i)+\dfrac{-c_2}{a_2d_2-b_2c_2}\dfrac{c_{fg}i_q}{1+k_2}\left(1-\dfrac{a_2}{c_2}k_2\right)\omega_e+\\
\qquad \dfrac{e_2c_2}{a_2d_2-b_2c_2}\left(1-\dfrac{a_2}{c_2}k_2\right)\omega_A+\dfrac{f_2c_2}{a_2d_2-b_2c_2}\left(1-\dfrac{a_2}{c_2}k_2\right)\omega_B+\\
\qquad \dfrac{c_2}{a_2d_2-b_2c_2}\left(\dfrac{1}{k_1}+\dfrac{a_2}{c_2}\dfrac{1+k_1}{k_1}\right)T_A+\dfrac{-c_2}{a_2d_2-b_2c_2}T_B+\dfrac{1}{1+k_3}\dfrac{-c_2}{a_2d_2-b_2c_2}T_f\end{cases}$$

(5-86)

EVT2 模式下参考模型状态变量和控制变量的选取与 EVT1 模式相同，上式消去中间变量整理后得到 EVT2 模式下机电复合传动系统参考模型的状态空间表达式如下：

$$\dot{\boldsymbol{x}}_m(t) = \boldsymbol{A}_{2m}\boldsymbol{x}_m(t) + \boldsymbol{B}_{2m}\boldsymbol{u}_w(t) \qquad (5-87)$$

式中，

$$\boldsymbol{A}_{2m} = \begin{bmatrix} -\dfrac{1}{\tau_e} & 0 & 0 & 0 & 0 \\ -\omega_n^2 & -2\zeta\omega_n & 0 & 0 & 0 \\ 0 & 0 & -\dfrac{1}{\tau_A} & 0 & 0 \\ 0 & 0 & 0 & -\dfrac{1}{\tau_B} & 0 \\ 0 & 0 & 0 & 0 & 0 \\ \dfrac{1}{J_e} & 0 & 0 & 0 & -\dfrac{k_{fg}}{J_e} \\ 0 & 0 & -\left(\dfrac{1}{k_1}+\dfrac{b_2}{d_2}\dfrac{1+k_1}{k_1}\right)\dfrac{d_2}{a_2d_2-b_2c_2} & \dfrac{d_2}{a_2d_2-b_2c_2} & \dfrac{d_2}{a_2d_2-b_2c_2}\dfrac{k_{fg}i_q}{1+k_2}\left(1-\dfrac{b_2}{d_2}k_2\right) \\ 0 & 0 & \dfrac{c_2}{a_2d_2-b_2c_2}\left(\dfrac{1}{k_1}+\dfrac{a_2}{c_2}\dfrac{1+k_1}{k_1}\right) & \dfrac{-c_2}{a_2d_2-b_2c_2} & \dfrac{-c_2}{a_2d_2-b_2c_2}\dfrac{k_{fg}i_q}{1+k_2}\left(1-\dfrac{a_2}{c_2}k_2\right) \end{bmatrix}$$

$$\begin{bmatrix} 0 & 0 & 0 \\ 0 & 0 & 0 \\ 0 & 0 & 0 \\ 0 & 0 & 0 \\ 1 & -\dfrac{i_q k_1 k_2}{(1+k_1)(1+k_2)} & -\dfrac{i_q(1+k_1+k_2)}{(1+k_1)(1+k_2)} \\ -\dfrac{c_{\mathrm{fg}}}{J_{\mathrm{e}}} & \dfrac{c_{\mathrm{fg}}}{J_{\mathrm{e}}}\dfrac{i_q k_1 k_2}{(1+k_1)(1+k_2)} & \dfrac{c_{\mathrm{fg}}}{J_{\mathrm{e}}}\dfrac{i_q(1+k_1+k_2)}{(1+k_1)(1+k_2)} \\ \dfrac{d_2}{a_2 d_2 - b_2 c_2}\dfrac{c_{\mathrm{fg}} i_q}{1+k_3}\left(1-\dfrac{b_2}{d_2}k_2\right) & \dfrac{-e_2 d_2}{a_2 d_2 - b_2 c_2}\left(1-\dfrac{b_2}{d_2}k_2\right) & \dfrac{-f_2 d_2}{a_2 d_2 - b_2 c_2}\left(1-\dfrac{b_2}{d_2}k_2\right) \\ \dfrac{-c_2}{a_2 d_2 - b_2 c_2}\dfrac{c_{\mathrm{fg}} i_q}{1+k_3}\left(1-\dfrac{a_2}{c_2}k_2\right) & \dfrac{e_2 c_2}{a_2 d_2 - b_2 c_2}\left(1-\dfrac{a_2}{c_2}k_2\right) & \dfrac{f_2 c_2}{a_2 d_2 - b_2 c_2}\left(1-\dfrac{a_2}{c_2}k_2\right) \end{bmatrix}$$

$$\boldsymbol{B}_{2\mathrm{m}} = \begin{bmatrix} \dfrac{1}{\tau_{\mathrm{e}}} & 0 & 0 & 0 \\ \omega_{\mathrm{n}}^2 & 0 & 0 & 0 \\ 0 & \dfrac{1}{\tau_{A}} & 0 & 0 \\ 0 & 0 & \dfrac{1}{\tau_{B}} & 0 \\ 0 & 0 & 0 & 0 \\ 0 & 0 & 0 & 0 \\ 0 & 0 & 0 & \dfrac{1}{1+k_3}\dfrac{d_2}{a_2 d_2 - b_2 c_2} \\ 0 & 0 & 0 & \dfrac{1}{1+k_3}\dfrac{-c_2}{a_2 d_2 - b_2 c_2} \end{bmatrix}$$

5.4.2 转矩协调控制目标函数

在 EVT1 模式和 EVT2 模式下,基于 Lyapunov 稳定性理论设计机电复合传动系统的模型参考自适应协调控制策略的方法相同,只是在这两个模式下被控对象模型和参考模型状态空间表达式不同。因此,本节以 EVT2 模式为例提出了基于 Lyapunov 稳定性理论的机电复合传动系统模型参考自适应协调控制策略设计方法。

根据前面章节介绍,在 EVT2 模式下机电复合传动系统被控对象模型的状态空间表达式为

$$\dot{x}_s(t) = A_{2s}x_s(t) + B_{2s}u(t) \tag{5-88}$$

式中,$x_s(t)$ 为 8 维状态变量,所有分量可测;$u(t)$ 为被控对象的 4 维控制信号;A_{2s} 和 B_{2s} 分别是 8×8 和 8×4 的参数矩阵。

代入机电复合传动系统参数得到被控对象模型系数矩阵如下:

$$A_{2s} = \begin{bmatrix} 0 & 1 & 0 & 0 & 0 & 0 & 0 & 0 \\ -0.49 & -1.4798 & 0 & 0 & 0 & 0 & 0 & 0 \\ 0 & 0 & -50 & 0 & 0 & 0 & 0 & 0 \\ 0 & 0 & 0 & -50 & 0 & 0 & 0 & 0 \\ 0 & 0 & 0 & 0 & 0 & 1 & -0.64833 & -0.75167 \\ -0.4 & 0 & 0 & 0 & -24000 & -4.8439 & 3.1405 & 3.641 \\ 0 & 0 & 0.065905 & -0.10799 & -2306.5 & -0.46552 & 0.30181 & 0.34991 \\ 0 & 0 & -0.10799 & 0.23157 & 6243 & 1.26 & -0.81691 & -0.94711 \end{bmatrix}$$

$$B_{2s} = \begin{bmatrix} 0 & 0 & 0 & 0 \\ 0.49 & 0 & 0 & 0 \\ 0 & 50 & 0 & 0 \\ 0 & 0 & 50 & 0 \\ 0 & 0 & 0 & 0 \\ 0 & 0 & 0 & 0 \\ 0 & 0 & 0 & -0.032429 \\ 0 & 0 & 0 & 0.06954 \end{bmatrix}$$

在 EVT2 模式下机电复合传动系统参考模型的状态空间表达式为

$$\dot{x}_m(t) = \boldsymbol{A}_{2m} x_m(t) + \boldsymbol{B}_{2m} u_w(t) \tag{5-89}$$

式中，$x_m(t)$ 为与被控对象同维的参考模型状态变量，所有分量可测；$\boldsymbol{A}_{2m}$ 和 $\boldsymbol{B}_{2m}$ 分别是 8×8 和 8×4 的已知参数矩阵；$u_w(t)$ 为属于分段连续函数类的 4 维参考输入信号。

代入机电复合传动系统参数得到参考模型系数矩阵如下：

$$\boldsymbol{A}_{2m} = \begin{bmatrix} -5 & 0 & 0 & 0 & 0 & 0 & 0 & 0 \\ -0.49 & -1.4798 & 0 & 0 & 0 & 0 & 0 & 0 \\ 0 & 0 & -50 & 0 & 0 & 0 & 0 & 0 \\ 0 & 0 & 0 & -50 & 0 & 0 & 0 & 0 \\ 0 & 0 & 0 & 0 & 0 & 1 & -0.64833 & -0.75167 \\ 0.4 & 0 & 0 & 0 & -24000 & -4.8439 & 3.1405 & 3.641 \\ 0 & 0 & 0.068377 & -0.11468 & -2512.1 & -0.50701 & 0.32871 & 0.3811 \\ 0 & 0 & -0.11468 & 0.24968 & 6799.4 & 1.3723 & -0.88972 & -1.0315 \end{bmatrix}$$

$$\boldsymbol{B}_{2m} = \begin{bmatrix} 5 & 0 & 0 & 0 \\ 0.49 & 0 & 0 & 0 \\ 0 & 50 & 0 & 0 \\ 0 & 0 & 50 & 0 \\ 0 & 0 & 0 & 0 \\ 0 & 0 & 0 & 0 \\ 0 & 0 & 0 & -0.034438 \\ 0 & 0 & 0 & 0.074978 \end{bmatrix}$$

矩阵 A_{2m} 的特征值为

$$\lambda_1 = -2.7733 + 165.75\mathrm{i}, \lambda_2 = -2.7733 - 165.75\mathrm{i}, \lambda_3 = -2.3524 \times 10^{-16} + 0\mathrm{i},$$
$$\lambda_4 = -6.9907 \times 10^{-17} + 0\mathrm{i}, \lambda_5 = -1.4798 + 0\mathrm{i},$$
$$\lambda_6 = -5 + 0\mathrm{i}, \lambda_7 = -50 + 0\mathrm{i}, \lambda_8 = -50 + 0\mathrm{i}$$

矩阵 A_{2m} 特征方程的全部根在左半复平面，即 A_{2m} 为 Hurwitz 矩阵，因此参考模型是渐近稳定的。

基于 Lyapunov 稳定性理论设计 MRAC 控制器使得机电复合传动系统输出和参考模型输出的广义误差在 EVT1 和 EVT2 模式内都尽可能趋近于零，即

$$\lim_{t \to \infty} e_x(t) = \lim_{t \to \infty} [x_m(t) - x_s(t)] = 0 \tag{5-90}$$

5.4.3 模型参考自适应转矩协调控制器设计

双模混联式机电复合传动转矩协调控制器由四部分组成：机电复合传动机理模型、机电复合传动转矩协调控制参考模型、机电复合传动模型跟踪控制器和机电复合传动自适应反馈控制器，本节重点研究模型参考自适应转矩协调控制器的后两部分内容。

5.4.3.1 模型跟踪控制器设计

在基于 Lyapunov 稳定性理论设计模型参考自适应控制器前，首先介绍与 Lyapunov 方程相关的定理。

定理：对于线性定常系统

$$\dot{x}(t) = Ax(t) \tag{5-91}$$

它的平衡状态 $x_e = 0$，渐近稳定的充要条件是当且仅当对于任意给定的正定对称矩阵 Q，存在一个正定对称阵 P 满足如下 Lyapunov 矩阵方程：

$$A^{\mathrm{T}}P + PA = -Q \tag{5-92}$$

那么 A 就是 Hurwitz 矩阵，即 A 的所有特征值都满足 $\mathrm{Re}\,\lambda_i < 0$。此外，如果 A 是 Hurwitz 矩阵，那么 P 就是 Lyapunov 方程的唯一解。并且 $V[x(t)] = x^{\mathrm{T}}(t)Px(t)$ 就是该线性定常系统的 Lyapunov 函数。

基于 Lyapunov 稳定性理论设计的可调参数的模型跟踪控制器为

$$u(t) = -K_P[e_x(t), t]x_s(t) + K_U[e_x(t), t]u_w(t) \tag{5-93}$$

式中，$\boldsymbol{K}_P[e_x(t),t]$ 为 $m \times n$ 维的参数时变增益矩阵；$\boldsymbol{K}_U[e_x(t),t]$ 为 $m \times m$ 维的参数时变增益矩阵。

5.4.3.2 自适应反馈控制器设计

MRAC 系统控制器的自适应律就是求得下列矩阵形式的线性或者非线性微分方程：

$$\begin{cases} \dot{\boldsymbol{K}}_P[e_x(t),t] = \boldsymbol{F}_P\{\boldsymbol{K}_P[e_x(t),t], x_s(t)\} \\ \dot{\boldsymbol{K}}_U[e_x(t),t] = \boldsymbol{F}_U\{\boldsymbol{K}_U[e_x(t),t], u_w(t)\} \end{cases} \quad (5-94)$$

式中，$\boldsymbol{F}_P$ 和 $\boldsymbol{F}_U$ 表示某种非线性映射；$\boldsymbol{K}_P^*$ 和 $\boldsymbol{K}_U^*$ 满足下式：

$$\begin{cases} \boldsymbol{A}_{2s} - \boldsymbol{B}_{2s}\boldsymbol{K}_P^* = \boldsymbol{A}_{2m} \\ \boldsymbol{B}_{2s}\boldsymbol{K}_U^* = \boldsymbol{B}_{2m} \end{cases} \quad (5-95)$$

当确定线性或者非线性函数矩阵 $\boldsymbol{F}_P$ 和 $\boldsymbol{F}_U$ 的解析表达式时，给定初始状态，对上述矩阵形式的微分方程的每个元进行积分，就可以确定每一时刻的控制器参数 $\boldsymbol{K}_P[e_x(t),t]$ 和 $\boldsymbol{K}_U[e_x(t),t]$。

由上一节介绍知，在 EVT1 和 EVT2 模式下，基于 Lyapunov 稳定性理论设计 MRAC 系统控制器的广义误差为

$$e_x(t) = x_m(t) - x_s(t) = \begin{bmatrix} T_e \\ T_e^\Delta \\ T_A \\ T_B \\ \theta_e - i_q\theta_i \\ \omega_e \\ \omega_A \\ \omega_B \end{bmatrix}_m - \begin{bmatrix} T_e \\ T_e^\Delta \\ T_A \\ T_B \\ \theta_e - i_q\theta_i \\ \omega_e \\ \omega_A \\ \omega_B \end{bmatrix}_s \quad (5-96)$$

将可调参数的模型跟踪控制器方程（5-93）代入机电复合传动系统状态空间方程，并与参考模型相减后，得到关于广义误差的状态方程为

$$\dot{e}_x(t) = \boldsymbol{A}_{2m}e_x(t) + \{\boldsymbol{A}_{2m} - \boldsymbol{A}_{2s} + \boldsymbol{B}_{2s}\boldsymbol{K}_P[e_x(t),t]\}x_s(t) + \{\boldsymbol{B}_{2m} - \boldsymbol{B}_{2s}\boldsymbol{K}_U[e_x(t),t]\}u_w(t) \quad (5-97)$$

代入上式可得

$$\begin{aligned}
\dot{e}_x(t) &= A_{2m}e_x(t) + \{A_{2s} - B_{2s}K_P^* - A_{2m} + B_{2s}K_P[e_x(t),t]\}x_s(t) + \\
&\quad \{B_{2m}K_U^* - B_{2s}K_U[e_x(t),t]\}u_w(t) \\
&= A_{2m}e_x(t) - B_{2s}\{K_P^* - K_P[e_x(t),t]\}x_s(t) + \\
&\quad B_{2s}\{K_U^* - K_U[e_x(t),t]\}u_w(t) \\
&= A_{2m}e_x(t) - B_{2s}\tilde{K}_P[e_x(t),t]x_s(t) + B_{2s}\tilde{K}_U[e_x(t),t]u_w(t)
\end{aligned} \quad (5-98)$$

式中，

$$\begin{cases} \tilde{K}_P[e_x(t),t] = K_P^* - K_P[e_x(t),t] \\ \tilde{K}_U[e_x(t),t] = K_U^* - K_U[e_x(t),t] \end{cases} \quad (5-99)$$

把式（5-98）和式（5-94）、式（5-99）所表示的广义误差信号收敛过程的动态方程和控制器参数辨识过程的动态方程看作两个相互联系的非线性动态系统，广义误差信号 $e_x(t)$ 以及控制器参数误差信号 $\tilde{K}_P[e_x(t),t]$ 和 $\tilde{K}_U[e_x(t),t]$ 可以看成该非线性动态系统的状态，构造 Lyapunov 函数，首先确定 Lyapunov 函数的对称正定矩阵 P。由于系数矩阵 A_{2m} 渐近稳定，可以根据 Lyapunov 方程求解矩阵 P。

基于所得到的对称正定矩阵 P，构造包含 $e_x(t)$ 以及控制器参数误差信号 $\tilde{K}_P[e_x(t),t]$ 和 $\tilde{K}_U[e_x(t),t]$ 的二次型正定函数 $V(t)$ 作为 Lyapunov 函数：

$$\begin{aligned}
V(t) &= e_x^T(t)Pe_x(t) + \mathrm{tr}\{\tilde{K}_P^T[e_x(t),t]\Gamma_P^{-1}\tilde{K}_P[e_x(t),t]\} + \\
&\quad \mathrm{tr}\{\tilde{K}_U^T[e_x(t),t]\Gamma_U^{-1}\tilde{K}_U[e_x(t),t]\}
\end{aligned} \quad (5-100)$$

式中，Γ_P^{-1} 和 Γ_U^{-1} 均为指定的具有适当维数的正定对称矩阵；tr 表示矩阵的迹，也就是方阵的对角元之和。

将上述 Lyapunov 函数对时间求导得

$$\begin{aligned}
\dot{V}(t) &= e_x^T(t)P\dot{e}_x(t) + \dot{e}_x^T(t)Pe_x(t) + \\
&\quad \mathrm{tr}\{\tilde{K}_P^T[e_x(t),t]\Gamma_P^{-1}\dot{\tilde{K}}_P[e_x(t),t] + \dot{\tilde{K}}_P^T[e_x(t),t]\Gamma_P^{-1}\tilde{K}_P[e_x(t),t]\} + \\
&\quad \mathrm{tr}\{\tilde{K}_U^T[e_x(t),t]\Gamma_U^{-1}\dot{\tilde{K}}_U[e_x(t),t] + \dot{\tilde{K}}_U^T[e_x(t),t]\Gamma_U^{-1}\tilde{K}_U[e_x(t),t]\}
\end{aligned}$$

$$(5-101)$$

将式 (5-98) 代入上式得

$$\dot{V}(t) = e_x^T(t)(A_{2m}^T P + PA_{2m})e_x(t) - 2e_x^T(t)PB_{2s}\tilde{K}_P[e_x(t),t]x_s(t) +$$
$$2e_x^T(t)PB_{2s}\tilde{K}_U[e_x(t),t]u_w(t) + 2\mathrm{tr}\{\dot{\tilde{K}}_P^T[e_x(t),t]\Gamma_P^{-1}\tilde{K}_P[e_x(t),t]\} +$$
$$2\mathrm{tr}\{\dot{\tilde{K}}_U^T[e_x(t),t]\Gamma_U^{-1}\tilde{K}_U[e_x(t),t]\} \qquad (5-102)$$

将 Lyapunov 矩阵方程代入上式得

$$\dot{V}(t) = -e_x^T(t)Qe_x(t) - 2e_x^T(t)PB_{2s}\tilde{K}_P[e_x(t),t]x_s(t) +$$
$$2e_x^T(t)PB_{2s}\tilde{K}_U[e_x(t),t]u_w(t) + 2\mathrm{tr}\{\dot{\tilde{K}}_P^T[e_x(t),t]\Gamma_P^{-1}\tilde{K}_P[e_x(t),t]\} +$$
$$2\mathrm{tr}\{\dot{\tilde{K}}_U^T[e_x(t),t]\Gamma_U^{-1}\tilde{K}_U[e_x(t),t]\} \qquad (5-103)$$

根据矩阵迹的性质有

$$\begin{cases} e_x^T(t)PB_{2s}\tilde{K}_P[e_x(t),t]x_s(t) = \mathrm{tr}\{x_s(t)e_x^T(t)PB_{2s}\tilde{K}_P[e_x(t),t]\} \\ e_x^T(t)PB_{2s}\tilde{K}_U[e_x(t),t]u_w(t) = \mathrm{tr}\{u_w(t)e_x^T(t)PB_{2s}\tilde{K}_U[e_x(t),t]\} \end{cases}$$
$$(5-104)$$

代入式 (5-103) 得

$$\dot{V}(t) = -e_x^T(t)Qe_x(t) - 2\mathrm{tr}\{x_s(t)e_x^T(t)PB_{2s}\tilde{K}_P[e_x(t),t]\} +$$
$$2\mathrm{tr}\{u_w(t)e_x^T(t)PB_{2s}\tilde{K}_U[e_x(t),t]\} +$$
$$2\mathrm{tr}\{\dot{\tilde{K}}_P^T[e_x(t),t]\Gamma_P^{-1}\tilde{K}_P[e_x(t),t]\} +$$
$$2\mathrm{tr}\{\dot{\tilde{K}}_U^T[e_x(t),t]\Gamma_U^{-1}\tilde{K}_U[e_x(t),t]\} \qquad (5-105)$$

进一步整理得

$$\dot{V}(t) = -e_x^T(t)Qe_x(t) + 2\mathrm{tr}\{\dot{\tilde{K}}_P^T[e_x(t),t]\Gamma_P^{-1}\tilde{K}_P[e_x(t),t] -$$
$$x_s(t)e_x^T(t)PB_{2s}\tilde{K}_P[e_x(t),t]\} +$$
$$2\mathrm{tr}\{\dot{\tilde{K}}_U^T[e_x(t),t]\Gamma_U^{-1}\tilde{K}_U[e_x(t),t] + u_w(t)e_x^T(t)PB_{2s}\tilde{K}_U[e_x(t),t]\}$$
$$(5-106)$$

为了得到基于 Lyapunov 稳定性定理设计的模型参考自适应控制器的自适应

律,需要用到连续时间系统的 Lyapunov 稳定性定理。

Lyapunov 稳定性定理:对于原点 $x_e = 0$ 为平衡点的非线性动态系统

$$\begin{cases} \dot{x}(t) = f[x(t),t] \\ f[0,t] = 0, \quad \forall t \end{cases} \quad (5-107)$$

如果:

(1) 存在正定函数 $V[x(t)]$;

(2) $\dot{V}[x(t)] = \dfrac{\mathrm{d}}{\mathrm{d}t} V[x(t)]$ 是半负定函数。

则平衡状态 $x_e = 0$ 是稳定的。

根据 Lyapunov 稳定性定理,如果机电复合传动系统在平衡点稳定,需要下式成立:

$$\dot{V}(t) = -\boldsymbol{e}_x^\mathrm{T}(t) \boldsymbol{Q} \boldsymbol{e}_x(t) \leqslant 0 \quad (5-108)$$

因此有下式成立:

$$\begin{cases} \dot{\tilde{\boldsymbol{K}}}_\mathrm{P}[\boldsymbol{e}_x(t),t] = \boldsymbol{\Gamma}_\mathrm{P} \boldsymbol{B}_{2s}^\mathrm{T} \boldsymbol{P} \boldsymbol{e}_x(t) \boldsymbol{x}_s^\mathrm{T}(t) \\ \dot{\tilde{\boldsymbol{K}}}_\mathrm{U}[\boldsymbol{e}_x(t),t] = -\boldsymbol{\Gamma}_\mathrm{U} \boldsymbol{B}_{2s}^\mathrm{T} \boldsymbol{P} \boldsymbol{e}_x(t) \boldsymbol{u}_w^\mathrm{T}(t) \end{cases} \quad (5-109)$$

联立式(5-99),并积分得到 EVT2 模式下基于 Lyapunov 稳定性理论的机电复合传动系统模型参考自适应控制器自适应律如下:

$$\begin{cases} \boldsymbol{K}_\mathrm{P}[\boldsymbol{e}_x(t),t] = -\displaystyle\int_0^t \boldsymbol{\Gamma}_\mathrm{P} \boldsymbol{B}_{2s}^\mathrm{T} \boldsymbol{P} \boldsymbol{e}_x(\tau) \boldsymbol{x}_s^\mathrm{T}(\tau) \mathrm{d}\tau + \boldsymbol{K}_\mathrm{P}(0) \\ \boldsymbol{K}_\mathrm{U}[\boldsymbol{e}_x(t),t] = \displaystyle\int_0^T \boldsymbol{\Gamma}_\mathrm{U} \boldsymbol{B}_{2s}^\mathrm{T} \boldsymbol{P} \boldsymbol{e}_x(\tau) \boldsymbol{u}_w^\mathrm{T}(\tau) \mathrm{d}\tau + \boldsymbol{K}_\mathrm{U}(0) \end{cases} \quad (5-110)$$

基于 Lyapunov 稳定性理论设计的机电复合传动系统 MRAC 控制器框架如图 5.19 所示。

5.4.3.3 仿真结果与分析

为了验证本书提出的基于 Lyapunov 稳定性理论的模型参考自适应转矩协调控制策略的控制效果,本节根据研究对象双模混联式机电复合传动真实车辆的具体参数,采用本书提出的控制算法,在前文介绍的双模混联式机电复合传动仿真平台上对 Ideal、PID 和 MRAC 三种控制策略进行了仿真对比分析。三种控制策略

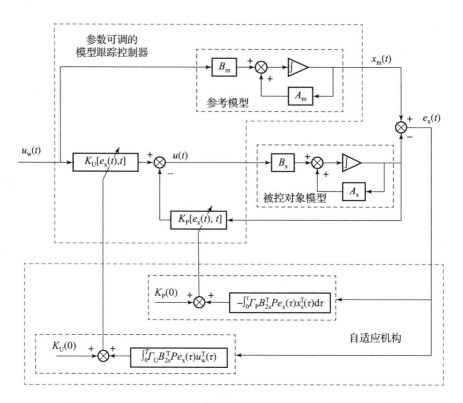

图 5.19 基于 Lyapunov 稳定性理论设计模型参考自适应控制器

表示的含义如下：

（1）Ideal："发动机理想模型 + 基于 EMPC 的能量管理策略 + PID 协调控制策略"。

（2）PID："发动机辨识模型 + 基于 EMPC 的能量管理策略 + PID 协调控制策略"。

（3）MRAC："发动机辨识模型 + 基于 EMPC 的能量管理策略 + MRAC 协调控制策略"。

车速、发动机转速、电机 A 转速、电机 B 转速、发动机转矩、电机 A 转矩、电机 B 转矩、电池 SOC 和模式切换曲线如下各图所示。

为了方便对比，本节选择了前面章节中使用的驾驶循环工况二来验证提出的基于 Lyapunov 稳定性理论的模型参考自适应转矩协调控制策略的控制效果，车速跟随曲线如图 5.20 所示。由图可知，将双模混联式机电复合传动仿真平台中的发动机理想模型更换为能具体反映发动机响应特性的二阶辨识模型后，车速跟随出现问题，说明基于 PID 的转矩协调控制策略控制效果变差，无法完成上层能量管理控制器与下层发动机、电机 A 和电机 B 等控制指令执行部件之间的转矩协调作用。而基于 MRAC 的转矩协调控制策略车速跟随情况良好，说明提出的策略能够很好地处理上层能量管理控制器与下层发动机、电机 A 和电机 B 等控制指令执行部件之间的协调关系。

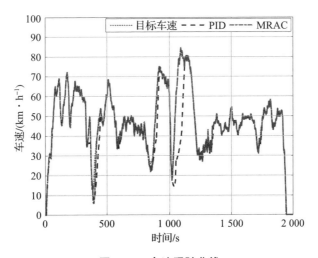

图 5.20　车速跟随曲线

在 Ideal、PID 和 MRAC 三种控制策略下，发动机、电机 A 和电机 B 的转速、转矩对比曲线分别如图 5.21～图 5.26 所示。由图可知，与基于 Ideal 的控制策略相比，在基于 PID 的转矩协调控制策略控制下，发动机、电机 A 和电机 B 的转速和转矩变化剧烈，偏离理想曲线较大。而在基于 MRAC 的转矩协调控制策略控制下，通过观察分析图 5.21～图 5.26 可知，发动机的转速和转矩曲线与理想曲线趋势基本相同，电机 A 和电机 B 的转速和转矩曲线与理想曲线趋势还是有些差别，但是比 PID 控制策略更接近理想曲线。说明本书提出的转矩协调策略能够较好地协调发动机、电机 A 和电机 B 的工作关系，能够将上层基于显式模型预测控制算法的能量管理控制器优化得到的控制指令执行下去，达到了发动机响应延迟的目的。

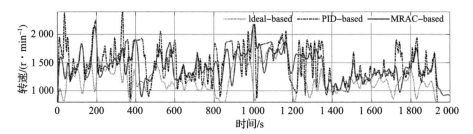

图 5.21　发动机转速曲线

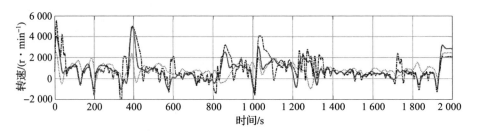

图 5.22　电机 A 转速曲线

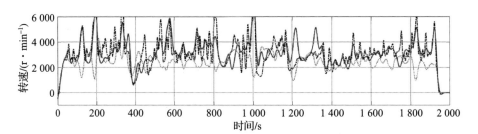

图 5.23　电机 B 转速曲线

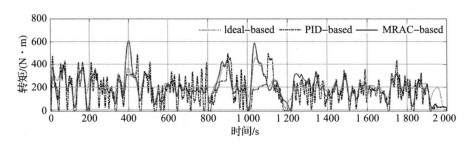

图 5.24　发动机转矩曲线

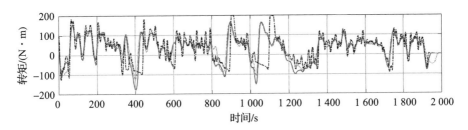

图 5.25　电机 A 转矩曲线

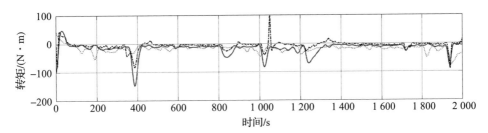

图 5.26　电机 B 转矩曲线

三种控制策略下的电池 SOC 曲线如图 5.27 所示。由图可知，相对于 PID 和 Ideal 控制策略，在 MRAC 的控制策略下电机 A 和电机 B 不仅要完成整车驱动任务，还肩负起补偿发动机转矩的作用，因此电机使用更加频繁，从而导致在 MRAC 的控制策略下电池 SOC 波动范围更大。

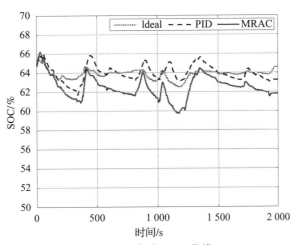

图 5.27　电池 SOC 曲线

三种控制策略下的模式切换曲线如图 5.28 所示。由图可知，三种策略下的模式切换曲线相近，但还是存在差异。相对于 PID 和 MRAC 控制策略，Ideal 的控制策略为了取得良好的燃油经济性，切换更加频繁。研究的双模混联式机电复合传动如果要顺利完成模式切换必须满足两个条件：①满足模式切换规律，模式切换规律为基于车速和加速踏板开度制定的两参数模式切换规律；②在模式切换点上满足离合器两端速差在一定转速范围内，这就要求在模式切换时发动机、电机 A 和电机 B 进行调速。在实际系统中，发动机响应存在延迟，导致系统输出转矩无法按照能量管理策略需求的指令完成，在转矩协调控制策略的作用下，为了补偿发动机响应延迟带来的机电复合传动系统输出转矩不足，电机 A 和电机 B 需要在能量管理策略给定的控制指令上进行合理调整，因此导致了基于 PID 和 MRAC 控制策略的模式切换与基于 Ideal 控制策略的模式切换的切换点不同。

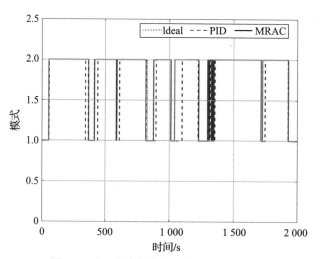

图 5.28　三种控制策略下的模式切换曲线

在基于 Ideal、PID 和 MRAC 三种控制策略下，利用建立的双模混联式机电复合传动仿真平台，在驾驶循环工况下得到的等效燃油消耗量如表 5.2 所示。由仿真数据可知，基于 MRAC 的转矩协调控制策略能够取得理想控制策略 93.58% 的控制效果。在基于 PID 转矩协调控制策略下，车速曲线无法跟随，说明整车动力性没有得到满足，因此整车燃油经济性不具有参考价值，表 5.2 中没有列出。

表 5.2 能量管理策略仿真结果对比

策略	终了 SOC	油耗/(L·(100 km)$^{-1}$)	等效油耗/(L·(100 km)$^{-1}$)	控制效果占最优策略的百分比/%
Ideal	64.5%	16.799 7	16.881 4	100
MRAC	61.8%	17.515 8	18.038 7	93.58

注：Ideal："发动机理想模型 + 基于 EMPC 的能量管理策略 + PID 协调控制策略"；MRAC："发动机辨识模型 + 基于 EMPC 的能量管理策略 + MRAC 协调控制策略"。

本章小结

本章针对机电复合传动系统模式内状态切换控制问题进行了研究，提出了鲁棒控制、经济性模型预测控制和模型参考自适应控制等方法。基于不确定性建模，建立了机电复合传动系统增广模型，设计了鲁棒控制器。设计适用于协调控制的稳定区域，优化了协调控制目标函数，在协调控制中增加相关约束提高控制稳定性，提出了基于 Lyapunov 函数的经济性模型预测控制方法。研究了基于 Lyapunov 稳定性理论的机电复合传动模型参考自适应协调控制策略，提出了模型跟踪控制器和自适应反馈控制器设计方法，将参考模型与被控对象模型之间的输出状态量偏差最小化。利用仿真平台对模式内状态快速切换控制策略进行了仿真分析，研究结果表明，提出的转矩协调控制策略能够实现对上层能量管理策略优化结果的快速跟踪。

第6章
机电复合传动模式间切换控制技术研究

机电复合传动系统模式间切换包括移位/速度段切换或纯电驱动、混合驱动、反拖起动等工况切换。模式间切换过程协调控制在机电复合传动系统控制系统中占有十分重要的地位，其控制性能优劣对机电复合传动车辆的驾驶性能、驱动性能和燃油经济性都有较大的影响。本章将对模式切换过程相关问题——操纵元件的动作时序问题、电机调速问题以及操纵元件的油压控制问题展开论述，阐述其动态特性、转矩协调控制策略，介绍如何实现机电复合传动多动力源转矩的协调和解耦，完成快速平稳的模式切换。最后，本章将分析不同控制参数对系统控制效果的影响。

6.1 模式间切换问题描述

借鉴目前大多数文献针对机电复合传动车辆模式切换控制以"忽略功率耦合机构所导致的复杂耦合关系，以单条功率传递通路为主，各动力源的功率和惯量通过线性叠加计算"的研究思路，本节先将机电复合传动系统发动机和两个电机的转矩关系进行解耦，转化为直接作用在离合器主动端与被动端的等效转矩；在保证符合原系统耦合关系的前提下，将复杂的功率耦合机构模型解耦为围绕离合器主/被动端的等效模型，简化了模式切换过程的机理分析，同时也为后文模式切换控制策略的研究和设计提供了更加简洁和有效的途径。

图 6.1 展示了机电复合传动系统复杂模型及其等效模型的拓扑结构。其中，J_1 为各部件等效到轴 1 的转动惯量，J_2 为各部件等效到轴 2 的转动惯量，ω_1 为离合器主动端和轴 1 的转速，ω_2 为离合器被动端和轴 2 的转速，T_1 为各动力源

件等效到轴1的转矩，T_2 为各动力源件等效到轴2的转矩，T_{f_1}、T_{f_2} 分别为轴1和轴2承受来自路面负载的阻力矩。

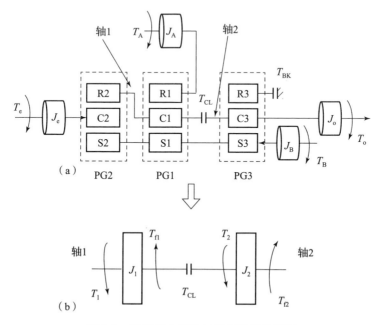

图 6.1 机电复合传动系统拓扑结构简图

(a) 复杂模型；(b) 等效模型

下面推导图 6.1（a）复杂模型和图 6.1（b）等效模型之间转矩和惯量的等效关系。参考基于键合图理论的功率耦合机构模型，以离合器主/被动端为研究主体，根据图 6.1（a）推导机电复合传动系统在离合器接合过程中的动力学方程。

离合器主动端的动力学方程：

$$(J_{C1} + J_{R2})\dot{\omega}_{C1} = T_{C1} + T_{R2} - T_{CL} \tag{6-1}$$

离合器被动端的动力学方程：

$$(J_o + J_{C3})\dot{\omega}_o = T_{CL} + T_{C3} - T_f \tag{6-2}$$

式中，行星架 C1 的转速等于离合器主动端的转速，即 $\omega_1 = \omega_{C1}$；输出轴的转速等于离合器被动端的转速，即 $\omega_2 = \omega_o$。

发动机、电机 A 和电机 B 的转速变化率为

$$\begin{cases}(i_q^2 J_e + J_{fq} + J_{C2})\dot\omega_e/i_q = i_q T_e - T_{C2}\\ (J_A + J_{R1})\dot\omega_A = T_A - T_{R1}\\ (J_B + J_{S1} + J_{S2} + J_{S3})\dot\omega_B = T_B - T_{S1} - T_{S2} - T_{S3}\end{cases} \quad (6-3)$$

各部件的转速关系式为

$$\begin{cases}\omega_B + K_1\omega_A - (1+K_1)\omega_{C1} = 0\\ \omega_B + K_2\omega_{R2} - (1+K_2)\omega_e/i_q = 0\\ \omega_B - (1+K_3)\omega_o = 0\\ \omega_{C1} - \omega_{R2} = 0\end{cases} \quad (6-4)$$

各部件的转矩关系式为

$$\begin{cases}T_{S1}:T_{R1}:T_{C1} = 1:K_1:(-(1+K_1))\\ T_{S2}:T_{R2}:T_{C2} = 1:K_2:(-(1+K_2))\\ T_{S3}:T_{R3}:T_{C3} = 1:K_3:(-(1+K_3))\end{cases} \quad (6-5)$$

综合上述公式,推导离合器主动端的转矩关系式为

$$\left[(J_{C1}+J_{R2})\dot\omega_1 - \frac{1+K_1}{K_1}(J_A+J_{R1})\frac{1+K_1}{K_1}\dot\omega_1 - \frac{K_2}{1+K_2}(i_q^2 J_e + J_{fq} + J_{C2})\frac{K_2}{1+K_2}\dot\omega_1\right] +$$

$$\left[\frac{1+K_1}{K_1}(J_A+J_{R1})\frac{\dot\omega_B}{K_1} - \frac{K_2}{1+K_2}(i_q^2 J_e + J_{fq} + J_{C2})\frac{\dot\omega_B}{1+K_2}\right] = -\frac{K_2 i_q}{1+K_2}T_e - \frac{1+K_1}{K_1}T_A - T_{CL}$$

$$(6-6)$$

由于行星排内部的惯量相对比发动机惯量和电机惯量小,可以忽略,所以上式可以简化为

$$\left[-\left(\frac{1+K_1}{K_1}\right)^2 J_A - \left(\frac{K_2}{1+K_2}\right)^2 i_q^2 J_e\right]\dot\omega_{C1} + \left[\frac{1+K_1}{K_1^2}J_A - \frac{K_2 i_q^2}{(1+K_2)^2}J_e\right]\dot\omega_B$$

$$= -\frac{K_2 i_q}{1+K_2}T_e - \frac{1+K_1}{K_1}T_A - T_{CL} \quad (6-7)$$

由上面的公式可知,$\omega_B = (1+K_3)\omega_{C2}$,因此可以转化为

$$\left[-\left(\frac{1+K_1}{K_1}\right)^2 J_A - \left(\frac{K_2}{1+K_2}\right)^2 i_q^2 J_e\right]\dot\omega_{C1} + \left[\frac{1+K_1}{K_1^2}J_A - \frac{K_2 i_q^2}{(1+K_2)^2}J_e\right](1+K_3)\dot\omega_{C2}$$

$$= -\frac{K_2 i_q}{1+K_2}T_e - \frac{1+K_1}{K_1}T_A - T_{CL} \quad (6-8)$$

综合上述公式，忽略行星排内部的惯量，推导离合器被动端的转矩关系式为

$$\left(J_\text{o} - J_\text{B}(1+K_3)^2 - \left(\frac{1+K_3}{K_1}\right)^2 J_\text{A} - \left(\frac{1+K_3}{1+K_2}\right)^2 i_\text{q}^2 J_\text{e}\right)\dot{\omega}_\text{C2} +$$

$$\left(\frac{(1+K_3)(1+K_1)}{K_1^2}J_\text{A} - \frac{K_2(1+K_3)i_\text{q}^2}{(1+K_2)^2}J_\text{e}\right)\dot{\omega}_\text{C1}$$

$$= T_\text{CL} - (1+K_3)T_\text{B} + \frac{1+K_3}{K_1}T_\text{A} - \frac{(1+K_3)i_\text{q}}{1+K_2}T_\text{e} - T_\text{f} \qquad (6-9)$$

联立上述两式，进一步整理得到

$$\begin{cases}(ad-bc)\dot{\omega}_\text{C1} = \\ \left(-\dfrac{K_2 d}{1+K_2}+\dfrac{b(1+K_3)}{1+K_2}\right)i_\text{q}T_\text{e} + \left(-\dfrac{1+K_1}{K_1}d - \dfrac{b(1+K_3)}{K_1}\right)T_\text{A} + \\ b(1+K_3)T_\text{B} + (-d-b)T_\text{CL} + bT_\text{f} \\ (bc-ad)\dot{\omega}_\text{C2} = \\ \left(\dfrac{a(1+K_3)}{1+K_2}-\dfrac{K_2 c}{1+K_2}\right)i_\text{q}T_\text{e} + \left(-\dfrac{1+K_1}{K_1}c - \dfrac{a(1+K_3)}{K_1}\right)T_\text{A} + \\ a(1+K_3)T_\text{B} + (-c-a)T_\text{CL} + aT_\text{f}\end{cases} \qquad (6-10)$$

式中，转动惯量系数 a、b、c 和 d 的表达式分别为

$$\begin{cases} a = \left[-\left(\dfrac{1+K_1}{K_1}\right)^2 J_\text{A} - \left(\dfrac{K_2}{1+K_2}\right)^2 i_\text{q}^2 J_\text{e}\right] \\ b = \left[\dfrac{1+K_1}{K_1^2}J_\text{A} - \dfrac{K_2 i_\text{q}^2}{(1+K_2)^2}J_\text{e}\right](1+K_3) \\ c = \left(\dfrac{(1+K_3)(1+K_1)}{K_1^2}J_\text{A} - \dfrac{K_2(1+K_3)}{(1+K_2)^2}i_\text{q}^2 J_\text{e}\right) \\ d = \left(J_\text{o} - J_\text{B}(1+K_3)^2 - \left(\dfrac{1+K_3}{K_1}\right)^2 J_\text{A} - \left(\dfrac{1+K_3}{1+K_2}\right)^2 i_\text{q}^2 J_\text{e}\right)\end{cases} \qquad (6-11)$$

因此，机电复合传动系统在离合器接合过程的动力学方程，包含了发动机转矩、电机 A 转矩、电机 B 转矩、离合器转矩和负载转矩。可以看出，机电复合传动系统中发动机和两个电机通过与功率耦合机构连接形成了复杂的耦合关系，动力学方程的强耦合特征更加明显。

根据图 6.1（b），机电复合传动系统等效模型的动力学方程为

$$\begin{cases} J_1 \dot{\omega}_1(t) = T_1(t) - T_{f1}(t) - T_{CL}(t) \\ J_2 \dot{\omega}_2(t) = T_2(t) + T_{CL}(t) - T_{f2}(t) \end{cases} \quad (6-12)$$

通过对比，图 6.1（a）和图 6.1（b）的转矩和惯量的等效关系为

$$\begin{cases} \dfrac{\left(-\dfrac{K_2 d}{1+K_2} + \dfrac{b(1+K_3)}{1+K_2}\right) i_q T_e + \left(-\dfrac{1+K_1}{K_1} d - \dfrac{b(1+K_3)}{K_1}\right) T_A + b(1+K_3) T_B}{ad-bc} = \dfrac{T_1(t)}{J_1} \\[2ex] \dfrac{-d-b}{ad-bc} T_{CL} = \dfrac{-1}{J_1} T_{CL}(t) \\[2ex] \dfrac{b T_f}{ad-bc} = \dfrac{-T_{f1}(t)}{J_1} \\[2ex] \dfrac{\left(\dfrac{a(1+K_3)}{1+K_2} - \dfrac{K_2 c}{1+K_2}\right) i_q T_e + \left(-\dfrac{1+K_1}{K_1} c - \dfrac{a(1+K_3)}{K_1}\right) T_A + a(1+K_3) T_B}{bc-ad} = \dfrac{T_2(t)}{J_2} \\[2ex] \dfrac{(-c-a) T_{CL}}{bc-ad} = \dfrac{1}{J_2} T_{CL}(t) \\[2ex] \dfrac{a T_f}{bc-ad} = \dfrac{-T_{f2}(t)}{J_2} \end{cases}$$

$$(6-13)$$

参考上文建立的机电复合传动系统等效模型，针对离合器的工作状态，模式切换过程可分为：

1. 离合器同步阶段

通过电机对离合器实行主动调速，减小离合器主/被动端的速差到给定的阈值，使系统快速达到模式切换的条件，此阶段离合器摩擦转矩为 0，动力学方程为

$$\begin{cases} J_1 \dot{\omega}_1(t) = T_1(t) - T_{f1}(t) \\ J_2 \dot{\omega}_2(t) = T_2(t) - T_{f2}(t) \end{cases} \quad (6-14)$$

2. 离合器滑摩阶段

当离合器主/被动端的速差小于给定阈值后，离合器进入滑摩阶段并产生摩擦转矩，该阶段是协调发动机转矩、电机转矩和离合器转矩的重要阶段，动力学

方程为

$$\begin{cases} J_1\dot{\omega}_1(t) = T_1(t) - T_{CL}(t) - T_{f1}(t) \\ J_2\dot{\omega}_2(t) = T_2(t) + T_{CL}(t) - T_{f2}(t) \end{cases} \quad (6-15)$$

3. 离合器锁止阶段

当离合器主/被动端的速差为零时,离合器接合过程完成并进入锁止阶段,动力学方程为

$$(J_1 + J_2)\dot{\omega}_m(t) = T_1(t) + T_2(t) - T_{f1}(t) - T_{f2}(t) \quad (6-16)$$

式中,ω_m 为离合器锁止阶段主/被动端的共同转速。此时离合器转矩 $T_{CL}(t)$ 表达式可由驱动系统的动态特性得到,即

$$T_{CL}(t) = \frac{J_2}{J_1+J_2}T_1(t) - \frac{J_1}{J_1+J_2}T_2(t) - \frac{J_2}{J_1+J_2}T_{f1}(t) + \frac{J_1}{J_1+J_2}T_{f2}(t) \quad (6-17)$$

6.2 换段规律

6.2.1 换段过程问题描述

本书所研究的 EVT 速度段切换的模式切换过程,涉及系统工作状态的重构和功率流的重组。由于发动机、电机 A、电机 B 以及离合器和制动器均要参与工作,发动机与两个电机通过功率耦合机构连接形成复杂的耦合关系,电机从发电(电动)模式转换到电动(发电)模式,且离合器接合过程中"同步—滑摩—锁止"三种工作状态具有不连续性,如果按照常规的控制策略,由于发动机和电机动态特性的差异,从当前转矩向目标转矩过渡时,发动机和电机的输出转矩会产生剧烈变化,从而在功率耦合机构输出端直至车轮处产生较大冲击。因此,在模式切换过程中,需要对发动机、电机 A、电机 B 以及离合器进行瞬态协调控制,以改善模式切换的品质,保证机电复合传动系统的驾驶性能。

通过改变功率耦合机构中操纵元件的分离状态和电机转速的调控可实现 EVT 模式切换过程。首先,切换过程中涉及离合器 C1 和制动器 BK 的操纵时序问题,以 EVT1 模式切换到 EVT2 模式为例,是选择先分离制动器 BK 还是先接合离合器 C1。

(1) 选择先分离制动器 BK 后接合离合器 C1 时，模式切换过程的功率流传递形式如图 6.2（a）所示。可以发现，当切换过程中离合器和制动器同时处于断开状态时，第三个行星排空转且不受制动力矩的作用，此时断开了发动机和两个电机与变速机构之间的动力传输，当接合离合器后，重新实现动力的传输。

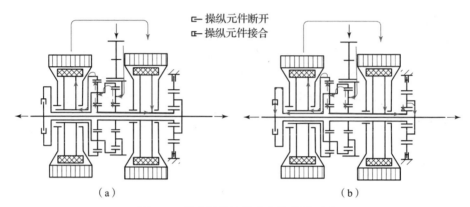

图 6.2　模式切换过程功率流传递形式

(a) 制动器断开，离合器断开；(b) 离合器接合，制动器接合

(2) 选择先接合离合器 C1 后分离制动器 BK 时，模式切换过程的功率流传递形式如图 6.2（b）所示。可以发现，当切换过程中离合器和制动器同时处于接合状态时，传动系统的动力传输不会中断。

由于本书研究的对象对车辆的动力性要求较高，模式切换过程要求快速平稳地进行，同时需要避免动力中断的延长和动载冲击频次的增加等问题，因此，先接合离合器 C1 后分离制动器 BK 的操纵时序更适合本书所研究的系统。

其次，相比于传统车辆的换挡通常采用对离合器油压的缓冲控制来完成离合器的接合，本书所研究的机电复合传动系统由于电机转矩控制具有调节灵活和响应时间快的特点，在模式切换过程中采用电机进行主动调速能够快速减小离合器主/被动端的速差，缩短离合器的充油时间和减少滑摩功，提高模式切换的响应速度。但是由于电机的调速精度限制，不能将离合器的速差精确控制为同步，只能调节到一定的范围内，因此当离合器主/被动端的速差调节到设定的阈值后，需要进行离合器的充油控制，实现离合器主/被动端同步。

最后，针对离合器接合过程中油压的缓冲控制和制动器分离过程中放油控制问题,由于相关的研究已比较成熟,具体的设计过程不再赘述。这里只给出离合器和制动器的充放油曲线,为后文基于规则的模式切换控制策略提供依据,如图6.3所示。

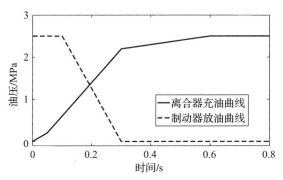

图 6.3 离合器和制动器的充放油曲线

6.2.2 基于切换系统的机电复合传动系统复杂模型

本节研究重点为如何利用切换系统的理论建立机电复合传动系统复杂模型以及描述模式切换过程,也就是试图把针对模式切换的控制系统转移到一个先进的理论框架下进行研究。

6.2.2.1 切换系统

混杂系统作为一类描述相对简单的复杂系统,由连续变量动态系统和离散事件动态系统及其相互作用组成。切换系统是从系统与控制角度研究混杂系统的一个重要模型,属于一类特殊的混杂系统,由一族子系统和描述子系统之间关系的切换规则构成。每个子系统对应着离散变量的一个值,子系统之间的切换代表离散事件动态系统。切换系统具有广泛的工程应用背景,涵盖汽车控制、工业制造、智能交通、飞行控制等领域。

切换系统的数学模型可用一个三元组来描述,即 $S=(D,F,L)$,式中的参数意义如下:

(1) $D=(I,E)$ 为切换系统离散事件动态系统的有向图,集合 $I=\{i_1, i_2, \cdots, i_n\}$,$E$ 为有向集 $I \times I = \{(i,i) | i \in I\}$ 的子集,表示为所有离散事件。若 $e=(i_1, i_2)$ 发生,表示从离散状态 i_1 切换到离散状态 i_2。

(2) $F=\{f_i:X_i\times U_i\times R\rightarrow R^n\,|\,i\in I\}$ 为连续变量动态子系统,f_i 表示为子系统的向量场 $\dot{x}=f_i(x,u,t)$,X_i 为子系统的状态变量集合,U_i 为子系统的控制变量集合。

(3) $L=\{L_E\cup L_I\}$ 为连续变量动态子系统和切换规则之间的逻辑约束,其中 L_E 表示外部事件切换集合,$L_E=\{\Lambda_e|\Lambda_e\subseteq R^n,\ \varnothing\neq\Lambda_e\subseteq X_{i1}\cap X_{i2},\ e=(i_1,i_2)\in E_E\}$;$L_I$ 表示内部事件切换集合,$L_I=\{\Lambda_e|\Lambda_e\subseteq R^n,\ \varnothing\neq\Lambda_e\subseteq X_{i1}\cap X_{i2},\ e=(i_1,i_2)\in E_I\}$。

6.2.2.2 机电复合传动系统复杂模型

机电复合传动系统不同工作模式间的选择与切换是由驾驶员的不同操作以及整车的控制系统决定的,并通过操纵元件(离合器/制动器)的接合或分离来实现。我们可以把车辆的每一种工作模式看作一种状态,这些状态间的切换可以看作由一系列离散事件造成的。同时,在每一种特定工作模式下,可以把此时的车辆动态子系统看作一个相对独立的连续变量动态系统。

因此,机电复合传动系统可以描述为连续时间动态系统和一系列离散事件动态系统及其相互作用的切换系统。在进行机电复合传动系统控制系统设计时,必须详细建立模式切换前后离散状态与切换过程中连续状态的切换系统模型,这里定义为机电复合传动系统的复杂模型,为后文进行模式切换动态特性分析和控制策略研究奠定必要的基础。

1. 离散事件动态系统

以 EVT1 模式切换到 EVT2 模式为例,按照上文设定的操纵时序,模式切换过程需要经历 EVT1 模式,离合器 C1 接合阶段,制动器 BK 分离阶段以及 EVT2 模式,如图 6.4 所示。

图 6.4 模式切换过程操纵元件时序

由此可见,模式切换过程被划分为四个阶段,每个阶段对应不同的离散状态,各状态之间的系统结构和动态特性各不相同。结合上式,集合 I 为离散状

的有限集合,主要用于描述车辆的不同工作状态,因此离散状态集 I 可表示为

$$I = \{i_1, i_2, i_3, i_4\} \quad (6-18)$$

式中,离散状态 i_1 表示为 EVT1 模式,离散状态 i_2 表示为离合器接合阶段,离散状态 i_3 表示为制动器分离阶段,离散状态 i_4 表示为 EVT2 模式。

离散事件集 E 可表示为

$$E = \{(i_1, i_2), (i_2, i_3), (i_3, i_4)\} \quad (6-19)$$

式中,离散事件 $e_1 = (i_1, i_2)$ 表示从 EVT1 模式切换到离合器接合阶段,离散事件 $e_2 = (i_2, i_3)$ 表示从离合器接合阶段切换到制动器分离阶段,离散事件 $e_3 = (i_3, i_4)$ 表示从制动器分离阶段切换到 EVT2 模式。

2. 连续变量动态系统

连续变量动态系统主要描述车辆在不同转矩作用下的转速变化规律,针对模式切换过程的四个不同阶段分别用动力学方程来表示。

(1) EVT1 模式:离合器 C1 断开,制动器 BK 锁止。

$$\begin{cases} J_e \dot{\omega}_e = T_e - T_{fg} \\ J_{fg} \ddot{\theta}_i = i_q T_{fg} - T_i \\ J_{C2} \dot{\omega}_i = T_i - T_{C2} \\ (J_A + J_{R1}) \dot{\omega}_A = T_A - T_{R1} \\ (J_B + J_{S1} + J_{S2} + J_{S3}) \dot{\omega}_B = T_B - T_{S1} - T_{S2} - T_{S3} \\ (J_{C1} + J_{R2}) \dot{\omega}_{C1} = T_{C1} + T_{R2} \\ (J_o + J_{C3}) \dot{\omega}_o = T_o - T_f \end{cases} \quad (6-20)$$

(2) 离合器接合阶段:离合器 C1 处于接合状态,制动器 BK 锁止。

$$\begin{cases} J_e \dot{\omega}_e = T_e - T_{fg} \\ J_{fg} \ddot{\theta}_i = i_q T_{fg} - T_i \\ J_{C2} \dot{\omega}_i = T_i - T_{C2} \\ (J_A + J_{R1}) \dot{\omega}_A = T_A - T_{R1} \\ (J_B + J_{S1} + J_{S2} + J_{S3}) \dot{\omega}_B = T_B - T_{S1} - T_{S2} - T_{S3} \\ (J_{C1} + J_{R2}) \dot{\omega}_{C1} = T_{C1} + T_{R2} - T_{CL} \\ (J_o + J_{C3}) \dot{\omega}_o = T_o - T_f \end{cases} \quad (6-21)$$

(3) 制动器分离阶段：离合器 C1 锁止，制动器 BK 处于分离状态。

$$\begin{cases} J_e \dot{\omega}_e = T_e - T_{fg} \\ J_{fg} \ddot{\theta}_i = i_q T_{fg} - T_i \\ J_{C2} \dot{\omega}_i = T_i - T_{C2} \\ (J_A + J_{R1}) \dot{\omega}_A = T_A - T_{R1} \\ (J_B + J_{S1} + J_{S2} + J_{S3}) \dot{\omega}_B = T_B - T_{S1} - T_{S2} - T_{S3} \\ (J_o + J_{C3} + J_{C1} + J_{R2}) \dot{\omega}_o = T_o - T_f \\ J_{R3} \dot{\omega}_{R3} = T_{R3} - T_{BK} \end{cases} \quad (6-22)$$

(4) EVT2 模式：离合器 C1 锁止，制动器 BK 断开。

$$\begin{cases} J_e \dot{\omega}_e = T_e - T_{fg} \\ J_{fg} \ddot{\theta}_i = i_q T_{fg} - T_i \\ J_{C2} \dot{\omega}_i = T_i - T_{C2} \\ (J_A + J_{R1}) \dot{\omega}_A = T_A - T_{R1} \\ (J_B + J_{S1} + J_{S2} + J_{S3}) \dot{\omega}_B = T_B - T_{S1} - T_{S2} \\ (J_o + J_{C3} + J_{C1} + J_{R2}) \dot{\omega}_o = T_o - T_f \end{cases} \quad (6-23)$$

对应的状态变量集合和控制变量集合的选择如下：

$$\begin{cases} \boldsymbol{x}(t) = [\theta_e - i_q \theta_i, \omega_e, \omega_A, \omega_B]^T \\ \boldsymbol{u}(t) = [T_e, T_A, T_B, T_f, T_{CL}, T_{BK}]^T \end{cases} \quad (6-24)$$

由于模式切换过程具有不同的工作模式，当选择不同时，微分方程的描述形式也不一样，状态映射函数 f_i 体现着离散系统的决策结果对连续受控过程动态行为的支配作用，即离散状态 i_k 与连续变量动态子系统的映射关系为

$$i_k \to f_k : \dot{\boldsymbol{x}}(t) = \boldsymbol{A}_k \boldsymbol{x}(t) + \boldsymbol{B}_k \boldsymbol{u}(t) \quad (k = 1, 2, 3, 4) \quad (6-25)$$

式中，$\boldsymbol{A}_k$ 为状态变量矩阵；$\boldsymbol{B}_k$ 为控制变量矩阵。

3. 模式切换规则

切换规则的设计关键在于规范与离散事件相对应的连续状态集合的逻辑约束

条件，用以表征连续事件动态系统对离散事件动态系统的映射关系。针对本章的研究内容，关键在于设计出机电复合传动系统在模式切换过程发生状态切换的临界条件。模式切换控制流程如图6.5所示。

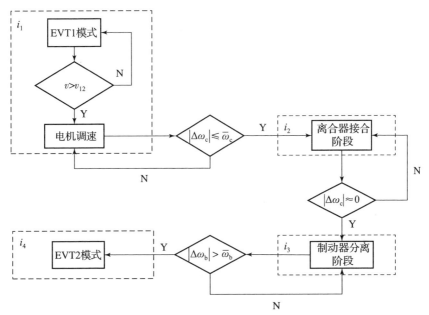

图6.5 模式切换控制流程

从图6.5可以看出，从EVT1模式切换到EVT2模式过程发生的离散事件依次为 $e_1 = (i_1, i_2)$，$e_2 = (i_2, i_3)$，$e_3 = (i_3, i_4)$。结合第2章设计的模式切换规律与本章提出的切换系统概念，模式切换过程可描述为：当车辆行驶在低速工况时，系统处于EVT1模式；当车速大于换挡车速 v_{12} 时，电机对离合器进行调速，使得离合器两端速差小于阈值 $\bar{\omega}_c$，此时触发离散事件 $e_1 = (i_1, i_2)$，系统进入离合器接合阶段；当离合器两端速差等于0时，离合器锁止，此时触发离散事件 $e_2 = (i_2, i_3)$，系统进入制动器分离阶段；当制动器两端速差大于阈值 $\bar{\omega}_b$ 时，制动器断开，此时系统进入EVT2模式。

离合器C1和制动器BK在接合或分离过程的速差公式如下：

$$\begin{cases} \Delta\omega_c = \left| \dfrac{K_2(1+K_3)\omega_A + (K_3 - K_2)\omega_B}{(1+K_2)(1+K_3)} \right| \\ \Delta\omega_b = \left| \dfrac{(1+K_3)K_2}{K_3(1+K_2)}\omega_A + \dfrac{K_3 - K_2}{K_3(1+K_2)}\omega_B \right| \end{cases} \quad (6-26)$$

假设切换信号 σ 是一个逐段常数函数，它可以依赖于时间、它本身的过去值、系统的状态量、系统的输出量或者系统的外部信号等。参照模式切换控制流程，机电复合传动系统的模式切换规则如下：

$$\sigma(t^+) = \begin{cases} 1 \\ 2, \left\{ \sigma(t^-) = 1, v > v_{12}, \left| \dfrac{K_2(1+K_3)\omega_A + (K_3-K_2)\omega_B}{(1+K_2)(1+K_3)} \right| \leqslant \bar{\omega}_c \right\} \\ 3, \left\{ \sigma(t^-) = 2, v > v_{12}, \left| \dfrac{K_2(1+K_3)\omega_A + (K_3-K_2)\omega_B}{(1+K_2)(1+K_3)} \right| \approx 0 \right\} \\ 4, \left\{ \sigma(t^-) = 3, v > v_{12}, \left| \dfrac{(1+K_3)K_2}{K_3(1+K_2)}\omega_A + \dfrac{K_3-K_2}{K_3(1+K_2)}\omega_B \right| > \bar{\omega}_b \right\} \end{cases}$$

(6-27)

综合以上研究，通过引入切换系统的概念，将机电复合传动系统转化为一个集离散事件动态系统和连续变量动态系统及其相互作用的切换系统，基于切换系统的机电复合传动系统复杂模型如图 6.6 所示。

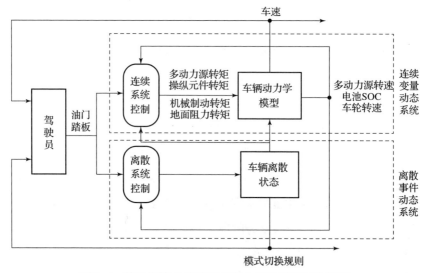

图 6.6　基于切换系统的机电复合传动系统复杂模型

4. 模式切换规则与模式切换控制的关系

本节在切换系统概念下所提出的模式切换规则，是在模式切换规律的基础上，进一步细化了离合器和制动器的接合与分离过程。由于能量管理策略是机电复合传动系统的关键技术，发动机、电机工作点以及工作模式均应当由能量管理策略给出，从这一角度出发，模式切换规则可认为是能量管理策略的一部分；此外，模式切换规则在每一个控制输入时刻，选择是继续以当前模式工作，或是切换到其他模式，实际上对应一个瞬时决策过程，更加适合嵌入瞬态控制策略架构中。

6.3 基于模型预测和控制分配的模式间切换转矩协调控制策略

6.3.1 过驱动系统控制分配

为了方便后文控制器设计过程，本节对系统的变量进行规范化的定义和处理。选取状态量为 $x_1(t) = \omega_1(t)$，$x_2(t) = \omega_2(t)$；输入量为 $T_1(t) = u_1(t)$，$T_2(t) = u_2(t)$，$T_{CL}(t) = u_3(t)$；输出量为 $y_1(t) = x_1(t)$，$y_2(t) = x_2(t)$；负载扰动量为 $d_1(t) = T_{f1}(t)$，$d_2(t) = T_{f2}(t)$。这里需要注意，由于系统输出量可直接由控制量得到，中间并没有经过状态量，在采用模型预测控制算法过程中控制量又是由优化输出量反馈得到，由于计算的时序性，为了避免在线优化过程中的死锁现象和代数环问题，分别在离合器主/被动端引入参数 b_1 和 b_2，作为轴1和轴2的阻尼系数。阻尼系数 b_1 和 b_2 非常小，相比于路面负载转矩对轴1和轴2的影响可忽略不计，因此，模式切换过程中离合器滑摩阶段的状态空间表达式为

$$\begin{cases} \dot{\boldsymbol{x}} = \boldsymbol{A}\boldsymbol{x} + \boldsymbol{B}\boldsymbol{u} + \tilde{\boldsymbol{B}}\boldsymbol{d} \\ \boldsymbol{y} = \boldsymbol{C}\boldsymbol{x} \end{cases} \quad (6-28)$$

其中，$\boldsymbol{x} = [x_1(t) \quad x_2(t)]^T$，$\boldsymbol{u} = [u_1(t) \quad u_2(t) \quad u_3(t)]^T$，$\boldsymbol{y} = [y_1(t) \quad y_2(t)]^T$，$\boldsymbol{d} = [d_1(t) \quad d_2(t)]^T$，$\boldsymbol{A} = \begin{bmatrix} -\dfrac{b_1}{J_1} & 0 \\ 0 & -\dfrac{b_2}{J_2} \end{bmatrix}$，$\boldsymbol{B} = \begin{bmatrix} \dfrac{1}{J_1} & 0 & -\dfrac{1}{J_1} \\ 0 & \dfrac{1}{J_2} & \dfrac{1}{J_2} \end{bmatrix}$，$\tilde{\boldsymbol{B}} = \begin{bmatrix} -\dfrac{1}{J_1} & 0 \\ 0 & -\dfrac{1}{J_2} \end{bmatrix}$，

$\boldsymbol{C} = \begin{bmatrix} 1 & 0 \\ 0 & 1 \end{bmatrix}$。

控制量约束为

$$\begin{cases} u_{1\min}(t) \leqslant u_1(t) \leqslant u_{1\max}(t) \\ u_{2\min}(t) \leqslant u_2(t) \leqslant u_{2\max}(t) \\ u_{3\min}(t) \leqslant u_3(t) \leqslant u_{3\max}(t) \end{cases} \tag{6-29}$$

由于控制输入 u 的维数严格大于输出 y 的维数,因此滚动时域控制形式是一个控制受限且存在控制冗余的过驱动系统。针对过驱动系统的控制问题,目前多采用基于控制分配的模块化分层设计思路,将控制器与控制分配分离设计,如图 6.7 所示。通过将过驱动控制系统设计过程模块化,分为上层控制器输出虚拟控制指令、中层控制量分配和下层执行器控制输出。控制分配的优势在于,在不改变上层控制算法的基础上,通过考虑当前时刻的约束来实现控制重构,同时不改变闭环系统的性能。

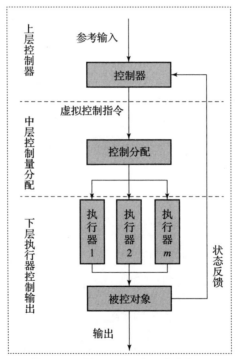

图 6.7　基于控制分配的过驱动系统模块化分层设计

根据控制分配的思想,这里引入虚拟控制指令 $v = [v_1 \quad v_2]^T$,v_1、v_2 分别表示作用在轴 1 和轴 2 的虚拟转矩,因此实际控制量和虚拟控制指令之间的关系为

$$v = B_u u \tag{6-30}$$

式中，$\boldsymbol{B}_u = \begin{bmatrix} 1 & 0 & -1 \\ 0 & 1 & 1 \end{bmatrix}$，因此控制矩阵 $\boldsymbol{B}$ 可分解为

$$\boldsymbol{B} = \boldsymbol{B}_v \boldsymbol{B}_u \tag{6-31}$$

式中，$\boldsymbol{B}_v = \begin{bmatrix} \dfrac{1}{J_1} & 0 \\ 0 & \dfrac{1}{J_2} \end{bmatrix}$，则离合器滑摩阶段的状态空间表达式所对应的等价状态空间描述为

$$\begin{cases} \dot{\boldsymbol{x}} = \boldsymbol{A}\boldsymbol{x} + \boldsymbol{B}_v \boldsymbol{v} + \tilde{\boldsymbol{B}} \boldsymbol{d} \\ \text{s. t. } v_{\min} \leqslant v \leqslant v_{\max} \end{cases} \tag{6-32}$$

式中，$\boldsymbol{v}_{\min} = [u_{1\min} - u_{3\min} \quad u_{2\min} + u_{3\min}]^T$，$\boldsymbol{v}_{\max} = [u_{1\max} - u_{3\max} \quad u_{2\max} + u_{3\max}]^T$。针对本书模式切换过程存在的过驱动问题，过驱动控制器的设计可基于模型预测控制算法协调控制转矩，降低离合器摩擦转矩不连续对系统造成的冲击，保证模式切换过程的平稳过渡；基于最优虚拟控制指令，控制分配方法可调整控制转矩的权重关系，实现机电复合传动系统在动力性能方面和离合器滑摩功方面折中的效果。

基于模型预测和控制分配的模式切换转矩协调控制策略如图 6.8 所示，首先模型预测控制器根据参考转速 ω_{ref} 和实际转速 ω_{act} 求解出最优虚拟控制指令 v；然后控制分配针对最优虚拟控制指令 v 进行分配，求解得到的实际控制转矩 u 与外界扰动 d 共同作用于车辆，保证车辆的正常行驶。

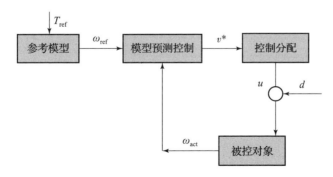

图 6.8　基于模型预测和控制分配的模式切换转矩协调控制策略

6.3.2 模式切换参考模型建立

为了实现模式切换过程的平稳过渡，引入参考模型来规范模式切换过程的期望性能。选取模式切换后的动态模型作为参考模型，离合器处于锁止阶段，即主、被动端的速差为零，系统由等效转矩 T_1 和 T_2 驱动，使得被动对象的实际输出量跟踪参考模型的状态量。参考模型的动力学方程为

$$(J_1 + J_2)\dot{\omega}_{ref}(t) = T_{ref}(t) - (b_1 + b_2)\omega_m(t) - T_{f1}(t) - T_{f2}(t) \quad (6-33)$$

式中，ω_{ref} 为参考转速，$T_{ref}(t)$ 为参考转矩，$T_{ref}(t) = T_1(t) + T_2(t)$。

6.3.3 模型预测控制器设计

本节采用离散时间的模型预测算法，设采样时间间隔为 τ_s，则离合器滑摩阶段的状态方程的离散形式为

$$\boldsymbol{x}_d(k+1) = \boldsymbol{A}_d \boldsymbol{x}_d(k) + \boldsymbol{B}_d \boldsymbol{v}_d(k) + \boldsymbol{B}_\xi \boldsymbol{d}(k) \quad (6-34)$$

其中，$\boldsymbol{x}_d(k) = [x_1(k) \quad x_2(k)]^T$，$\boldsymbol{v}_d(k) = [v_1(k) \quad v_2(k)]$，$\boldsymbol{d}(k) = [d_1(k) \quad d_2(k)]^T$，

$$\boldsymbol{A}_d = \begin{bmatrix} 1 - \dfrac{b_1 \tau_s}{J_1} & 0 \\ 0 & 1 - \dfrac{b_2 \tau_s}{J_2} \end{bmatrix}, \boldsymbol{B}_d = \begin{bmatrix} \dfrac{\tau_s}{J_1} & 0 \\ 0 & \dfrac{\tau_s}{J_2} \end{bmatrix}, \boldsymbol{B}_\xi = \begin{bmatrix} -\dfrac{\tau_s}{J_1} & 0 \\ 0 & -\dfrac{\tau_s}{J_2} \end{bmatrix}.$$

为了减少或消除静态误差，将参考模型的动力学方程运用差分运算并改写成增量模型：

$$\Delta \boldsymbol{x}_d(k+1) = \boldsymbol{A}_d \Delta \boldsymbol{x}_d(k) + \boldsymbol{B}_d \Delta \boldsymbol{v}_d(k) \quad (6-35)$$

其中，状态增量为 $\Delta \boldsymbol{x}_d(k) = \boldsymbol{x}_d(k) - \boldsymbol{x}_d(k-1)$，控制增量为 $\Delta \boldsymbol{v}_d(k) = \boldsymbol{v}_d(k) - \boldsymbol{v}_d(k-1)$，定义新的状态变量：

$$\bar{\boldsymbol{x}}(k) = [\Delta \boldsymbol{x}_d(k)^T \quad \boldsymbol{x}_d(k)^T]^T = \begin{bmatrix} \Delta x_1(k) \\ \Delta x_2(k) \\ x_1(k) \\ x_2(k) \end{bmatrix} \quad (6-36)$$

则新的增广模型为

$$\begin{cases} \bar{x}(k+1) = A_{\text{aug}} \bar{x}(k) + B_{\text{aug}} \Delta v_{\text{d}}(k) \\ \bar{y}(k) = C_{\text{aug}} \bar{x}(k) \end{cases} \quad (6-37)$$

式中，$A_{\text{aug}} = \begin{bmatrix} 1-\dfrac{b_1\tau_s}{J_1} & 0 & 0 & 0 \\ 0 & 1-\dfrac{b_2\tau_s}{J_2} & 0 & 0 \\ 1-\dfrac{b_1\tau_s}{J_1} & 0 & 1 & 0 \\ 0 & 1-\dfrac{b_2\tau_s}{J_2} & 0 & 1 \end{bmatrix}$，$B_{\text{aug}} = \begin{bmatrix} \dfrac{\tau_s}{J_1} & 0 \\ 0 & \dfrac{\tau_s}{J_2} \\ \dfrac{\tau_s}{J_1} & 0 \\ 0 & \dfrac{\tau_s}{J_2} \end{bmatrix}$，$C_{\text{aug}} = \begin{bmatrix} 0 & 0 & 1 & 0 \\ 0 & 0 & 0 & 1 \end{bmatrix}$。

考虑到模型预测控制需要在每个采样时刻求解最优问题，预测时域 N 和控制时域 M 决定着系统的运算量。对增广模型运用迭代运算预测输出变量的形式为

$$Y_{\text{p}} = S_x \bar{x}(k) + S_v \Delta V(k) \quad (6-38)$$

式中，$Y_{\text{p}} = \begin{bmatrix} \bar{y}(k+1|k) \\ \bar{y}(k+2|k) \\ \vdots \\ \bar{y}(k+6|k) \end{bmatrix}$，$S_x = \begin{bmatrix} C_{\text{aug}} A_{\text{aug}} \\ C_{\text{aug}} A_{\text{aug}}^2 \\ \vdots \\ C_{\text{aug}} A_{\text{aug}}^6 \end{bmatrix}$，$S_v = \begin{bmatrix} C_{\text{aug}} B_{\text{aug}} \\ C_{\text{aug}} A_{\text{aug}} B_{\text{aug}} \\ \vdots \\ C_{\text{aug}} A_{\text{aug}}^5 B_{\text{aug}} \end{bmatrix}$。

设定 $r(k) = [\omega_{\text{ref}}(k) \quad \omega_{\text{ref}}(k)]^{\text{T}}$ 作为模型预测控制器中输出量 $y_1(k)$ 和 $y_2(k)$ 的参考信号，使得离合器主动端和被动端的转速能实时跟踪参考信号，完成从滑摩阶段到锁止阶段的过渡过程。因此，控制目标为寻找使参考信号与预测输出之间的误差函数最小的最优控制增量 ΔV，目标函数为

$$J = (R - Y_{\text{p}})^{\text{T}} (R - Y_{\text{p}}) + \Delta V^{\text{T}} R_v \Delta V \quad (6-39)$$

式中，R 为参考信号的向量矩阵，R_v 为调节控制向量的权重矩阵。使目标函数最小的必要条件为

$$\frac{\partial J}{\partial \Delta V} = 0$$

求解得到的最优控制增量 ΔV 为

$$\Delta V(k) = (\mathbf{S}_v^T \mathbf{S}_v + \mathbf{R}_v)^{-1} (\mathbf{S}_v^T \mathbf{R}_v r(k) - \mathbf{S}_v^T \mathbf{F} \bar{x}(k)) \quad (6-40)$$

则系统当前时刻最优虚拟控制：

$$v_d(k) = v_d(k-1) + \Delta v(k) \quad (6-41)$$

6.3.4 控制量最小化的控制分配方法

根据上文求得的最优虚拟控制指令 v，下一步将根据控制分配思想将其分配至实际控制量 u 上。为了保证模式切换过程的控制效果，下面将采用控制量最小化的分配方法，目标函数如下：

$$\begin{cases} \min_u J_u = \dfrac{1}{2} \| \mathbf{W}_u (u - u_d) \|_2^2 \\ \text{s. t.} \quad v = \mathbf{B}_u u \\ \quad\quad u_{\min} \leqslant u \leqslant u_{\max} \end{cases} \quad (6-42)$$

式中，$\mathbf{W}_u = \begin{bmatrix} w_1 & 0 & 0 \\ 0 & w_2 & 0 \\ 0 & 0 & w_3 \end{bmatrix}$ 为控制加权矩阵；u_d 为目标控制量，用以约束实际控制量使得目标函数取得最小值。该优化问题的拉格朗日函数为

$$L(u, \lambda, \mu) = J_u + \sum_{i=1}^{2} \lambda_i f_i(u) + \sum_{k=1}^{6} \mu_k h_k(u) \quad (6-43)$$

式中，$f_i(u)(i=1,2)$ 为等式约束，表达式如下：

$$\begin{cases} f_1(u) = u_1 - u_3 - v_1 \\ f_2(u) = u_2 + u_3 - v_2 \end{cases} \quad (6-44)$$

$h_k(u)(k=1,2,\cdots,6)$ 为不等式约束，表达式如下：

$$\begin{cases} h_i(u) = u_i - u_{i\max} (i=1,2,3) \\ h_{j+3}(u) = u_{j\min} - u_j (j=1,2,3) \end{cases} \quad (6-45)$$

采用库恩-塔克（Karush - Kuhn - Tucker，KKT）条件求解此类同时存在等式和不等式约束的最优化问题：

$$\begin{cases} \dfrac{\partial L}{\partial u}\bigg|_{u=u^*} = 0 \\ \lambda_i \neq 0, \mu_k \geq 0 \\ \mu_k h_k(u^*) = 0 \\ f_i(u^*) = 0 \\ h_k(u^*) \leq 0 \end{cases} \quad (6-46)$$

最终求得实际最优控制量为

$$\begin{cases} u_1 = \dfrac{(w_2^2 + w_3^2)v_1 + w_2^2 v_2}{w_1^2 + w_2^2 + w_3^2} \\ u_2 = \dfrac{w_1^2 v_1 + (w_1^2 + w_3^2)v_2}{w_1^2 + w_2^2 + w_3^2} \\ u_3 = \dfrac{-w_1^2 v_1 + w_2^2 v_2}{w_1^2 + w_2^2 + w_3^2} \end{cases} \quad (6-47)$$

6.3.5 仿真结果分析

为了验证模式切换过程中基于模型预测和控制分配的转矩协调控制策略（MPC）的有效性，仿真过程采用传统操作方法作为基准（Baseline），用以对比本节所提的转矩协调控制策略的性能。Baseline方法假设等效转矩和离合器转矩均以线性比例增加，即

$$T_1 = T_{1\text{ref}} + 150t, T_2 = T_{2\text{ref}} + 50t, T_{\text{CL}} = -2\,000t \quad (6-48)$$

经过调试与对比，离合器接合速差的阈值为 200 r/min，模型预测控制器采样时间间隔为 0.01 s，虚拟控制量的权重矩阵为 $\boldsymbol{R}_v = \text{diag}(4, 2)$，实际控制量的加权矩阵 $\boldsymbol{W}_u = \text{diag}(2, 1, 3)$。此外，本书采用车辆纵向冲击度和离合器滑摩功作为模式切换过程切换品质的评价指标，公式如下：

$$\begin{cases} j = \dfrac{\mathrm{d}a_v}{\mathrm{d}t} = \dfrac{\mathrm{d}^2 v}{\mathrm{d}t^2} \\ W_{\text{CL}} = \int_{t_1}^{t_2} T_{\text{CL}} |\Delta\omega| \mathrm{d}t \end{cases} \quad (6-49)$$

式中，j 为车辆纵向冲击度；a_v 为车辆纵向加速度；W_{CL} 为离合器滑摩功；$\Delta\omega$ 为

离合器主被动端的速差；t_1 为离合器滑摩阶段的开始时刻；t_2 为离合器滑摩阶段的结束时刻。

在模式切换开始时刻，离合器主动端的初始转速为 1 750 r/min，被动端的初始转速为 1 450 r/min。Baseline 方法采用离合器快速充油策略以增加离合器转矩，在仿真时间 0.58 s 时刻完成离合器接合并进入锁止阶段，此时由离合器转矩 $T_{CL}(t)$ 求得离合器转矩；而 MPC 在初始阶段采用电机主动调速方式，使离合器主被动端转速的速差迅速达到设定的阈值，此时离合器转矩为零。当仿真时间为 0.31 s 时，离合器的速差满足设定的阈值，此时进入离合器滑摩阶段同时产生摩擦转矩；当仿真时间为 0.73 s 时，离合器主/被动端完成同步接合，此时速差为零，离合器进入锁止阶段。通过对比发现，MPC 的离合器滑摩时间为 0.42 s，相比 Baseline 方法的滑摩时间 0.58 s 缩短了 0.16 s，在满足模式切换过程响应速度快的同时有助于减少离合器的滑摩损失。

为了保证模式切换过程的平稳过渡，MPC 能够增加 $T_1(t)$ 和 $T_2(t)$ 的转矩来补偿离合器的摩擦转矩。通过与 Baseline 方法对比发现，MPC 在保证车速稳步上升的同时，加速度的波动范围更小，车辆纵向冲击度的绝对值远小于 Baseline 方法的冲击度。

由于车辆的纵向冲击度是衡量车辆行驶过程纵向特性的重要指标，因此本书所提出的 MPC 能够显著地提高车辆在模式切换过程中的驾驶性能。

由约束的最优化问题可知，滑摩时间、摩擦转矩和速差是决定离合器滑摩损失的重要因素。通过上文分析可知，以上三个因素在 MPC 中均小于 Baseline 方法，因此大大减小了离合器的滑摩功，有助于延长离合器的使用寿命。

表 6.1 详细给出了离合器接合过程中 MPC 与 Baseline 方法控制效果对比。

表 6.1 MPC 与 Baseline 方法控制效果对比

参数	Baseline	MPC
离合器滑摩时间/s	0.58	0.42
加速度波动范围/(m·s^{-2})	−0.03~0.22	0.089~0.215
车辆纵向冲击度绝对值/(m·s^{-3})	14.61	0.15
离合器滑摩功/J	4 280	1 669

6.4 基于模型参考自适应的模式间切换控制策略

6.4.1 模型参考自适应控制

自适应控制作为一种基于数学模型的控制方法,能在系统运行过程中不断提取有关模型的信息,通过在线辨识使模型逐渐完善,使得控制系统具有一定的适应能力。模型参考自适应控制作为自适应控制中的经典控制方法,通过在系统中设置一个动态品质优良的参考模型,要求被控对象的动态特性与参考模型的动态特性一致,从而使控制效果达到设计要求。典型的模型参考自适应控制系统如图 6.9 所示。

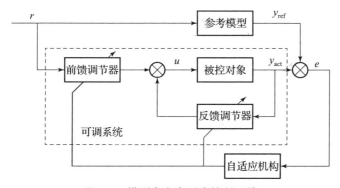

图 6.9　模型参考自适应控制系统

由图 6.9 可以看出,模型参考自适应控制系统由参考模型、可调系统和自适应机构组成。考虑到被控对象的参数一般情况下是不能调整的,可调系统通过引入前馈调节器和反馈调节器来改变被控对象的动态特性。模型参考自适应控制的设计一般采用 Lyapunov 稳定性理论和超稳定性理论,由于 Lyapunov 函数会产生半负定的时间导数,无法完全保证系统的渐近稳定,因此在应用 Lyapunov 稳定性理论时会受到某些限制。而超稳定性理论通过将系统化为一个非线性反馈系统形式(图 6.10),其中反馈回路是非线性的,前馈回路是线性的,在保证自适应系统稳定的前提下,能够给设计者提供更大的灵活性去设计不同类型的自适应规律,并选取适合于所研究具体控制问题的自适应规律。

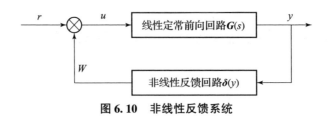

图 6.10 非线性反馈系统

考虑线性定常系统 $G(s)$ 的状态空间表达式为

$$\begin{cases} \dot{x} = Ax + Bu \\ y = Cx + Du \end{cases} \quad (6-50)$$

假设矩阵对 $[A,B]$ 完全可控,矩阵对 $[A,C]$ 完全可测,y 和 W 分别为反馈系统的输入量和输出量,$u = -W$。传递函数矩阵 $G(s)$ 的表达式为

$$G(s) = D + C(sI - A)^{-1} B \quad (6-51)$$

当 $G(s)$ 所有的极点都分布在左半平面,$\mathrm{Re}(s) < 0$ 且对任意的 ω 和 $s = j\omega$,$\mathrm{Re}\{G(j\omega)\} > 0$,则定义传递函数矩阵 $G(s)$ 是严格正实的。此外,若反馈系统满足不等式

$$\int_0^t W^\mathrm{T}(\tau) \cdot y(\tau) \mathrm{d}\tau \geqslant -r_0^2 \quad (6-52)$$

式中,r_0 为常数,取决于反馈系统的初始状态,则定义反馈系统满足波波夫积分不等式条件。

超稳定性理论的定义:在一个闭环系统中,其前向方块为 $G(s)$,反馈方块满足波波夫积分不等式。当传递函数矩阵 $G(s)$ 为正实时,这个闭环系统为超稳定系统。当 $G(s)$ 为严格正实时,这个闭环系统为渐近超稳定性系统。

针对离合器接合过程的动态方程,本节提出基于模型参考自适应(Model Reference Adaptive Control,MRAC)的转矩协调控制策略,包括参考模型、被控系统、线性补偿器以及自适应反馈控制器。其中,参考模型用以输出离合器接合后的参考转速 y_ref;被控系统为离合器滑摩阶段的动力学模型,用以输出离合器主/被动端的实际转速 y_1 和 y_2。为了保证前向方块严格正实,引入线性补偿器使前向方块和补偿器串联后的合成方块分子与分母的阶差不大于 1。自适应反馈控制器满足波波夫积分不等式条件,整体控制系统结构如图 6.11 所示。

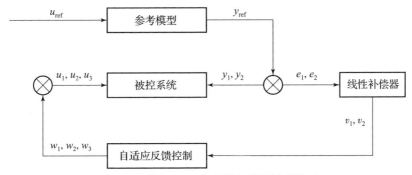

图 6.11 基于 MRAC 的转矩协调控制策略

6.4.2 线性补偿器设计

可以推导被控系统和参考模型的输出误差方程为

$$e(t) = \begin{pmatrix} e_1(t) \\ e_2(t) \end{pmatrix} = \begin{pmatrix} y_1(t) - y_{\text{ref}}(t) \\ y_2(t) - y_{\text{ref}}(t) \end{pmatrix} \quad (6-53)$$

控制目标为转速误差方程最终趋近于 0，即 $e_1(t) = e_2(t) = 0$。推导得到

$$\begin{pmatrix} \dot{e}_1(t) \\ \dot{e}_2(t) \end{pmatrix} = \begin{pmatrix} \dfrac{J_2 u_1(t)}{J_1(J_1+J_2)} - \dfrac{u_2(t)}{J_1+J_2} - \dfrac{u_3(t)}{J_1} - \dfrac{J_2}{J_1(J_1+J_2)}d_1(t) + \dfrac{1}{J_1+J_2}d_2(t) \\ -\dfrac{u_1(t)}{J_1+J_2} + \dfrac{J_1 u_2(t)}{J_2(J_1+J_2)} + \dfrac{u_3(t)}{J_2} + \dfrac{1}{J_1+J_2}d_1(t) - \dfrac{J_1}{J_2(J_1+J_2)}d_2(t) \end{pmatrix}$$

$$(6-54)$$

对上式进行微分转换得到

$$\begin{pmatrix} e_1(t) \\ e_2(t) \end{pmatrix} = \begin{pmatrix} \dfrac{1}{d/dt}\dfrac{J_2}{J_1(J_1+J_2)} & \dfrac{1}{d/dt}\left(-\dfrac{1}{J_1+J_2}\right) & \dfrac{1}{d/dt}\left(-\dfrac{1}{J_1}\right) \\ \dfrac{1}{d/dt}\left(-\dfrac{1}{J_1+J_2}\right) & \dfrac{1}{d/dt}\dfrac{J_1}{J_2(J_1+J_2)} & \dfrac{1}{d/dt}\dfrac{1}{J_2} \end{pmatrix}$$

$$\begin{pmatrix} \dfrac{1}{d/dt}\left(-\dfrac{J_2}{J_1(J_1+J_2)}\right) & \dfrac{1}{d/dt}\dfrac{1}{J_1+J_2} \\ \dfrac{1}{d/dt}\dfrac{1}{J_1+J_2} & \dfrac{1}{d/dt}\left(-\dfrac{J_1}{J_2(J_1+J_2)}\right) \end{pmatrix} \begin{pmatrix} u_1(t) \\ u_2(t) \\ u_3(t) \\ d_1(t) \\ d_2(t) \end{pmatrix} \quad (6-55)$$

式中，d/dt 代表微分算子。设 L 为转速误差 $e_j(j=1,2)$ 到线性补偿器输出量 $v_j(j=1,2)$ 的传递矩阵，则上式可以转化为

$$\begin{pmatrix} v_1 \\ v_2 \end{pmatrix} = L \begin{bmatrix} u_1(t) \\ u_2(t) \\ u_3(t) \\ d_1(t) \\ d_2(t) \end{bmatrix}$$

$$= \begin{pmatrix} \dfrac{L_{11}}{\mathrm{d}/\mathrm{d}t} \dfrac{J_2}{J_1(J_1+J_2)} & \dfrac{L_{12}}{\mathrm{d}/\mathrm{d}t}\left(-\dfrac{1}{J_1+J_2}\right) & \dfrac{L_{13}}{\mathrm{d}/\mathrm{d}t}\left(-\dfrac{1}{J_1}\right) & \dfrac{L_{14}}{\mathrm{d}/\mathrm{d}t}\left(-\dfrac{J_2}{J_1(J_1+J_2)}\right) & \dfrac{L_{15}}{\mathrm{d}/\mathrm{d}t}\dfrac{1}{J_1+J_2} \\ \dfrac{L_{21}}{\mathrm{d}/\mathrm{d}t}\left(-\dfrac{1}{J_1+J_2}\right) & \dfrac{L_{22}}{\mathrm{d}/\mathrm{d}t}\dfrac{J_1}{J_2(J_1+J_2)} & \dfrac{L_{23}}{\mathrm{d}/\mathrm{d}t}\dfrac{1}{J_2} & \dfrac{L_{24}}{\mathrm{d}/\mathrm{d}t}\dfrac{1}{J_1+J_2} & \dfrac{L_{25}}{\mathrm{d}/\mathrm{d}t}\left(-\dfrac{J_1}{J_2(J_1+J_2)}\right) \end{pmatrix} \begin{pmatrix} u_1(t) \\ u_2(t) \\ u_3(t) \\ d_1(t) \\ d_2(t) \end{pmatrix} \quad (6-56)$$

根据超稳定性理论，传递矩阵 L 必须满足严格正实的条件，即

$$\begin{cases} L_{11} = \dfrac{\mathrm{d}}{\mathrm{d}t}, L_{12} = -\dfrac{\mathrm{d}}{\mathrm{d}t}, L_{13} = -\dfrac{\mathrm{d}}{\mathrm{d}t}, L_{14} = -\dfrac{\mathrm{d}}{\mathrm{d}t}, L_{15} = \dfrac{\mathrm{d}}{\mathrm{d}t} \\ L_{21} = -\dfrac{\mathrm{d}}{\mathrm{d}t}, L_{22} = \dfrac{\mathrm{d}}{\mathrm{d}t}, L_{23} = \dfrac{\mathrm{d}}{\mathrm{d}t}, L_{24} = \dfrac{\mathrm{d}}{\mathrm{d}t}, L_{25} = -\dfrac{\mathrm{d}}{\mathrm{d}t} \end{cases} \quad (6-57)$$

则传递矩阵 L 的表达式为

$$L = \begin{pmatrix} \dfrac{J_2}{J_1(J_1+J_2)} & \dfrac{1}{J_1+J_2} & \dfrac{1}{J_1} & \dfrac{J_2}{J_1(J_1+J_2)} & \dfrac{1}{J_1+J_2} \\ \dfrac{1}{J_1+J_2} & \dfrac{J_1}{J_2(J_1+J_2)} & \dfrac{1}{J_2} & \dfrac{1}{J_1+J_2} & \dfrac{J_1}{J_2(J_1+J_2)} \end{pmatrix} \quad (6-58)$$

6.4.3 自适应反馈控制器设计

为了保证反馈系统满足波波夫积分不等式条件，这里采用反馈比例参数控制

算法设计自适应反馈控制器，表达式为

$$w_j = \sum_{i=1}^{2} K_{ij}(v_{ij}), j = 1,2,3 \qquad (6-59)$$

式中，$v_j(j=1,2)$ 为线性补偿器的输出量；$v_{ij}(i=1,2;j=1,2,3)$ 为 v_i 的分量，$K_{ij}(i=1,2;j=1,2,3)$ 为自适应比例函数；$w_j(j=1,2,3)$ 为反馈控制器的输出量。这里定义自适应比例函数 $K_{ij}(v_{ij})$ 为

$$K_{ij}(v_{ij}) = a_{ij} \cdot v_{ij}(i=1,2;j=1,2,3) \qquad (6-60)$$

式中，$a_{ij}(i=1,2;j=1,2,3)$ 为自适应反馈比例系数。由此可以看出，针对输出量 $u_1(t)$、$u_2(t)$ 和 $u_3(t)$，当反馈比例系数 a_{ij} 满足 $a_{ij} \geq 0$ 时，自适应反馈控制系统均满足波波夫积分不等式条件，即

$$\int_0^t K_{ij}(v_{ij})v_{ij}\mathrm{d}t = \int_0^t a_{ij} \cdot v_{ij}^2 \mathrm{d}t \geq 0 \quad (i=1,2;j=1,2,3) \qquad (6-61)$$

另一方面，为了避免离合器接合过程中滑摩－同步切换瞬间传递转矩的不连续性，这里定义

$$\begin{cases} a_{ij} = b_{ij} + c_{ij} \cdot \mathrm{abs}(e_i) \\ \mathrm{s.\,t.\,} b_{ij} > 0, c_{ij} > 0 (i=1,2,j=3) \end{cases} \qquad (6-62)$$

$v_{ij}(i=1,2;j=3)$ 体现了控制量 $u_3(t)$ 对离合器主/被动端转速变化速率的作用，因此针对式（6－62），$b_{ij}(i=1,2;j=3)$ 影响着离合器主/被动端转速的变化速率，$c_{ij}(i=1,2;j=3)$ 影响着被控系统和参考模型之间转速误差的变化速率。

由转速误差方程（6－53）可以得出，当 $e_1(t) = e_2(t) = 0$ 时，控制量 $u_3(t)$ 的参考输入量为

$$u_{3\mathrm{r}}(t) = \frac{J_2}{J_1+J_2}u_1(t) - \frac{J_2}{J_1+J_2}d_1(t) - \frac{J_1}{J_1+J_2}u_2(t) + \frac{J_1}{J_1+J_2}d_2(t)$$

$$(6-63)$$

通过对比自适应比例函数 $K_{ij}(v_{ij})$ 和反馈系统满足条件可以发现，参考输入量 $u_{3\mathrm{r}}(t)$ 等于离合器锁止阶段的摩擦转矩。因此，$v_{ij}(i=1,2;j=3)$ 由输出误差方程可以推导出

$$\begin{cases} v_{13} = v_1 - \dfrac{1}{J_1}\left(\dfrac{J_2}{J_1+J_2}u_1(t) - \dfrac{J_2}{J_1+J_2}d_1(t) - \dfrac{J_1}{J_1+J_2}u_2(t) + \dfrac{J_1}{J_1+J_2}d_2(t)\right) \\ v_{23} = v_2 - \dfrac{1}{J_2}\left(\dfrac{J_2}{J_1+J_2}u_1(t) - \dfrac{J_2}{J_1+J_2}d_1(t) - \dfrac{J_1}{J_1+J_2}u_2(t) + \dfrac{J_1}{J_1+J_2}d_2(t)\right) \end{cases}$$

(6-64)

联立上述公式得

$$\begin{cases} v_{13} = v_1 - \dfrac{u_{3r}}{J_1} \\ v_{23} = v_2 - \dfrac{u_{3r}}{J_2} \end{cases}$$

(6-65)

综上所述,针对离合器滑摩阶段,基于 MRAC 的转矩协调控制策略可描述为

$$\begin{cases} u_1(t) = -a_{11}v_{11} - a_{21}v_{21} \\ u_2(t) = -a_{12}v_{12} - a_{22}v_{22} \\ u_3(t) = -(b_{13} + c_{13} \cdot \mathrm{abs}(e_1))\left(v_1 - \dfrac{u_{3r}}{J_1}\right) \\ \quad -(b_{23} + c_{23} \cdot \mathrm{abs}(e_2))\left(v_2 - \dfrac{u_{3r}}{J_2}\right), \sum_{i=1}^{2}\dfrac{b_{i3}}{J_i} = 1 \end{cases}$$

(6-66)

可以看出,当 $e_1(t) = e_2(t) = 0$ 时,离合器传递转矩 $u_3(t)$ 逐渐趋近于参考控制量 u_{3r},因此有效地避免了滑摩-同步切换瞬间离合器传递转矩的不连续性,从而保证离合器接合过程的平稳过渡。

6.4.4 仿真结果分析

为了验证模式切换过程中基于模型参考自适应的转矩协调控制策略(MRAC)的有效性,仿真过程仍然采用传统操作方法作为基准(Baseline),用以对比所提转矩协调控制策略的性能。经过调试与对比,离合器接合速差的阈值为 200 r/min,反馈比例系数 $a_{11} = 1.45$,$a_{21} = 0$,$a_{12} = 12$,$a_{22} = 50$,$c_{13} = 0.1$,$c_{23} = 0.1$。图 6.12 给出了模式切换过程中基于模型参考自适应的转矩协调控制与采用基准方法的仿真对比结果。

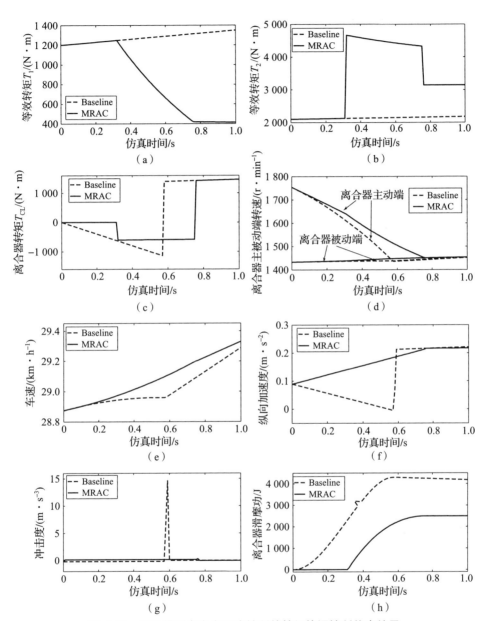

图 6.12　基于模型参考自适应控制的转矩协调控制仿真结果

(a) 作用在轴 1 上的等效转矩；(b) 作用在轴 2 上的等效转矩；
(c) 离合器转矩；(d) 离合器主被动端转速；(e) 车速；
(f) 纵向加速度；(g) 冲击度；(h) 离合器滑摩功

由图 6.12（d）可知，MRAC 的离合器滑摩时间为 0.45 s，相比 Baseline 方法的滑摩时间 0.58 s，缩短了 0.13 s。由图 6.12（a）、（b）和（c）分析可知，为了保证平稳的模式切换过程，MRAC 能够增加 $T_1(t)$ 和 $T_2(t)$ 的转矩来补偿负的离合器转矩。图 6.12（e）表明 MRAC 的车速比 Baseline 方法的车速更加平稳，保证了车辆行驶过程的乘车舒适性。

图 6.12（f）、（g）和（h）表明，与 Baseline 方法相比，MRAC 的加速度波动范围更小，冲击度绝对值更低，同时大大减小了离合器的滑摩损失。

表 6.2 详细给出了离合器接合过程中 MRAC 与 Baseline 方法的仿真结果对比。

表 6.2　MRAC 与 Baseline 方法控制效果对比

参数	Baseline	MRAC
离合器滑摩时间/s	0.58	0.45
加速度波动范围/(m·s^{-2})	-0.03~0.22	0.089~0.216
车辆纵向冲击度绝对值/(m·s^{-3})	14.61	0.31
离合器滑摩功/J	4 280	2 491

6.5　模型预测控制与模型参考自适应控制的对比

6.5.1　模式切换时间对比

图 6.13 给出了采用 MPC 和 MRAC 的模式切换时间仿真结果对比。可以看出，离合器滑摩阶段的开始时间为 0.31 s，当采用 MRAC 时，在仿真时间 0.76 s 完成离合器接合过程，模式切换时间为 0.45 s；当采用 MPC 时，在仿真时间 0.73 s 完成离合器接合过程，模式切换时间为 0.42 s，与 MRAC 相比，切换时间缩短了 0.03 s；另一方面，MPC 对离合器转矩补偿的效果显著优于 MRAC。

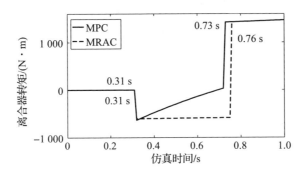

图 6.13 模式切换时间的仿真结果对比

6.5.2 车辆纵向加速度对比

图 6.14 给出了采用 MPC 和 MRAC 的车辆纵向加速度仿真结果对比。可以看出，MPC 的加速度动态特性优于 MRAC，使得切换过程中车辆的动力性更好。此外，通过放大比例图可以发现，在离合器完全接合瞬间，采用 MRAC 时加速度变化存在一定的折线波动，而 MPC 并不存在该现象，表明 MPC 对离合器摩擦转矩连续性的控制效果好于 MRAC。

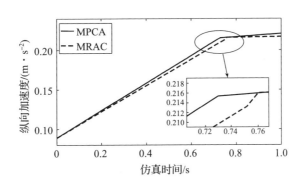

图 6.14 车辆纵向加速度的仿真结果对比

6.5.3 车辆纵向冲击度对比

图 6.15 给出了采用 MPC 与 MRAC 的冲击度仿真结果对比。可以看出，采用 MPC 时车辆的纵向冲击度绝对值为 0.15 m/s^3，而采用 MRAC 时车辆的纵向冲击

度绝对值为 0.31 m/s³。原因在于,MPC 对离合器摩擦转矩连续性的控制效果好于 MRAC,加速度变化趋势更平稳,因此车辆的纵向冲击度绝对值较小。

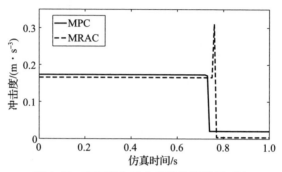

图 6.15　车辆纵向冲击度的仿真结果对比

6.5.4　仿真结果分析

图 6.16 给出了采用 MPC 与 MRAC 的离合器滑摩损失仿真结果对比。可以看出,MPC 的离合器滑摩功为 1 669 J,明显小于 MRAC 的离合器滑摩功 2 491 J。主要原因在于,MPC 在缩短离合器滑摩时间和补偿离合器转矩两个方面的控制效果优于 MRAC。

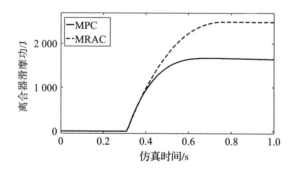

图 6.16　离合器滑摩功的仿真结果对比

表 6.3 列出了 MPC 与 MRAC 的模式切换评价指标参数对比。由于 MPC 对离合器转矩的补偿效果明显优于 MRAC,在保证模式切换响应速度更快的前提下能够进一步减小车辆的纵向冲击度,并显著地降低离合器的滑摩损失。综上所述,本章所提的 MPC 在模式切换过程中的控制效果优于 MRAC。

表 6.3 MPC 与 MRAC 控制效果对比

参数	MPC	MRAC
离合器滑摩时间/s	0.42	0.45
加速度波动范围/(m·s^{-2})	0.089~0.215	0.089~0.216
车辆纵向冲击度绝对值/(m·s^{-3})	0.15	0.31
离合器滑摩功/J	1 669	2 491

本章小结

本章基于机电复合传动的复杂模型，开展了模式切换控制策略的研究。首先，对模式切换过程相关问题进行描述。其次，为了表征机电复合传动多动力源转矩的动态特性，通过引入切换系统的概念，将机电复合传动描述为一个集离散事件动态系统和连续变量动态系统为一体的切换系统，建立了机电复合传动的复杂模型。再次，为了实现机电复合传动多动力源转矩的协调和解耦，完成快速平稳的模式切换，针对离合器滑摩阶段，采用基于模型预测控制分配的转矩协调控制策略，解决了离合器传递转矩不连续性所造成的冲击与滑摩损失的矛盾。最后，通过仿真验证了本章提出的模式切换控制策略的有效性，并分析了控制参数对控制效果的影响。仿真结果表明，机电复合传动在所提出的模式切换控制策略的作用下，能够在保证模式切换响应速度快和车速稳步上升的同时，有效地降低输出转矩波动和加速度波动，减小车辆的冲击度和离合器的滑摩损失，显著地改善模式切换品质，提高车辆的驾驶性能。

第 7 章

机电复合传动系统综合控制策略试验研究

在控制策略开发初期，通过软件仿真和硬件在环仿真可以有效避免设计缺陷所造成的后续开发和测试风险。但受限于系统建模精度，仿真研究中的数学模型难以完全模拟机电复合传动系统的工作，所以并不能全部代替真实系统的台架试验和整车道路试验。本章围绕机电复合传动系统的综合控制策略验证，对硬件在环仿真、台架试验、整车试验等平台的组成进行介绍。并基于提出的综合控制策略，设计了整车综合控制器软硬件，进行了硬件在环仿真、台架试验和整车道路试验，验证了研究的综合控制策略的有效性。

7.1 硬件在环仿真平台

硬件在环仿真的含义是将系统中某一实物部件连接到虚拟的仿真接口，通过将其他部件虚拟化以使得能够以较低的成本验证实物部件在系统中的性能。本书中，待验证的实物部件为整车控制器，开发的实际整车控制器通过硬件 I/O 通信接口，与一台模拟车辆的设备相连接。硬件在环仿真和软件仿真所使用的控制算法是一致的，不同的是在软件仿真中，控制器与被控对象是运行在同一个仿真环境中，两者之间的数据交流直接在软件中进行；而在硬件在环仿真中，控制器模型与被控对象模型是在不同的硬件环境中，实际控制器与车辆模型仿真器之间的数据需要通过硬件通信来实现。如图 7.1 所示，硬件在环仿真给控制器的开发提供了一个更为真实的环境，可以用以验证控制器的有效性与实时性，并检验控制器的通信功能。

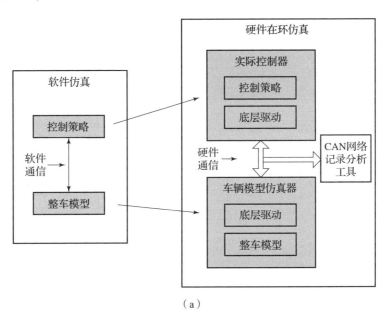

(a)

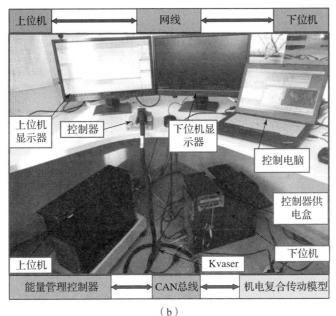

(b)

图 7.1 硬件在环测试平台

目前，dSPACE 平台已经广泛应用于航空航天、机器人、汽车等多个领域。有文献分别从动力总成控制器、能量管理设计、动态协调控制方法、控制器原型开发、试验平台系统开发等方面介绍了 dSPACE 平台在混合动力车辆控制领域的应用,这些文献为本章开发机电复合传动系统的最优快速控制原型,以及进行在线测试试验提供了重要的依据,而且也说明了这种试验测试方法的可行性和有效性。

图 7.2 给出了基于 dSPACE 的在线测试试验平台和 ControDessk 监控界面。其中,图(a)的左下角为 PROtroniC,它是一款用于控制器开发的硬件系统,可以把控制单元的仿真模型直接下载到该硬件系统,也可以直接用它来控制车辆行驶,即作为真实的控制器。图(a)的右下角为 MicroAutoBox,它有上下两块相对独立的芯片,一块可以用作模拟控制器,类似于 PROtroniC;另一块可以用于模拟车辆及其运行环境。利用 MicroAutoBox 的两块芯片分别模拟控制器和车辆环境进行试验。

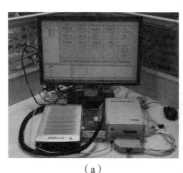

图 7.2　dSPACE 在线测试试验平台和试验界面

利用该平台进行最优功率分配策略的开发与测试,它属于 dSPACE 平台的第一个功能,即快速控制原型(RCP)。

图 7.3 给出了基于 dSPACE 的最优快速控制原型的开发流程,其基本步骤如下:

(1)在控制策略开发平台的基础上,加入能量管理策略,并且基于 MAT-LAB/Simulink 软件进行离线仿真,判断其仿真结果是否满足性能要求。如果不满足要求,则返回到最优功率分配策略,并且对其控制算法进行改进;直到满足性能要求,然后进入下一步。

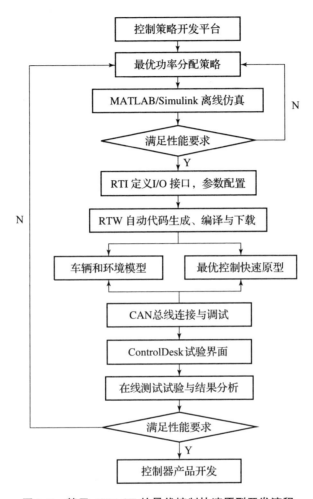

图 7.3 基于 dSPACE 的最优控制快速原型开发流程

（2）把仿真模型划分为两部分：控制单元和车辆模型，如图 7.4 所示。利用嵌入到 Simulink 模型库的 RTI 软件环境定义 CAN 通信的输入/输出（I/O）接口。控制单元和车辆模型分别通过 CAN1 和 CAN2 发送、接收数据。其中，CAN1 发送的数据必须与 CAN2 接收的数据类型一致，CAN1 接收的数据必须与 CAN2 发送的数据类型一致。此外，由于 CAN 通信的每帧数据只能传递 8 位信息（0~255），因此对于大于 8 位的数据（各部件的转速、转矩等），需要分解成多个 8 位数据进行传输。

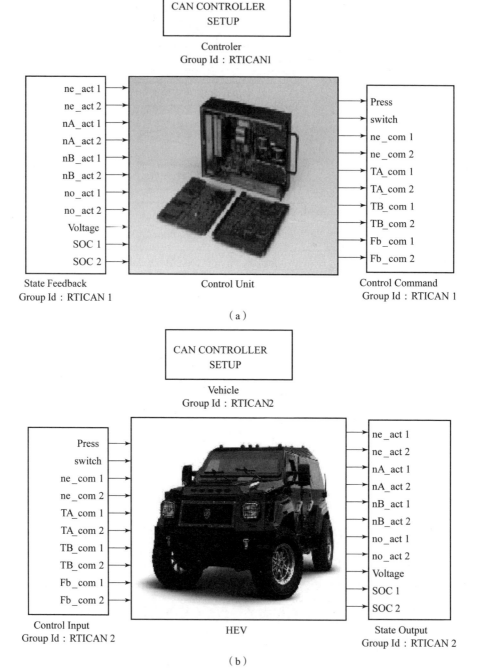

图 7.4 dSPACE 在线测试的 CAN 通信接口定义

(a) 控制单元的 CAN 通信接口；(b) 整车的 CAN 通信接口

(3) 利用 MATLAB/Simulink 下的 RTW built 命令,把定义了 CAN 通信接口的仿真模型转化成 C 代码,并且自动编译后下载到 MicroAutoBox 的两块芯片中。其中,一块芯片下载控制单元的模型,即最优快速控制原型;另一块芯片下载车辆和环境的模型,两者通过外部的 CAN 总线相连。此外,还需要对 CAN 总线进行调试。

(4) 利用 ControlDesk 软件创建试验的监控界面,并且进行在线测试试验。其中,最优快速控制原型(控制器)从 CAN 总线接收车辆的状态信息,并且利用最优功率分配算法得到发动机、两个电机、离合器、制动器等部件的控制命令,进而将这些控制信息发送到 CAN 总线;车辆模型从 CAN 总线接收各部件的控制命令,并且在这些控制信息的作用下得到新的状态变量,进而将这些状态信息重新发送到 CAN 总线。可见,控制器和车辆模型通过 CAN 总线实现了实时的数据通信,两者的运行情况实时显示在试验界面上,并且可以自动保存下来,便于进行分析和处理。

(5) 对试验数据进行处理,并且与动态仿真的结果进行对比分析,判断是否满足性能要求。如果不满足要求,则返回到最优功率分配策略,对其控制算法进行改进,然后重复上述开发流程;直到满足了性能要求,最后进行控制器的硬件开发。

7.2 台架试验平台

台架试验是基于模型的开发方法流程中的关键环节。本节在进行硬件在环仿真之后,自主设计搭建了试验台架,开发了台架主控计算机系统,通过台架试验验证所提出的能量管理策略的实际控制效果。

7.2.1 台架的结构

台架试验系统的布置示意图如图 7.5 所示,由发动机、电机 A、电机 B、电池组、测功机、耦合机构等组成。动力系统主要包括一个涡轮增压柴油发动机和两个永磁同步电机,通过耦合机构相连接,并最后输出至测功机,测功机用于模拟路面负载。耦合机构的三根输入轴与两根输出轴上都装有转速/转矩传感器,用于

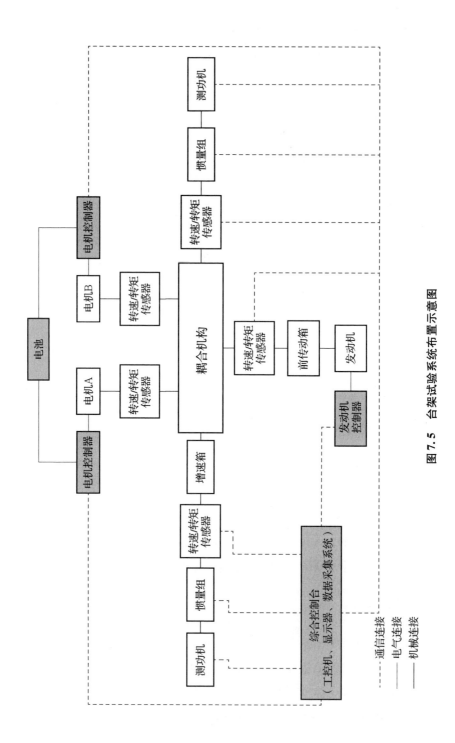

图 7.5 台架试验系统布置示意图

实时采集五个端口上的转速、转矩信息，进而可以推导出各部件的工作状态。试验过程中，由综合控制台中整车控制器发出能量管理优化策略控制指令，通过 CAN 通信将控制指令传递至发动机控制器与两个电机控制器，并最终由这三个底层控制器直接控制动力元件，三个底层控制器均采用简单的 PID 反馈控制。同时，发动机控制器与电机控制器实时采集发动机与电机 A、B 的信息传输回整车控制器，完成能量管理策略的反馈闭环，并由综合控制台将数据记录与分析。

图 7.6 所示为台架试验系统实物布置，图 7.7 所示为系统纵向图，其中测功机为电涡流测功机，最大功率为 440 kW，最大转速为 6 500 r/min；转速/转矩传感器量程分别为 500 N·m，1 000 N·m 和 2 000 N·m。试验系统中的其他关键部件将在下文具体介绍。

图 7.6　台架试验系统实物布置

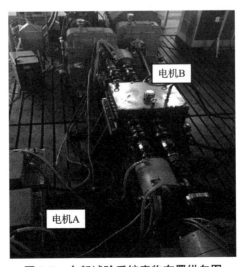

图 7.7　台架试验系统实物布置纵向图

7.2.2 发动机与电机

图 7.8 所示为台架试验系统所采用的 BF04M1013FC 涡轮增压柴油发动机，相应的自主研发的发动机控制器如图 7.9 所示。

图 7.8 柴油发动机

图 7.9 发动机控制器

电机 A 与电机 B 采用相同型号的永磁同步电机，均可以四象限工作，外特性呈轴对称分布，最大峰值转矩为 400 N·m，最大转速为 6 000 r/min，峰值功率为 110 kW，额定功率为 60 kW，基速为 2 600 r/min，峰值系数为 1.83。其实物如图 7.10 所示，图 7.11 所示为相应的自主研发的电机控制器。

图 7.10 永磁同步电机实物

图 7.11 电机控制器

7.2.3 耦合机构

由于本课题研究为双模混联式混合动力车辆的能量管理策略，重点研究的是 EVT 模式内的控制，所以为了试验台架设计的方便，耦合机构并没有考虑 EVT1 与 EVT2 模式之间的换段过程，因此省略了换段所需要的离合器的操作元件，将耦合机构设计为如图 7.12 所示。

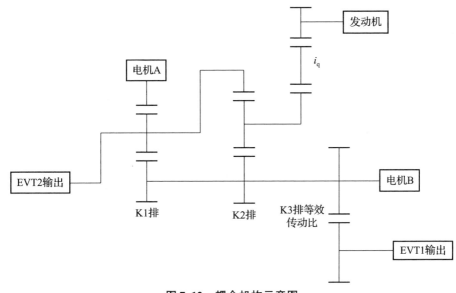

图 7.12 耦合机构示意图

当混合动力车辆需要运行在 EVT1 模式时，该系统只需将耦合机构 EVT1 输出端的测功机加载，将 EVT2 输出端的测功机不加载，则 EVT2 输出端相当于空转，没有功率输出，发动机与电机 A、B 的功率通过耦合机构由 EVT1 输出端输出，系统主要功率流流向如图 7.13 所示。

而当混合动力车辆需要运行在 EVT2 模式时，该系统只需将耦合机构 EVT1 输出端的测功机不加载，将 EVT2 输出端的测功机加载，则 EVT1 输出端相当于空转，没有功率输出，发动机与电机 A、B 的功率通过耦合机构由 EVT2 输出端输出，系统主要功率流流向如图 7.14 所示。

7.2.4 综合控制台

综合控制台由整车控制器、上位机、显示器、测功机控制器、数据采集系统等组成，如图 7.15 所示。上位机的作用是发送驾驶员油门踏板信息等控制输入信号给整车控制器，同时采集传感器和 CAN 总线的信息，通过后台的计算程序计算得到各部件的工作状态并在显示器中显示。整车控制器即采用 RapidECU 硬件，通过 CAN 总线与上位机和底层控制器相互通信，其接收上位机发送的驾驶员

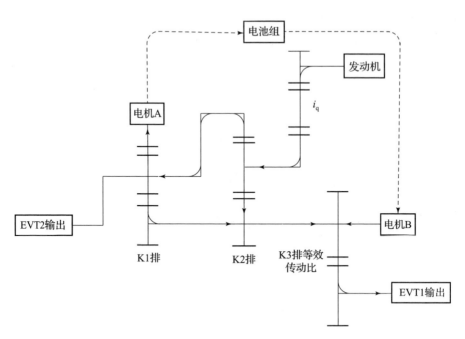

图 7.13　EVT1 模式耦合机构功率流

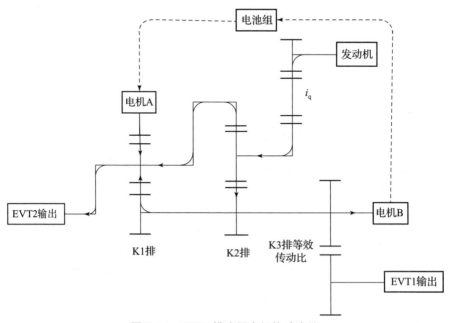

图 7.14　EVT2 模式耦合机构功率流

油门踏板信号,并通过本书提出的基于预测的实时优化能量管理策略控制各动力元件。测功机控制器则实时控制测功机提供的负载,用于模拟不同工况下变化的路面负载。

图 7.15 综合控制台

上位机的数据发送与数据采集显示是通过 Meca 软件进行的,通过该软件可以方便地使用图形化语言编写监控程序,开发实时的监控系统。本研究中开发的实时监控系统可以实时并行运行多个任务,分别执行上位机通信、CAN 通信、计算模块等任务。Meca 数据采集监控界面如图 7.16 所示。

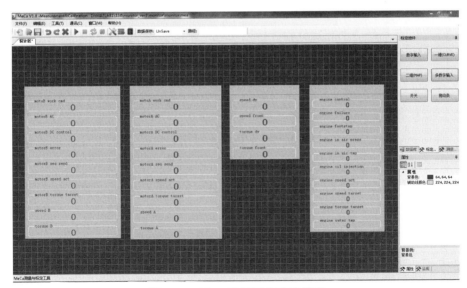

图 7.16 Meca 数据采集监控界面

7.3 整车试验平台

为了进一步验证机电复合传动系统控制策略的性能,基于设计的整车综合控制器,应用前文制定的系统综合控制策略,进行实车试验。实车试验测试场地的情况如图 7.17 所示。

图 7.17 实车试验测试场地

7.3.1 试验要求

(1) 机电复合传动装置试验样机是经过台架试验合格的部件。

(2) 试验前,确保机电复合传动装置各部件、测试设备连接正常,参数设置正确。

(3) 试验前,应进行液压系统调试,检查液压操纵系统和润滑系统是否正常。

(4) 正式进行试验前,必须预热 30 min 以上,以保证机电复合传动系统油液和冷却水温度处于规定的正常工作温度。

(5) $0 \sim 32$ km/h 加速、最大车速等试验,允许电机过载使用,其他试验不允许电机过载。

(6) 进行效率测试时,机电复合传动系统油液温度控制在 $50 \sim 90$ ℃。

7.3.2 整车综合控制器

整车综合控制器是整车控制系统的核心,它直接与驾驶员进行信息的交流。

整车控制器将钥匙开关、加速踏板、制动踏板、模式挡位等驾驶员操作信息及 CAN 网络上其他系统的节点数据、车辆传感器数据、车辆运行状态数据等进行采集处理，将处理结果以控制消息的方式通过 CAN 总线发布，其他控制系统的中央处理单元根据从 CAN 总线接收的信息进行相应的操作处理。这样，整车控制器就实现了对整车的控制和对能量的合理分配。为了满足机电复合传动系统对于功能实现以及可靠性的要求，确保整车控制器能够顺利进行实车匹配试验，设计的整车控制器硬件主要包括以下几个部分：单片机最小系统、脉冲输入处理电路、A/D 输入处理电路、开关信号处理电路、电磁阀驱动电路、故障诊断与处理电路以及通信电路等，总体方案如图 7.18 所示。

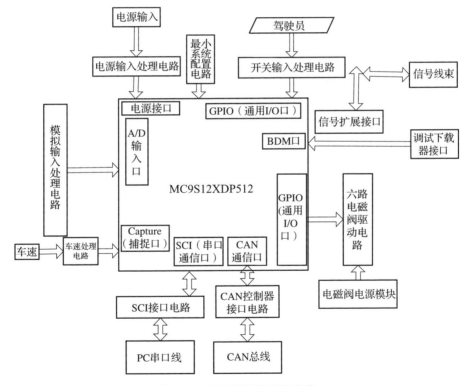

图 7.18 控制器硬件总体方案

整车控制策略软件设计是整车控制系统管理层的核心，它包含对中央处理器内部各硬件模块的初始化程序，如 ATD 模块初始化、ECT 捕捉口的初始化以及通信口 CAN 和串口的初始化程序以及开关口进行输入/输出设置。因为 CAN 口是使用中断方式接收数据的,需要相应的接收中断服务程序,控制策略中还需要对信息数据的发送进行定时,这又要求软件中必须拥有定时中断程序。最后是整车控制策略,它接收 ATD 模块接收到的驾驶员操纵面板输入的信号以及加速踏板、制动踏板信号,然后经过控制策略软件计算出子部件目标指令,最后通过 CAN 口发送给子部件完成驾驶员的目标需求。

主程序采用前后台程序,如图 7.19 所示。后台程序的主要功能是:模拟信号采用定时中断启动 A/D 转换模块,A/D 转换完成后采用中断方式触发 A/D 数据处理中断子函数。CAN 数据接收采用查询方式监测总线上的数据,CAN 数据发送采用定时中断方式进行定周期发送。前台程序的主要功能是:首先对各硬件进行初始化(包括时钟、看门狗、A/D 模块、CAN 模块、中断向量定位等),然后程序进入控制策略决策的无限循环结构。前后台交互过程功能:当后台有中断发生时,综合控制器就会转到相应中断子函数,将所保存的变量传给前台控制策略程序。

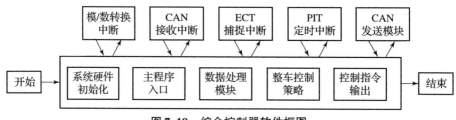

图 7.19 综合控制器软件框图

中断优先级处理:采用动态分配优先级。CAN 接收中断优先级最高,其次是定时中断,然后是 A/D 中断。如果控制策略当前时刻所需数据部分没有接收到,程序主动提高相应模块的中断优先级以完成当前时刻计算所需信号量的采集。

7.3.3 试验数据监视采集程序

为了对试验过程中的数据进行监控及采集,采用 USBCAN 卡连接到机电复合传动控制系统的 CAN 总线上,利用 USBCAN 卡提供给操作系统的 API 函数,在 PC 上利用 Visual Basic 编写上位机监控程序,需要观测的数据通过 CAN 总线传到上位机上来显示观察。通过主界面,程序可以调用相应的子模块,动态地显示从系统综合控制器上发过来的部件数据,掌握系统当前的工作状态,能够对系统控制策略进行相应的修改和调试。同时,还可以通过相应菜单保存当前采集到的试验数据,以便于试验后的数据分析与处理。基于 Visual Basic 程序编写的机电复合传动系统状态监控和采集程序界面如图 7.20 所示。

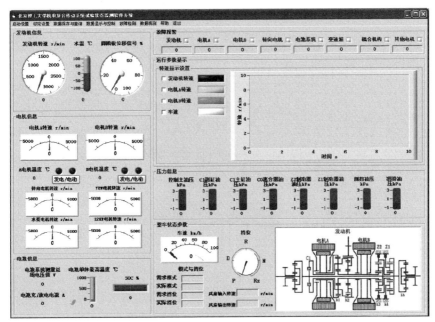

图 7.20 机电复合传动系统状态监控和采集程序界面

7.4 台架试验与硬件在环仿真结果

台架试验是机电复合传动车辆能量管理策略的主要验证手段之一,在基于模型的开发流程中,需要将模型校验、策略开发、台架试验进行迭代处理,才能实现仿真与台架试验结果较好的一致性。

图 7.21 所示为仿真与台架试验结果的对比。其中图 7.21(a)是驾驶员踏板开度信息,该信号作为系统的输入量在仿真与台架试验中是一致的。图 7.21(b)是负载转矩,仿真与试验中基本保持一致说明了两种情况下车辆行驶工况是一致的。图 7.21(c)和图 7.21(d)分别是发动机的转矩和转速,虽然实际发动机与数学模型总是有一些差距,试验过程中发动机的波动要大一些,但是仿真与试验的结果也基本相近,这也说明了在实际过程中能量管理策略能够有效地调节发动机工作点。图 7.21(e)是耦合机构输出端转速,由该转速可以推导出

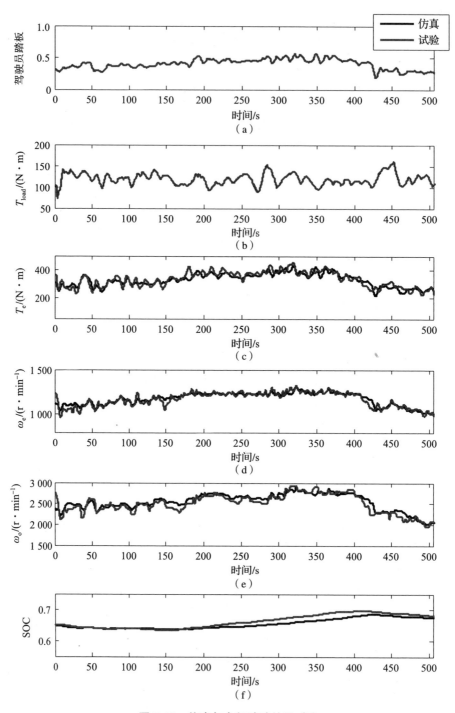

图 7.21 仿真与台架试验结果对比

车辆的行驶车速，由图可见，仿真与试验的结果也相近。图 7.21（f）为电池 SOC，可以看出在实际台架试验中，实际控制器能够有效地维持电池 SOC，并且与仿真结果类似。综上所述，台架试验的结果与仿真结果非常接近，这是由于部分控制器模型已经通过了台架试验校正，而且仿真中的控制策略与台架试验中控制器的策略是一致的，这也验证了本书提出的能量管理策略的有效性。

为了更加充分地通过台架试验验证能量管理策略的有效性，又针对四种不同循环工况进行了台架试验，这些循环工况选自典型的真实测量的工况，循环工况的特征参数如表 7.1 所示。

表 7.1 四种循环工况特征参数

循环工况	时间/s	平均负载转矩/(N·m)	平均车速/(km·h^{-1})
1	1 942	29.1	68.3
2	1 445	32.4	63.6
3	1 486	35.0	67.6
4	1 370	21.7	43.8

图 7.22 所示为以上四种循环工况下台架试验发动机工作点分布结果。由图中可以看出，发动机能够在大多数情况下工作在最优燃油经济曲线附近，这是由于能量管理策略能够有效地利用电机的帮助使得发动机避免工作在低效区。

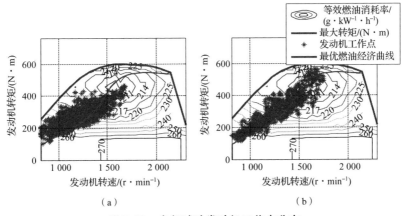

图 7.22 台架试验发动机工作点分布

(a) 循环工况 1 试验结果；(b) 循环工况 2 试验结果

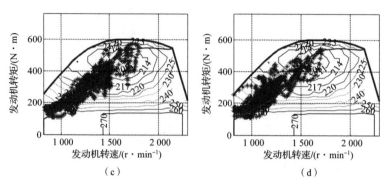

图 7.22 台架试验发动机工作点分布（续）

（c）循环工况 3 试验结果；（d）循环工况 4 试验结果

图 7.23 所示为不同循环工况下台架试验电池 SOC 轨迹结果。由图中可以看出，能量管理策略能够有效地维持电池 SOC 在参考值附近，并适当地波动以补偿发动机的功率。

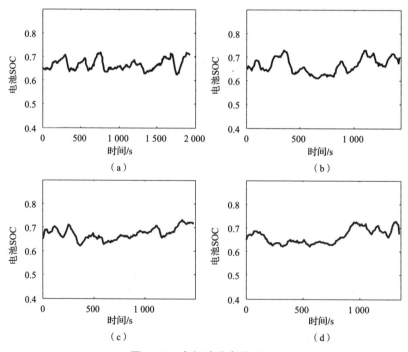

图 7.23 台架试验电池 SOC

（a）循环工况 1 试验结果；（b）循环工况 2 试验结果；
（c）循环工况 3 试验结果；（d）循环工况 4 试验结果

第 7 章 机电复合传动系统综合控制策略试验研究 305

基于硬件在环仿真平台，通过操作驾驶员踏板对车辆的行驶工况进行模拟，完成前文中机电复合传动系统综合控制策略的性能验证。普通驾驶工况仿真结果如图 7.24 所示。其中，加速/制动踏板行程进行了统一处理，范围为 [-100%，+100%]，正值为加速踏板行程，负值为制动踏板行程。

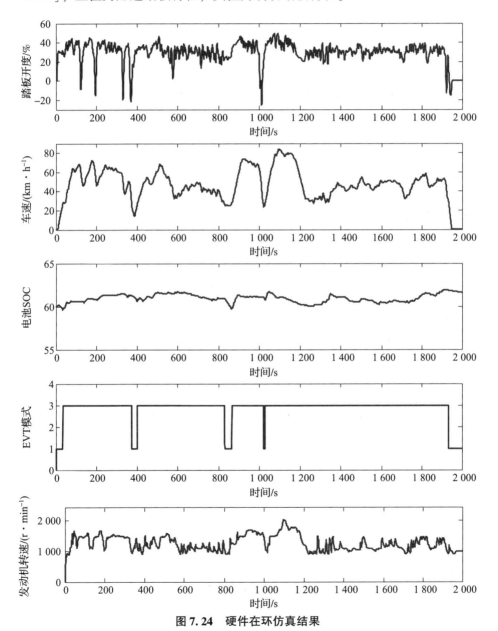

图 7.24　硬件在环仿真结果

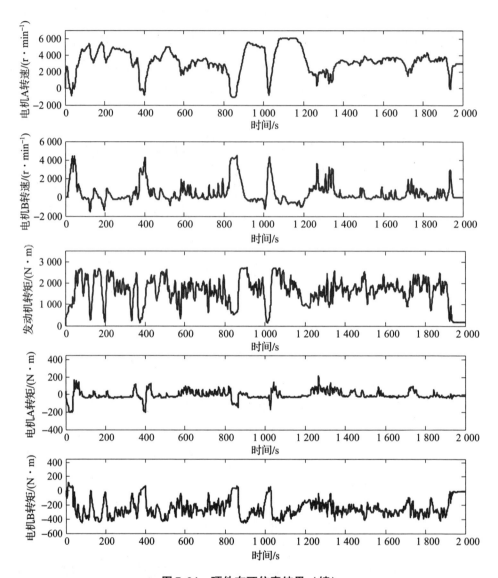

图 7.24 硬件在环仿真结果（续）

在仿真的驾驶工况下，根据反复变化的踏板行程反映的驾驶员的加速/制动意图，双模式机电复合传动系统驱动车辆行驶在不同的车速，并随着传动速比的变化在不同的 EVT 模式间切换，保证车辆的正常行驶并保持电池电量的平衡。通过硬件在环仿真平台，控制策略的实时性和可靠性得到验证，为控制策略的实车应用提供了基础。

前面介绍了基于 dSPACE 的在线测试平台，本节在起步加速工况、行驶发电工况以及综合循环工况下进行了在线测试试验，并且与离线仿真结果进行了对比分析，以此来检验最优控制算法的实时性和有效性。

1. 起步加速工况

图 7.25 和图 7.26 给出了起步加速工况下的在线测试结果，并且与离线仿真结果进行了对比。从图 7.25 可以看出，在线测试与离线仿真得到的车速曲线基本重合，而各部件的转速曲线相差不大。这是由于在线测试模型与离线仿真模型完全相同，两者唯一的区别在于前者利用外部的 CAN 总线来实现控制器与被控对象（车辆模型）的数据传输，而后者直接在模型内部利用 Goto 和 From 模块完成上述功能。由于 CAN 通信接口采用了 8 位数据类型，其数据传输的精度受到很大影响，而且 CAN 通信还会出现数据滞后的现象，这也使得在线测试与离线仿真的结果并不完全相同。在线测试试验初期，由于 CAN 通信接口的一系列问题，曾经导致试验结果与仿真结果大不相同，经过后续不断调试，最终使得两者基本一致，这也验证了控制算法的可行性。

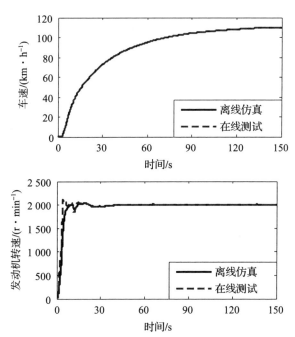

图 7.25 起步加速工况下车速、发动机和两个电机的转速

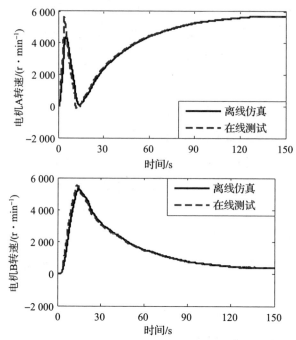

图 7.25　起步加速工况下车速、发动机和两个电机的转速（续）

从图 7.26 可以看出，发动机和两个电机功率的在线测试结果与离线仿真结果大体相同，而动力电池组功率的在线测试结果与离线仿真结果的区别比较明显。这是由于动力电池组的功率较小，而且变化更加频繁，这就使得其微小的差别也能够显示出来；而发动机和两个电机的功率较大，而且变化比较平稳，因此其差别不太明显。此外，发动机调速过程中，其功率的变化较大，而转速稳定后功率也随之稳定下来。

2. 行车发电工况

前文介绍了行车发电工况的基础控制算法，这里基于 dSPACE 平台对其进行在线测试试验，并且与离线仿真的结果进行了对比分析，如图 7.27 和图 7.28 所示。

可见，在线测试与离线仿真的结果基本相同，只是前者的变化更加频繁，这也是由于在线测试与离线仿真的模型完全相同，区别在于前者通过外部的 CAN 总线实时通信，而后者在模型内部直接传输数据。由于 CAN 通信的传输精度有限，而且会受到外界干扰，这就造成了在线测试与离线仿真的结果并不完全相同。

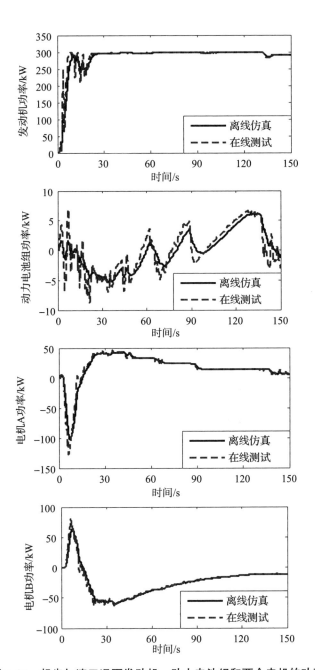

图 7.26 起步加速工况下发动机、动力电池组和两个电机的功率

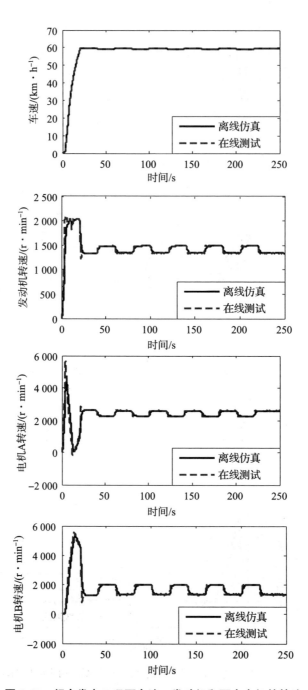

图 7.27 行车发电工况下车速、发动机和两个电机的转速

第 7 章 机电复合传动系统综合控制策略试验研究 311

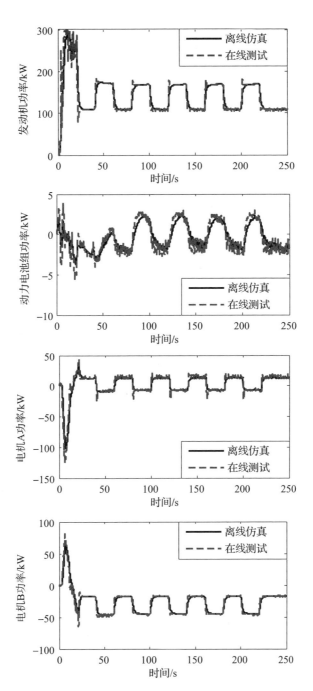

图 7.28 行车发电工况下发动机、动力电池组和两个电机的功率

3. 综合循环工况

图 7.29 和图 7.30 给出了综合循环工况下的在线测试结果。由于综合循环工况的时间较长，这里截取了其中一段（500~1 000 s）进行对比分析。从图 7.29

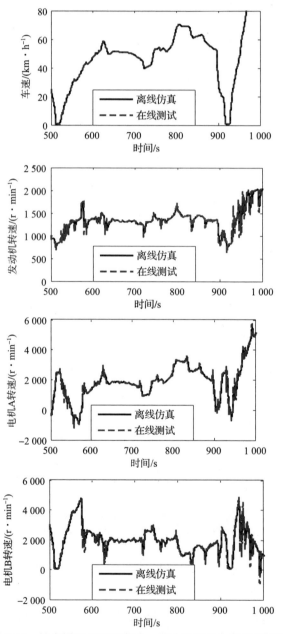

图 7.29　综合循环工况下车速、发动机和两个电机的转速

第 7 章 机电复合传动系统综合控制策略试验研究 313

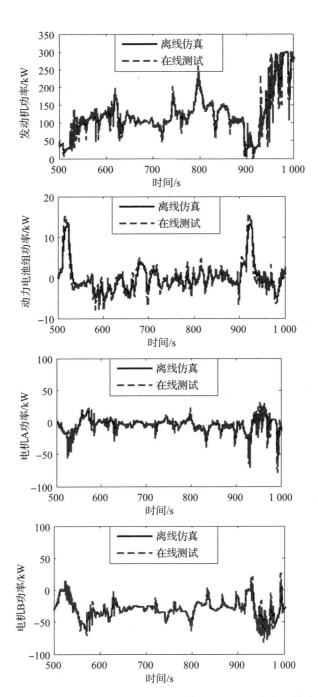

图 7.30 综合循环工况下发动机、动力电池组和两个电机的功率

可以看出，在线测试与离线仿真得到的车速曲线基本重合，而且各部件转速曲线的变化趋势也大体一致，这就验证了最优控制算法的实时性，即在CAN总线的一个采样时间内（50 ms）能够完成实时优化的计算任务。图7.30给出了发动机、动力电池组和两个电机的功率曲线。可见，各部件的功率变化都比较频繁。这是由于路面工况和用电工况都具有随机特征，为了满足驱动功率和用电功率需求，各部件的功率也会随之发生变化。此外，由于发动机一直处于调速状态，这也使得其自身的功率不断变化。为了对发动机的调速过程进行协调控制，两个电机和动力电池组的功率状态也会发生相应变化。

综上所述，无论是起步加速工况、行车发电工况，还是综合循环工况，在线测试试验都能很好地进行，而且试验结果与离线仿真的结果相差不大，验证了实时性，即这些控制算法在仿真模型和试验平台上都能实时完成优化计算的任务，这就为控制器硬件的开发奠定了基础。此外，dSPACE也可以直接作为顶层控制器，并且与底层的控制器一起控制试验台架或者道路车辆，大大节省了控制系统的研发时间。

7.5 整车道路试验结果

7.5.1 动力性测试试验

针对试验样车进行动力性测试，主要测试参数为 0~32 km/h 加速时间，具体测试结果如图 7.31 所示。驾驶试验车辆在全油门开度情况下，对机电复合传动系统的动力性进行测试。由试验结果可知，在发动机、电机A以及电机B的协同工作下，系统 0~32 km/h 加速时间小于 8 s，满足设计的指标要求。

在动力性测试试验中，在系统全油门工况下，由发动机和动力电池组提供系统的需求功率，电机A用于协调发动机的功率输出，电机B工作在电动状态对外输出转矩，系统各部件的转速、转矩状态变化相对平稳。由于在该工况下，电机A的工作转速相对较低，系统发电量较小，而为了满足系统动力性的需求，电机B对于电功率的需求较大，因此动力电池组处于持续放电状态，导致电池SOC降低。

第 7 章 机电复合传动系统综合控制策略试验研究

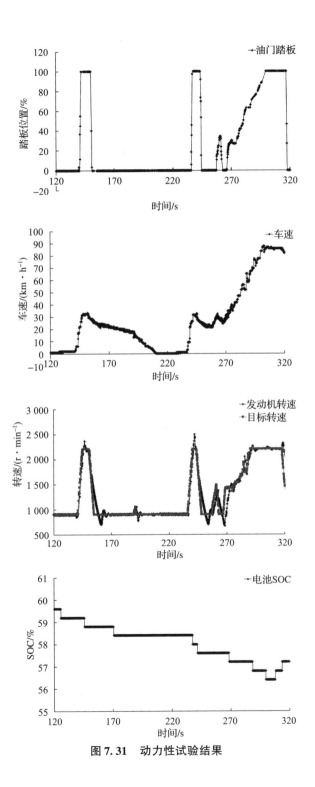

图 7.31 动力性试验结果

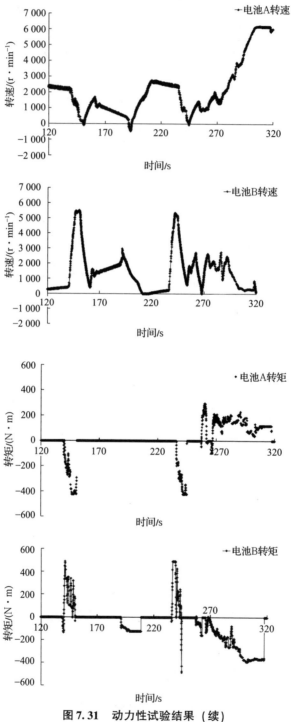

图 7.31 动力性试验结果（续）

7.5.2 综合行驶工况试验

驾驶试验样车在测试场地内正常行驶,完成综合行驶工况的测试,具体试验结果如图 7.32 所示。

图 7.32 显示了相关的试验数据,其中图 7.32(a)和(b)显示油门踏板位置信息和车速,油门踏板位置可以解析为驾驶员对于系统的功率需求,然后利用系统综合控制系统达到驾驶员理想车速的跟随。图 7.32(c)为发动机的工作转速曲线,为了对试验车辆的动力电池组进行保护防止其过度放电,发动机一旦起动就保持在工作状态,没有转矩需求时保持在最小的稳定工作转速。图 7.32(d)为机电复合传动系统工作模式,其中系统工作模式编号:0 为驻车模式,4 为混合驱动模式,9 为制动模式;混合驱动 EVT 模式编号:0 为驻车模式,2 为 EVT1 模式,3 为 EVT2 模式。由于发动机一直保持在起动状态,因此系统大部分时间处于混合驱动模式,随着车速的变化在不同的 EVT 模式间进行切换。图 7.32(e)~(h)分别为电机 A 和电机 B 的转速及转矩变化曲线,从中可以看出它们均工作在其正常限制范围内。

车辆速度较低时(如 800~900 s),系统工作在混合驱动 EVT1 模式下,电机 A 主要工作在发电工况协调控制发动机的工作状态,电机 B 则主要工作在电动工况用于配合发动机满足驾驶员的功率需求;车辆速度较高时(如 1 100~1 200 s),系统工作在混合驱动 EVT2 模式下,电机的工作状态发生改变,电机 A 主要工作在电动工况,电机 B 则主要工作在发电工况,电机 A 和电机 B 与发动机共同配合实现机电复合传动系统的正常行驶。在试验的结束阶段(1 400~1 500 s),当车辆减速时,电机 B 工作在发电状态以实现制动能量回收。

在试验的驾驶工况下,机电复合传动试验样车的等效百公里燃油消耗为 32.3 L,原车百公里燃油消耗为 35 L,燃油经济性改善 7.71%。但是,实车试验结果与前文的基于规则控制策略的仿真结果(28.96 L)相比,还是存在较大的差别,分析其原因主要有以下几点:①仿真使用的系统物理模型参数和实际系统参数存在误差;②实车试验路况和仿真试验路况存在一定的不一致性;③仿真模型中的驾驶员模型和实际驾驶员模型的差异可能导致综合控制策略产生不同的控制效果。

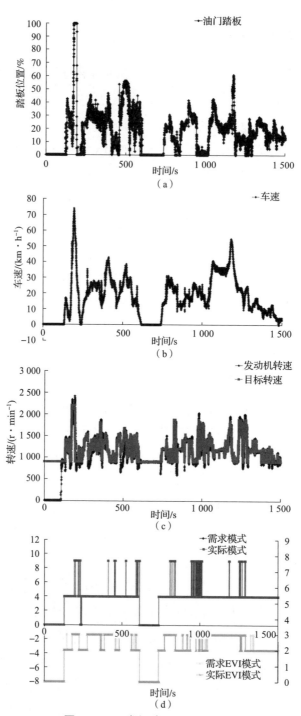

图 7.32 正常行驶工况试验结果

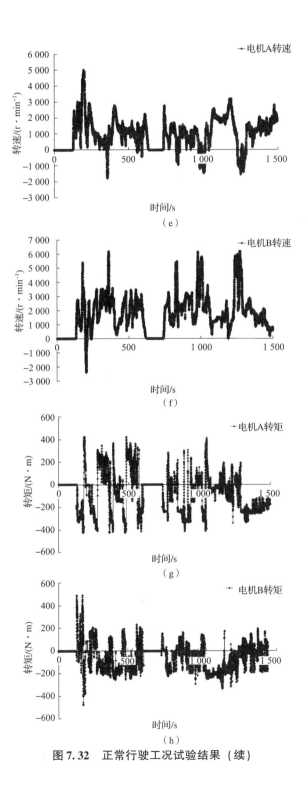

图 7.32 正常行驶工况试验结果（续）

本章小结

本章介绍了机电复合传动硬件在环仿真平台、台架试验平台以及整车试验平台,详细介绍了测试平台关键部件、控制系统和数据采集系统。利用硬件在环仿真平台可快速对控制系统进行在线测试,从而显著提高控制算法的开发效率。介绍了整车综合控制器的软硬件架构,利用台架和整车试验平台,通过多种工况验证了综合控制策略的有效性,全面验证考核了开发的控制器。多种试验平台的测试结果表明,提出的综合控制策略实现了机电复合传动系统的能量管理和转矩协调控制,实现了系统能量管理优化和转矩快速、稳定和精确调节,保证了系统高效稳定工作和性能实现,在保证动力性达到设计指标要求的同时,改善了燃油经济性等其他重要性能。

参 考 文 献

[1] 孙逢春,张承宁,等. 装甲车辆混合动力电传动技术(第2版)[M]. 北京:国防工业出版社,2016.

[2] 陈全世,朱家琏,田光宇. 先进电动汽车技术(第3版)[M]. 北京:化学工业出版社,2018.

[3] 韩立金. 功率分流混合驱动车辆性能匹配与控制策略研究[D]. 北京:北京理工大学,2010.

[4] 吴剑. 并联式混合动力汽车能量管理策略优化研究[D]. 济南:山东大学,2008.

[5] 杨德友. 全电战斗车辆发展展望. 第二届全电战斗车辆发展趋势及关键技术研讨会论文集[C]. 北京:军事科学出版社,2010:39-43.

[6] 余正根,李春旭. 从国外电传动技术的发展看装甲车辆全电化关键技术. 第三届特种车辆全电化技术发展论坛论文集[C]. 北京:国防工业出版社,2014:25-28.

[7] 辛凤影,王海博. 电动汽车发展现状与商业化前景分析[J]. 国际石油经

济, 2010, 7: 20-24.

[8] Chau K, Chan C. Modern electric vehicle technology [M]. Oxford Science Publications, 2001.

[9] 郭晓际. 特斯拉纯电动汽车技术分析 [J]. 科技导报, 2016, (06): 98-104.

[10] 郑海亮, 项昌乐, 王伟达, 等. 双模式机电复合传动系统综合控制策略 [J]. 吉林大学学报: 工学版, 2014 (2): 311-317.

[11] 张东好, 韩立金, 项昌乐, 等. 机电复合传动最优功率分配策略研究 [J]. 汽车工程, 2014, 36 (11): 1392-1398.

[12] 王涛. 基于混合进化算法的军用车辆维修保障资源调度优化研究 [D]. 北京: 北京理工大学, 2013.

[13] 董哲. 基于北斗导航的军队车辆监控系统的设计与实现 [D]. 济南: 山东大学, 2014.

[14] 高树新, 马维平. 军用车辆的军民融合式发展 [J]. 军事交通学院学报, 2014, (07): 40-43.

[15] 彭志远. 单电机 ISG 型 AMT 重度混合动力汽车能量管理策略研究 [D]. 重庆: 重庆大学, 2012.

[16] 洪永福. 石庆升. 纯电动汽车能量管理关键技术问题的研究 [D]. 济南: 山东大学, 2009.

[17] 于秀敏, 曹珊, 李君, 等. 混合动力汽车控制策略的研究现状及其发展趋势 [J]. 机械工程学报, 2007, 42 (11): 10-16.

[18] Hu X, Murgovski N, Johannesson L, et al. Energy efficiency analysis of a series plug-in hybrid electric bus with different energy management strategies and battery sizes [J]. Applied Energy, 2013, 111: 1001-1009.

[19] Di Cairano S, Liang W, Kolmanovsky I V, et al. Engine power smoothing energy management strategy for a series hybrid electric vehicle [C] //American Control Conference (ACC), 2011. IEEE, 2011: 2101-2106.

[20] Brahma A, Guezennec Y, Rizzoni G. Optimal energy management in series hybrid electric vehicles [C] //American Control Conference (ACC), 2000.

IEEE,2000,1(6):60-64.

[21] 金涛涛. 混合动力传动系统建模及优化控制研究[D]. 北京：北京交通大学,2014.

[22] 吴海啸,张涌,叶进. 混合动力汽车的控制策略优化研究[J]. 轻型汽车技术,2014,3:7-12.

[23] 崔星. 机电混合驱动系统特性与参数匹配研究[D]. 北京：北京理工大学,2009.

[24] 李宏才. 履带车辆多模式机电复合传动方案与特性研究[D]. 北京：北京理工大学,2010.

[25] 王伟达,刘辉,韩立金,等. 双模式机电复合无级传动动态功率控制策略研究[J]. 机械工程学报,2015,51(12):101-109.

[26] 王伟达,项昌乐,韩立金,等. 双模式机电复合无级传动功率流综合效率的优化[J]. 汽车工程,2015,37(8):917-924.

[27] Huang K, Xiang C, Ma Y, et al. Mode Shift Control for a Hybrid Heavy-Duty Vehicle with Power-Split Transmission [J]. Energies, 2017, 10(2):177.

[28] Ozeki T, Umeyama M. Development of Toyota's Transaxle for Mini-Van Hybrid Vehicles [J]. SAE International, 2002.

[29] Kimura A, Ando I, Itagaki K. Development of Hybrid System for SUV [J]. SAE International, 2005.

[30] Zhuang W, Zhang X, Ding Y, et al. Comparison of multi-mode hybrid powertrains with multiple planetary gears [J]. Applied Energy, 2016, 178:624-632.

[31] Arata J, Leamy M J, Meisel J, et al. Backward-Looking Simulation of the Toyota Prius and General Motors Two-Mode Power-Split HEV Powertrains [J]. SAE International, 2011.

[32] 于永涛. 混联式混合动力车辆优化设计与控制[D]. 长春：吉林大学,2010.

[33] Chen L, Zhu F, Zhang M, et al. Design and analysis of an electrical variable

transmission for a series – parallel hybrid electric vehicle [J]. Vehicular Technology, IEEE Transactions on, 2011, 60 (5): 2354 – 2363.

[34] 熊伟威. 混联式混合动力客车能量优化管理策略研究 [D]. 上海: 上海交通大学, 2009.

[35] 史秀玲. 坦克电传动可以实现吗 [J]. 军事技术, 1994 (11): 11 – 18.

[36] 徐志伟. 全电坦克的来龙去脉 [J]. 军事研究, 1996 (5): 1 – 8.

[37] 廖自力, 减克茂, 马晓军, 等. 装甲车辆电传动技术现状、关键技术与发展 [J]. 装甲兵工程学院学报, 2005, 19 (4): 29 – 34.

[38] 孟昭福, 朱莉, 方文. 军用混合动力车型研制近况 [J]. 国外坦克, 2013, (8): 39 – 42.

[39] 朴易. 地面平台能源及推进技术的最新进展 [J]. 国外坦克, 2016 (1): 25 – 31.

[40] 张均享, 李新敏. 坦克混合动力系统之解析 [J]. 国外坦克, 2011 (7): 41 – 5.

[41] 韩立金. 功率分流混合驱动车辆性能匹配与控制策略研究 [D]. 北京: 北京理工大学, 2010.

[42] 左义和. 军用混合驱动车辆多能源控制策略及控制技术研究 [D]. 北京: 北京理工大学, 2012.

[43] 张东好. 机电复合传动系统最优功率分配策略研究 [D]. 北京: 北京理工大学, 2015.

[44] 王言子. 车用复合储能装置的设计与功率分配策略研究 [D]. 北京: 北京理工大学, 2015.

[45] 温博轩. 机电复合传动系统多动力鲁棒协调控制技术研究 [D]. 北京: 北京理工大学, 2016.

[46] 黄琨. 机电复合传动模式切换稳定性分析与控制策略研究 [D]. 北京: 北京理工大学, 2018.

[47] 赵宇. 双模式功率分流型混合动力系统发动机 – 电机协调控制策略研究 [D]. 北京: 北京理工大学, 2018.

[48] Wirasingha S G, Emadi A. Classification and Review of Control Strategies for Plug - In Hybrid Electric Vehicles [J]. IEEE Transactions on Vehicular Technology, 2011, 60 (1): 111-122.

[49] 张东好, 项昌乐, 韩立金, 等. 基于驾驶性能优化的混合动力车辆动态控制策略研究 [J]. 中国机械工程. 2015, 26 (11): 1550-1555.

[50] Sorrentino M, Rizzo G, Arsie I. Analysis of a rule - based control strategy for on - board energy management of series hybrid vehicles [J]. Control Engineering Practice, 2011, 19 (12): 1433-1441.

[51] Banjac T, Trenc F, Katrašnik T. Energy conversion efficiency of hybrid electric heavy - duty vehicles operating according to diverse drive cycles [J]. Energy Conversion and Management, 2009, 50: 2865-2878.

[52] 王伟达, 项昌乐, 刘辉, 等. 混联式混合动力系统多能源综合控制策略 [J]. 哈尔滨工业大学学报. 2012, 44 (1): 138-143.

[53] 王光平. 并联插电式混合动力汽车控制技术研究 [D]. 长春: 吉林大学, 2016.

[54] Xiong W, Zhang Y, Yin C. Optimal energy management for a series - parallel hybrid electric bus [J]. Energy Conversion and Management, 2009, 50: 1730-1738.

[55] Hemi H, Ghouili J, Cheriti A. A real time fuzzy logic power management strategy for a fuel cell vehicle [J]. Energy Conversion and Management, 2014, 80: 63-70.

[56] Abdelsalam A, Cui S. A fuzzy logic global power management strategy for hybrid electric vehicles based on a permanent magnet electric variable transmission [J]. Energies, 2012, 5 (4): 1175-1198.

[57] Wang Y, Wang W, Zhao Y, et al. A fuzzy - logic power management strategy based on markov random prediction for hybrid energy storage systems [J]. Energies, 2016, 9 (1): 1-20.

[58] Wirasingha S, Emadi A. Classification and review of control strategies for plug -

in hybrid electric vehicles [J]. IEEE Transactions on Vehicular Technology, 2011, 60 (1): 111 - 122.

[59] 邹渊, 侯仕杰, 韩尔樑, 等. 基于动态规划的混合动力商用车能量管理策略优化 [J]. 汽车工程. 2012, 34 (8): 663 - 668.

[60] Li L, Yang C, Zhang Y, et al. Correctional DP - based energy management strategy of plug - in hybrid electric bus for city - bus route [J]. IEEE Transactions on Vehicular Technology, 2015, 64 (7): 2792 - 2803.

[61] Ansarey M, Shariat M, Ziarati H, et al. Optimal energy management in a dual - storage fuel - cell hybrid vehicle using multi - dimensional dynamic programming [J]. Journal of Power Sources, 2014, 250: 359 - 371.

[62] Zhang S, Xiong R. Adaptive energy management of a plug - in hybrid electric vehicle based on driving pattern recognition and dynamic programming [J]. Applied Energy, 2015, 155: 68 - 78.

[63] Chen Z, Xia B, You C, et al. A novel energy management method for series plug - in hybrid electric vehicles [J]. Applied Energy, 2015, 145: 172 - 179.

[64] Xiong W, Yin C, Zhang Y, et al. Series - parallel hybrid vehicle control strategy design and optimization using real - valued genetic algorithm [J]. Chinese Journal of Mechanical Engineering, 2009, 22 (6): 862 - 868.

[65] Zheng C, Xu G, Xu K, et al. An energy management approach of hybrid vehicles using traffic preview information for energy saving [J]. Energy Conversion and Management, 2015, 105: 462 - 470.

[66] Li L, Zhang Y, Yang C, et al. Model predictive control - based efficient energy recovery control strategy for regenerative braking system of hybrid electric bus [J]. Energy Conversion and Management, 2016, 111: 299 - 314.

[67] 孙超. 混合动力汽车预测能量管理研究 [D]. 北京: 北京理工大学, 2016.

[68] Murphey Y, Jungme P, Zhihang C, et al. Intelligent hybrid vehicle power

control: part i: machine learning of optimal vehicle power [J]. IEEE Transactions on Vehicular Technology, 2012, 61 (8): 3519 - 3530.

[69] Chen Z, Mi C, Xu J, et al. Online energy management for a power - split plug - in hybrid electric vehicle based on dynamic programming and neural networks [J]. IEEE Transactions on Vehicular Technology. 2013, 63 (4): 1567 - 1580.

[70] Li L, You S, Yang C, et al. Driving - behavior - aware stochastic model predictive control for plug - in hybrid electric buses [J]. Applied Energy, 2016, 162: 868 - 879.

[71] Yim S, Choi J, Yi K. Coordinated control of hybrid 4WD vehicles for enhanced maneuverability and lateral stability [J]. IEEE Transactions on Vehicular Technology, 2012, 61 (4): 1946 - 1950.

[72] Salmasi F R. Control strategies for hybrid electric vehicles: Evolution, classification, comparison, and future trends [J]. IEEE Transactions on vehicular technology, 2007, 56 (5): 2393 - 2404.

[73] Ozatay E, Zile B, Anstrom J, et al. Power distribution control coordinating ultracapacitors and batteries for electric vehicles [C] //American Control Conference, 2004. Proceedings of the 2004. IEEE, 2004, 5: 4716 - 4721.

[74] Yim S, Choi J, Yi K. Coordinated control of hybrid 4WD vehicles for enhanced maneuverability and lateral stability [J]. IEEE Transactions on Vehicular Technology, 2012, 61 (4): 1946 - 1950.

[75] Kim N, Cha S, Peng H. Optimal control of hybrid electric vehicles based on Pontryagin's minimum principle [J]. IEEE Transactions on Control Systems Technology, 2011, 19 (5): 1279 - 1287.

[76] Paganelli G, Delprat S, Guerra T M, et al. Equivalent consumption minimization strategy for parallel hybrid powertrains [C] //Vehicular Technology Conference, 2002. VTC Spring 2002. IEEE 55th. IEEE, 2002, 4: 2076 - 2081.

[77] Musardo C, Rizzoni G, Guezennec Y, et al. A - ECMS: An adaptive algorithm for hybrid electric vehicle energy management [J]. European Journal of

Control, 2005, 11 (4): 509 - 524.

[78] Brahma A, Guezennec Y, Rizzoni G. Optimal energy management in series hybrid electric vehicles [C] //American Control Conference, 2000. Proceedings of the 2000. IEEE, 2000, 1 (6): 60 - 64.

[79] Fekri S, Assadian F. The role and use of robust multivariable control in hybrid electric vehicle energy management - Part II: Application [C] // Control Applications (CCA), 2012 IEEE International Conference on. IEEE, 2012: 317 - 322.

[80] Subudhi B, Ge S S. Sliding - mode - observer - based adaptive slip ratio control for electric and hybrid vehicles [J]. IEEE Transactions on Intelligent Transportation Systems, 2012, 13 (4): 1617 - 1626.

[81] Davis R I, Lorenz R D. Engine torque ripple cancellation with an integrated starter alternator in a hybrid electric vehicle: implementation and control [J]. IEEE Transactions on Industry Applications, 2003, 39 (6): 1765 - 1774.

[82] 童毅. 并联式混合动力系统动态协调控制问题的研究 [D]. 北京: 清华大学, 2004.

[83] 童毅, 欧阳明高, 张俊智. 并联式混合动力汽车控制算法的实时仿真研究 [J]. 机械工程学报, 2003 (10): 156 - 161.

[84] 杜波, 秦大同, 段志辉, 等. 新型混合动力汽车动力切换动态过程分析 [J]. 汽车工程, 2011 (12): 1018 - 1023.

[85] 杜波. 单电机重度混合动力汽车模式切换与 AMT 换挡平顺性控制策略研究 [D]. 重庆大学, 2012.

[86] 杜常清. 车用并联混合动力系统瞬态过程控制技术研究 [D]. 武汉: 武汉理工大学, 2009.

[87] 杨军伟. 单轴并联混合动力系统动态协调控制策略研究 [D]. 北京: 北京理工大学, 2015.

[88] Beck R, Richert F, Bollig A, et al. Model predictive control of a parallel hybrid vehicle drivetrain [C] //Decision and Control, 2005 and 2005 European

Control Conference. CDC – ECC 05. 44th IEEE Conference on. IEEE, 2005:2670-2675.

[89] Lee H D, Sul S K, Cho H S, et al. Advanced gear – shifting and clutching strategy for a parallel – hybrid vehicle [J]. IEEE Industry Applications Magazine, 2000, 6 (6): 26-32.

[90] Falcone F J, Burns J, Nelson D J. Closed Loop Transaxle Synchronization Control Design [R]. SAE Technical Paper, 2010.

[91] Hwang H S, Yang D H, Choi H K, et al. Torque control of engine clutch to improve the driving quality of hybrid electric vehicles [J]. International Journal of Automotive Technology, 2011, 12 (5): 763.

[92] Kim S, Park J, Hong J, et al. Transient control strategy of hybrid electric vehicle during mode change [R]. SAE Technical Paper, 2009.

[93] Minh V T, Rashid A A. Modeling and model predictive control for hybrid electric vehicles [J]. International Journal of Automotive Technology, 2012, 13 (3): 477-485.

[94] Gu Y, Yin C, Zhang J. Optimal torque control strategy for parallel hybrid electric vehicle with automatic mechanical transmission [J]. Chinese Journal of Mechanical Engineering, 2007, 20 (1): 16-20.

[95] 王庆年, 冀尔聪, 王伟华. 并联混合动力汽车模式切换过程的协调控制 [J]. 吉林大学学报, 2008, 38 (1): 1-6.

[96] 王印束. 双离合器式混合动力传动系统模式切换品质仿真研究 [D]. 长春: 吉林大学, 2009.

[97] 张军, 周云山, 黄伟, 等. 四驱混合动力汽车模式切换平顺性研究 [J]. 湖南大学学报, 2011, 38 (8): 24-27.

[98] 李显阳. 并联混合动力汽车模式切换动态协调控制的仿真研究 [D]. 北京: 北京交通大学, 2014.

[99] 孙静. 混合动力电动汽车驱动系统优化控制策略研究 [D]. 济南: 山东大学, 2015.

[100] 吴睿. 基于动态特性的混合动力汽车模式切换控制研究 [D]. 重庆：重庆大学, 2016.

[101] Hong S, Choi W, Ahn S, et al. Mode shift control for a dual-mode power-split-type hybrid electric vehicle [J]. Proceedings of the Institution of Mechanical Engineers, Part D: Journal of Automobile Engineering, 2014, 228 (10): 1217-1231.

[102] Zhang H, Zhang Y, Yin C. Hardware-in-the-loop simulation of robust mode transition control for a series-parallel hybrid electric vehicle [J]. IEEE Transactions on Vehicular Technology, 2016, 65 (3): 1059-1069.

[103] Zeng X, Yang N, Wang J, et al. Predictive-model-based dynamic coordination control strategy for power-split hybrid electric bus [J]. Mechanical Systems and Signal Processing, 2015, 60: 785-798.

[104] Chen L, Xi G, Sun J. Torque coordination control during mode transition for a series-parallel hybrid electric vehicle [J]. IEEE Transactions on Vehicular Technology, 2012, 61 (7): 2936-2949.

[105] 王磊, 张勇, 舒杰, 等. 基于模糊自适应滑模方法的混联式混合动力客车模式切换协调控制 [J]. 机械工程学报, 2012: 119-127.

[106] Tomura S, Ito Y, Kamichi K, et al. Development of vibration reduction motor control for series-parallel hybrid system [R]. SAE Technical Paper, 2006.

[107] Wang C, Zhao Z, Zhang T, et al. Mode transition coordinated control for a compound power-split hybrid car [J]. Mechanical Systems and Signal Processing, 2017, 87: 192-205.

[108] Hwang H Y. Minimizing seat track vibration that is caused by the automatic start/stop of an engine in a power-split hybrid electric vehicle [J]. Journal of Vibration and Acoustics, 2013, 135 (6): 061007.

[109] Koprubasi K, Westervelt E R, Rizzoni G. Toward the systematic design of controllers for smooth hybrid electric vehicle mode changes [C] //American Control Conference, 2007. ACC07. IEEE, 2007: 2985-2990.

[110] Kim H, Kim J, Lee H. Mode transition control using disturbance compensation for a parallel hybrid electric vehicle [J]. Proceedings of the Institution of Mechanical Engineers, Part D: Journal of Automobile Engineering, 2011, 225 (2): 150 - 166.

[111] 赵治国, 何宁, 朱阳, 等. 四轮驱动混合动力轿车驱动模式切换控制 [J]. 机械工程学报, 2011, 47 (4): 100 - 109.

[112] 朱福堂. 单电机多模式混合动力系统的架构设计分析与模式切换研究 [D]. 上海: 上海交通大学, 2014.

[113] Yang C, Jiao X, Li L, et al. A robust H∞ control - based hierarchical mode transition control system for plug - in hybrid electric vehicle [J]. Mechanical Systems and Signal Processing, 2018, 99: 326 - 344.

[114] Zhang C, Vahidi A. Real - Time Optimal Control of Plug - in Hybrid Vehicles with Trip Preview [C]//2010 American Control Conference, June, 2010, 6917 - 6922.

[115] Alan Soltis. A Game Theoretic Approach to Control of a Hybrid Electric Vehicle Powertrain [D]. Canada: Windsor University, 2004.

[116] Manzie C, Watson H, Halgamuge S, et. al. A Comparison of Fuel Consumption between Hybrid and Intelligent Vehicles During Urban Driving [J]. Automobile Engineering, 2006: 67 - 76.

[117] 孙卫明. 科学与工程计算中的 Fourier 级数多尺度方法 [D]. 北京: 北京交通大学, 2011.

[118] 王从庆, 张承龙. 自由浮动柔性双臂空间机器人系统的动力学控制 [J]. 机械工程学报, 2007, 43 (10): 196 - 200.

[119] Huang M. Optimal multilevel hierarchical control strategy for parallel hybrid electric vehicle [C] //Vehicle Power and Propulsion Conference, 2006. IEEE, 2006: 1 - 4.

[120] Chen T, Luo Y, Li K. Multi - objective adaptive cruise control based on nonlinear model predictive algorithm [C] //Vehicular Electronics and Safety

(ICVES), 2011 IEEE International Conference on. IEEE, 2011: 274 – 279.

[121] Koprubasi K, Westervelt E R, Rizzoni G. Toward the systematic design of controllers for smooth hybrid electric vehicle mode changes [C] //American Control Conference, 2007. IEEE, 2007: 2985 – 2990.

[122] 丁峰, 王伟达, 项昌乐, 等. 基于行驶工况分类的混合动力车辆速度预测方法与能量管理策略 [J]. 汽车工程, 2017, 39 (11): 1223 – 1231.

[123] Xie D, Wang Z, Cheng J, et al. Rapid Construction of Aerocraft Control Hardware – in – the – Loop Simulation System Based on dSPACE Simulator [J]. Journal of Astronautics, 2010: 11 – 20.

[124] 李从心, 张欣, 张良, 等. PHEV 动力总成控制器硬件在环仿真系统的研究 [J]. 北方交通大学学报, 2004, 28 (1): 91 – 94.

[125] 李国岫, 张欣, 宋建锋. 并联式混合动力电动汽车动力总成控制器硬件在环仿真 [J]. 中国公路学报, 2006, 19 (1): 108 – 112.

[126] 王俊, 王庆年, 曾小华, 等. 混合动力客车能量管理设计及硬件在环试验验证 [J]. 吉林大学学报 (工学版), 44 (5): 1225 – 1232.

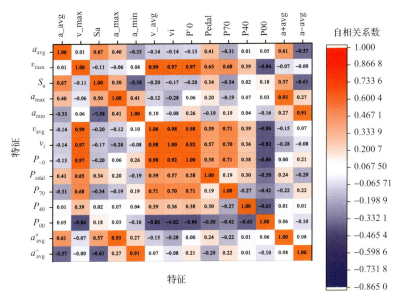

图 3.9 聚类特征相关系数图表

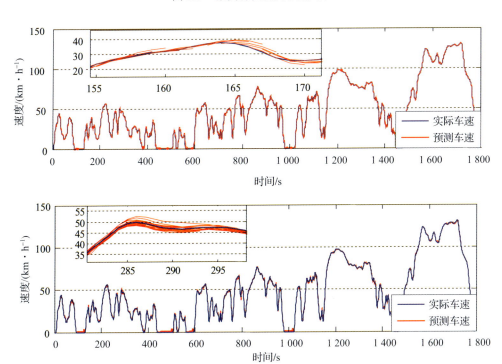

图 3.21 SVR 对 WLTP 的预测结果

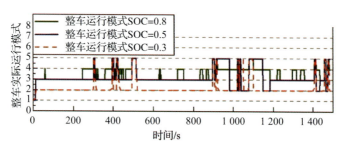

图 4.4 整车工作模式

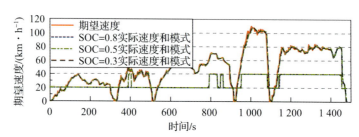

图 4.5 不同 SOC 初值下实际速度值

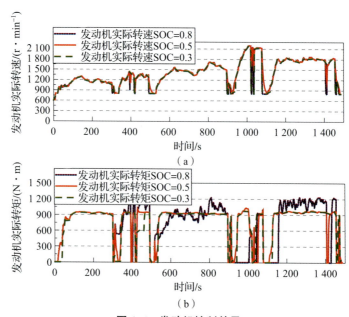

图 4.6 发动机控制效果

（a）发动机实际转速；（b）发动机实际转矩

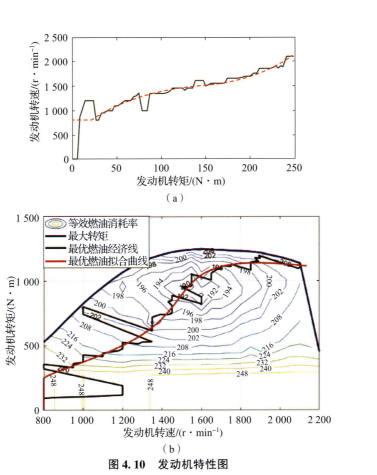

图 4.10 发动机特性图

(a) 发动机转速与发动机功率关系图;(b) 发动机等效燃油消耗 MAP 图

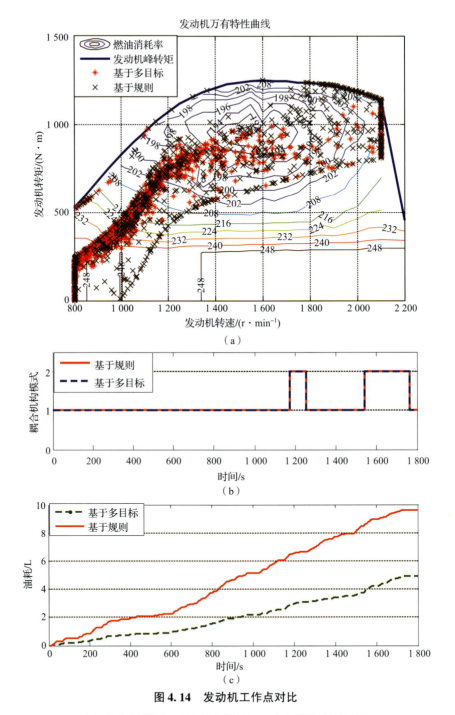

图 4.14 发动机工作点对比

(a) 发动机工作点；(b) 耦合机构模式；(c) 发动机油耗对比

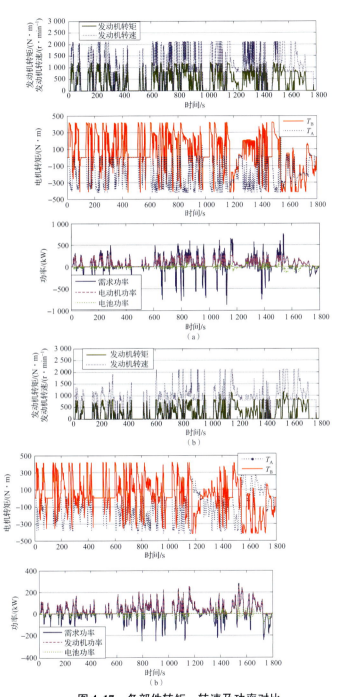

图 4.17 各部件转矩、转速及功率对比

(a) 基于规则优化；(b) 基于多目标优化

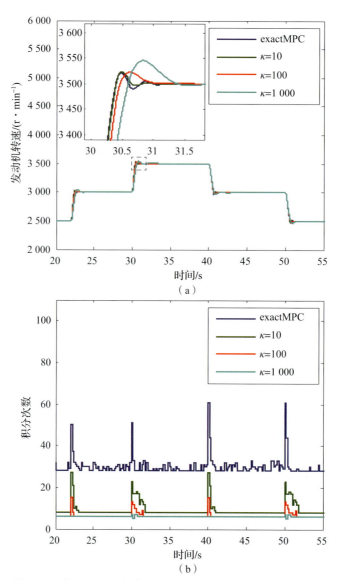

图 4.20 在不同 κ 下的发动机转速参考值跟踪仿真性能对比

（a）发动机转速；（b）迭代次数

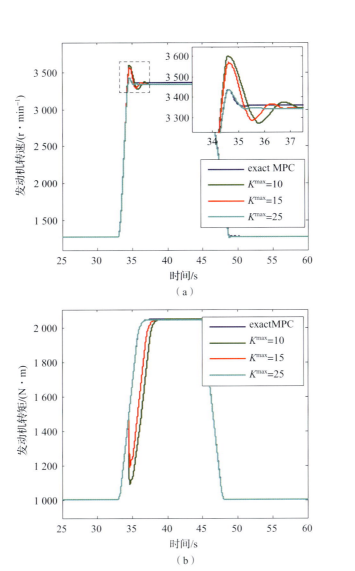

图 4.21 不同 K^{max} 的取值下,对发动机转速、转矩参考值的跟踪控制效果

(a) 发动机转速;(b) 发动机转矩

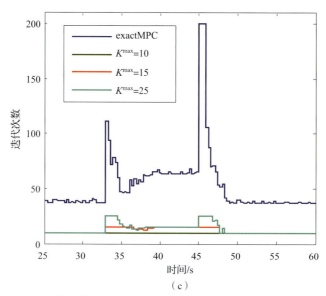

(c)

图4.21 不同 K^{max} 的取值下,对发动机转速、转矩参考值的跟踪控制效果(续)

(c)迭代步数

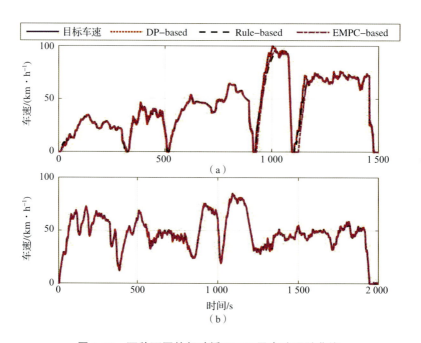

图4.35 两种不同的驾驶循环工况及车速跟随曲线

(a)工况一;(b)工况二

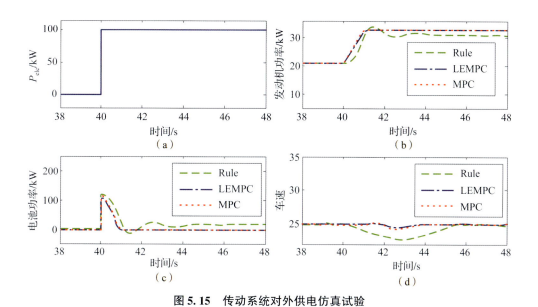

图 5.15 传动系统对外供电仿真试验

(a) 用电设备电功率需求；(b) 发动机功率对比；(c) 电池功率对比；(d) 车速对比

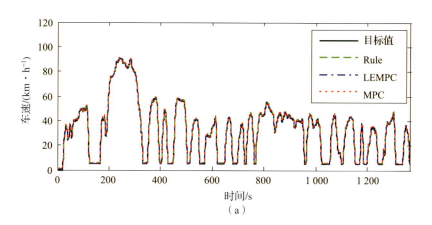

图 5.17 路况循环试验

(a) 车速对比

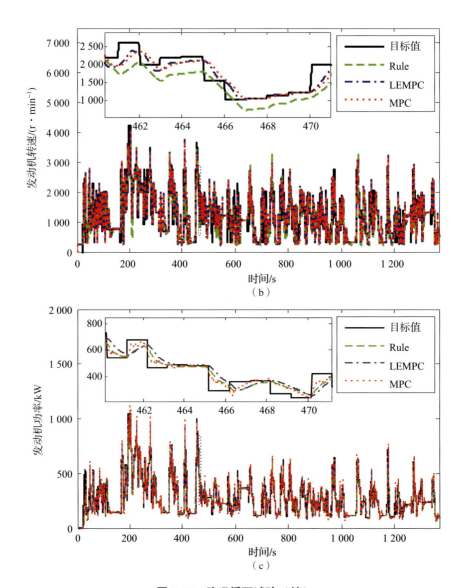

图 5.17 路况循环试验（续）

（b）发动机转速对比；（c）发动机功率对比

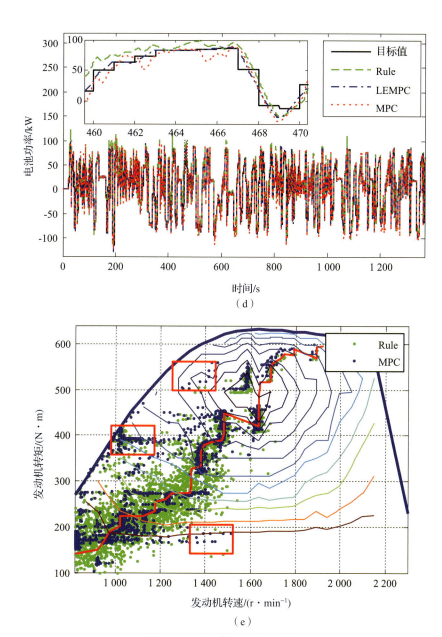

图 5.17 路况循环试验（续）

(d) 电池功率对比；(e) 发动机工作点对比